教育部职业教育与成人教育司推荐教材
中等职业学校计算机技术专业教学用书

计算机图形图像处理
（Photoshop CS4 中文版）

张　震主　编
王鸿雁　杨　松　陈　艳　吕　聃　副主编

電子工業出版社
Publishing House of Electronics Industry
北京 • BEIJING

内 容 简 介

本书是教育部职业教育与成人教育司推荐教材，是按照教育部《职业院校计算机和软件专业领域技能型紧缺人才培养培训指导方案》编写的。全书共分10章：第1章介绍了计算机图形图像处理的基础知识；第2～9章分别通过若干典型案例讲解了使用Photoshop进行图形图像处理的制作流程和创作技巧；第10章是对本书各章的主要知识技能的综合运用。本书采用案例式的编写方式，以简明通俗的语言和生动真实的案例详细介绍了使用Photoshop进行平面图形图像设计和制作的方法。除对计算机图形图像处理的基础理论知识和相关专业设计软件的主要用法进行介绍之外，通过本书还可按照计算机平面设计的一般工作流程展开案例式教学。

本书适合中等职业学校相关专业的学生使用，也可以作为计算机平面图形图像设计培训班教材和平面设计人员的实用技术手册。

图书在版编目（CIP）数据

计算机图形图像处理（Photoshop CS4中文版）/张震主编．—北京：电子工业出版社，2010.7

教育部职业教育与成人教育司推荐教材．中等职业学校计算机技术专业教学用书

ISBN 978-7-121-11158-7

Ⅰ．①计…　Ⅱ．①张…　Ⅲ．①图形软件，Photoshop CS4—专业学校—教材　Ⅳ．①TP391.41

中国版本图书馆CIP数据核字（2010）第115183号

策划编辑：关雅莉

责任编辑：徐云鹏

印　　刷：北京虎彩文化传播有限公司

装　　订：北京虎彩文化传播有限公司

出版发行：电子工业出版社

北京市海淀区万寿路173信箱　邮编　100036

开　　本：787×1 092　1/16　印张：15.75　字数：401.6千字

印　　次：2022年8月第17次印刷

定　　价：28.00元

凡所购买电子工业出版社图书有缺损问题，请向购买书店调换。若书店售缺，请与本社发行部联系，联系及邮购电话：（010）88254888。

质量投诉请发邮件至zlts@phei.com.cn，盗版侵权举报请发邮件至dbqq@phei.com.cn。

服务热线：（010）88258888。

根据教育部《职业院校计算机和软件专业领域技能型紧缺人才培养培训指导方案》的精神，按照当前计算机平面图形图像处理行业的用人单位和中等职业学校计算机应用及软件技术领域的计算机应用和多媒体技术专业对培养平面图形图像设计的初中级技术人才的要求，我们编写了本教材。

本书采用案例式的编写方式，以简明通俗的语言和生动真实的案例详细介绍了使用 Photoshop 进行平面图形图像设计的方法。教材中精心设计的案例力求突出其代表性、典型性和实用性，任务设计灵活多样，既能贯穿相应的知识体系，又具有一定的美术创意，能较好地培养学生的审美能力和创作思路，不再是单纯地学习知识技能，而是将技术应用到实际创作中，让技术为创作服务。这些案例与工作实际紧密联系，在制作过程中还包括了目前计算机平面图形图像处理工作中最常用的技法和制作流程，大大提高了学生的学习兴趣和实际工作能力。

为了充分发挥案例式教学方法和任务驱动式教学方法在组织教学方面的优势，本书采用了独具匠心的教材编写方式，本教材中设计了“知识卡片”（提供相关知识，帮助学生自主查阅资料）、“动手做”（联系实际应用，提出任务）、“指路牌”（分组讨论，分析任务）、“跟我做”（上机实践，完成任务）、“回头看”（回顾知识要点和关键技能）、“习题”（举一反三）等几个学习模块。其主要思路是：首先在每章第一节提供“知识卡片”以便学生自主地查阅资料；接着通过“动手做”，从实际设计工作中选择有代表性和通用性的任务案例，使学生明确学习的目的和方向；然后通过“指路牌”引导学生通过查阅“知识卡片”以分组讨论的方式对任务的要求和特点进行分析，得出具体思路；“跟我做”环节则提供了完成任务的具体操作方法和步骤，这有利于使学生在实际操作过程中掌握正确的操作技巧和要领；完成任务后，通过“回头看”回顾案例中的知识要点和关键技能；最后通过“习题”中提供的理论题进一步巩固“知识卡片”中介绍的理论知识和操作技巧，上机实践题突出重点、难度适中，并在必要之处对设计思路给出提示，使学生能较好地掌握知识要点并能用于完成类似的设计任务，从而达到举一反三的目的，大大提高了学生的动手能力和实际工作能力。

本书针对各知识点以贴切的实例进行讲解，每个章节都有围绕所学技能而设计的综合案例，全书的最后还设计了最具代表性的、综合性较强的、融汇全书知识的综合案例，这种由多层次的案例训练，使初学者能够轻松地入门，快速地提高，使学生既能够理解单个操作所能实现的效果，又能够领会多个操作组合在一起综合应用时的作用。这样，不但能确保学生最终掌握本书讲解的理论知识和实践技能，还有助于培养他们的创作思路。

为了更好地达到举一反三的目的，对某些重要操作还给出了引深讲解，即将某种操作变换参数后应用于其他设计中，并比较其不同的效果。这样有助于学生将某种设计方法从一个案例中分离出来并应用到其他设计方案中。

本课程教学参考学时为 96 学时，本教材适合于中等职业学校计算机应用及软件技术领域的计算机应用和多媒体技术专业方向的学生使用，也可以作为计算机平面图形图像设计培训班教材和平面设计人员的实用技术手册。本教材中设计的案例和上机操作题目使用的素材、本书的电子教案、教学指南，可从华信教育资源网上免费下载，网址为http://www.hxedu.com.cn。

本书由邢台市第一中学张震主编，王鸿雁、杨松、陈艳、吕聃任副主编。第 1、2 章由王鸿雁编写；第 3 章由杨松编写；第 4 章由邹娜编写；第 5 章由白勇利编写；第 6 章由李亚卿编写；第 7 章由王亚莉编写；第 8 章由桂洁编写；第 9 章由张震编写；第 10 章由钱永霞编写。

本书由石家庄市教育科学研究所赵晨阳和河北师范大学关莹主审，通过教育部认定，作为教育部职业教育与成人教育司推荐教材。

由于作者水平有限，书中难免有不妥之处，请广大读者批评指正。

编　者

2010 年 4 月

目　录

第1章　计算机图形图像设计基础

【学习目标】

1. 了解与图形图像设计有关的基本概念，以及 Photoshop CS4 中文版、Adobe Bridge CS4 的界面及功能。

2. 熟练掌握对 Photoshop CS4 中文版进行系统设置与优化的基本操作和技巧，以及 Adobe Bridge CS4 的使用方法和技巧。

随着信息技术的飞速发展，计算机图形图像设计的技术也日趋流行，计算机图形图像设计软件被大量应用到广告、宣传和装修、装潢等行业。

1.1　基本概念

在详细学习如何通过计算机图形图像设计软件进行图像处理前，先介绍几个基本概念。

1.1.1　位图图像与矢量图形

根据存储方式的不同，计算机图形图像主要分为两大类：位图图像和矢量图形。

1. 位图图像

位图图像又被称为栅格图像，整个图像由许多被称为像素的色块拼合而成，且每个像素都有其特定的颜色值和位置，实际上，对位图图像的编辑是通过对每个像素的编辑来完成的。当把位图图像放大到一定倍数后，就可以非常清楚地观察到一个个方形色块的存在，如图 1.1 所示。

位图图像比较容易表现颜色层次上的细微变化，适合制作细腻的、轻柔缥缈的特殊效果。但当位图图像被放大时容易出现锯齿状失真现象（如图 1.1 所示），为了保证其真实效果，往往需要图像由较多的色块组成，但这就会导致文件占用较大的存储空间。

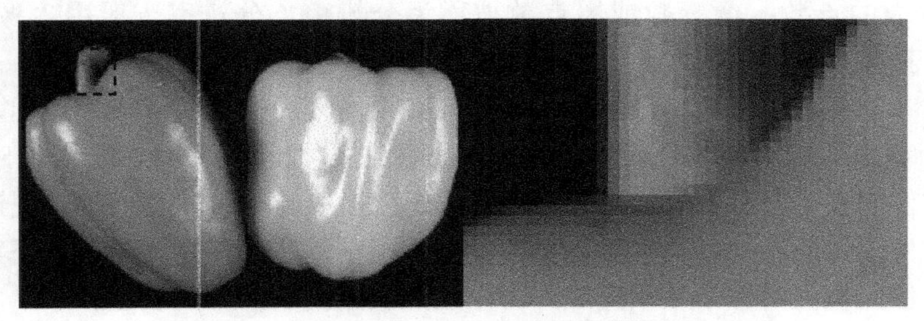

图 1.1　原图与放大 600%后的位图图像的效果对比

在计算机图形图像设计软件中，制作位图图像的软件主要有美国 Adobe 公司的 Photoshop 软件和 Microsoft 公司的“画图”软件。

2．矢量图形

矢量图形是由一些通过数学公式定义的直线、圆、矩形等线条和曲线（称为矢量对象）组成的图形，这些数学公式通常根据图像的几何特性对图形进行描绘。对矢量图形的编辑实际上就是通过对组成矢量图形的一个个矢量对象的编辑来完成的。

矢量图形可以在不降低清晰度或不丢失细节，也不会出现锯齿状失真的情况下，被任意缩放（效果如图 1.2 所示），适合表现几何线条鲜明的图形或简单的卡通图案。

矢量图形文件的大小与图形的复杂程度成正比，与图形的大小无关，一般来说，简单的图形所占的存储空间较小，复杂的图形所占的存储空间则较大。

图 1.2　原图与放大若干倍后的矢量图形的效果对比

在计算机图形图像设计方面，用于制作矢量图形的软件主要有 CorelDRAW、FreeHand、PageMaker 和 Illustrator 等，其中，CorelDRAW 软件常用于 PC，FreeHand 软件常用于苹果机，PageMaker 软件和 Illustrator 软件则既可用于 PC，也可用于苹果机。

1.1.2　像素、分辨率与图像大小

像素和分辨率决定着图像文件的大小和图像的质量。

1．像素（Pixels）

构成位图图像的每个色块都是一个像素，像素是构成图像的最小单位，每个像素只能显示一种颜色。

2．分辨率（Resolution）

单位长度内的点数、像素数或墨点数被称为分辨率，分辨率一般用“像素/英寸”或“像素/厘米”表示。

图像分辨率的高低与图像的效果直接相关，如果两幅图像的实际大小相同，分辨率较高的图像单位面积内的像素数也比较多，每个像素所占的面积则较小，图像清晰度也相应较高，但图像文件的大小会急剧增加，打印和处理速度会明显变慢。我们可以通过对图形分辨率的修改来改变图像的精细度，但对于以较低分辨率创建或扫描的图像，提高其分辨率则只能通过提高单位面积内的像素数来完成，否则无法真正提高图像的质量。

根据实际需要，可以选择设置不同的分辨率。一般 72 像素/英寸就能够满足显示器显示

图像的需要。印刷用彩色图像的分辨率一般为 300 像素/英寸，报纸广告用图像的分辨率一般为 72 像素/英寸或 92 像素/英寸，而大型灯箱喷绘用图像的分辨率只要不低于 30 像素/英寸就可以满足需要。

3. 图像大小

图像文件大小是指图像数据所占用的存储空间，其度量单位一般采用千字节（KB）、兆字节（MB）或吉字节（GB）。

图像文件的大小与图像的像素数成正比，一般用图像中水平方向上的像素数与垂直方向上的像素数的乘积表示。

图像的实际尺寸一般通过高和宽表示，单位一般为“英寸（inch）”或“厘米（cm）”。

图像的分辨率与图像文件的大小和图像的实际尺寸彼此关联，其计算公式为：

图像的实际尺寸 = 图像文件大小/图像分辨率

1.1.3　常用的颜色模式

颜色模式是色彩的量化表示方案，常用的颜色模式有 RGB（光色模式）、CMYK（四色印刷模式）、Lab（标准色模式）、Grayscale（灰度模式）、Bitmap（位图模式）、Duotone（双色调模式）、Index（索引颜色模式）和 Multichannel（多通道模式）等。

1. 光色模式（RGB）

在 RGB 模式的图像中，每个像素的颜色都是通过红（Red）、绿（Green）、蓝（Blue）三种颜色分量参数来描述的，每个分量的取值范围都是从 0（黑色）到 255（白色）。

RGB 模式通常用于电视机、显示器中的色彩显示。

2. 四色印刷模式（CMYK）

在 CMYK 模式的图像中，每个像素的颜色都是通过青色（Cyan）、洋红（Magenta）、黄色（Yellow）和黑色（Black）四种颜色分量参数来描述的，四种印刷油墨按照一定的比例混合在一起，可以生成一种特定的颜色。

CMYK 模式主要用于彩色印刷。

3. 标准色模式（Lab）

在 Lab 模式的图像中，每个像素的颜色都是通过色相（Hue）、饱和度（Saturation）和亮度（Brightness）三个分量参数来表示的，每个分量的取值范围都在+120～−120 之间。

Lab 模式是 Photoshop 软件的标准颜色模式，其色彩表达范围远远超过 RGB 模式和 CMYK 模式，通常被用于不同颜色模式之间的转换，是一种中间颜色模式。

Lab 模式最大的优点是颜色与设备无关。

4. 灰度模式（Grayscale）

在灰度颜色模式的图像中，最多可以使用 256 级灰度的黑白颜色，灰度图像中的每个像素都有一个取值范围从 0（黑色）到 255（白色）的值。灰度图像在被转换成 RGB 模式时，可增加彩色；反之，如果将 RGB 颜色模式的图像转换成灰度模式的图像后，则不能再恢复为彩色效果。

通过灰度或黑白扫描仪生成的图像通常都采用灰度模式显示。

5．位图模式（Bitmap）

在位图模式的图像中，图像由黑、白两种颜色构成，且不能通过图像编辑工具对其进行编辑，而只能由灰度模式的图像转换而成。

6．双色调模式（Duotone）

在双色调模式的图像中，通常使用 2～4 种自定油墨创建双色调（两种颜色）、三色调（三种颜色）和四色调（四种颜色）的灰度图像。

7．索引颜色模式（Index）

在索引颜色模式的图像中，系统将构建一个用来存放并索引图像中颜色的颜色查找表，当图像中的某种颜色没有被包含在颜色查找表中时，系统将从现有的颜色中选择最接近的一种或使用现有颜色来模拟该颜色。索引颜色模式最多可以使用 8 位像素、256 种颜色，而且对图像只能进行有限的编辑操作。

索引模式通常应用于多媒体动画制作或网页制作等领域。

8．多通道模式（Multichannel）

在多通道模式的图像中，每个颜色通道可以使用 256 级灰度。

多通道模式常用于特殊的打印工作中。

1.1.4 常用的图片文件格式

在计算机图形图像设计软件中，文件的存储格式有许多种，人们可以通过文件格式区分图像信息的记录方式（位图或矢量图）和图像数据的压缩方式。

常见的图片文件格式主要有 BMP 格式、GIF 格式、JPEG 格式、PSD 格式、PNG 格式、TIFF 格式、EPS 格式和 AI 格式等。

1．BMP 格式

BMP 格式即位图格式，是标准的 Windows 图像格式，支持 RGB 模式、索引颜色模式、灰度模式和位图模式的图像，不支持 Alpha 通道，其扩展名为“.bmp”。

2．GIF 格式

GIF 格式是一种经过压缩的图片文件格式，所占的存储空间较小，常用于在互联网上显示网页（HTML）文档中的索引颜色模式的图形和图像，以及用于网络传输。GIF 格式的图片保留了图像背景部分的透明度，不支持 Alpha 通道，其扩展名为“.gif”。

3．JPEG 格式

JPEG 格式是较常用的一种图像格式，被称为联合图片专家组格式，支持真彩色、CMYK 模式、RGB 模式和灰度颜色模式，不支持 Alpha 通道。

JPEG 格式是一种有损失的压缩图片文件格式，文件占用的存储空间较小，也是互联网上比较常用的一种图片文件，其扩展名为“.jpg”。

4．PSD 格式

PSD 格式是在 Photoshop 中新建图像时的默认文件格式，是一种支持 Photoshop 所有功能（如各种图像模式、图层和 Alpha 通道等功能）的图片格式，其扩展名为“.psd”。

5．PSB 格式

PSB 格式是能够支持高达 300 000 像素的超大图像文件，并保持了 Photoshop 中图像的图层样式、通道及滤镜效果，而这一点 PSD 格式的文件就无法做到，目前以 PSB 格式存储的文件，大多只能在 Photoshop CS 中打开，其他应用程序，以及较旧版本的 Photoshop，都无法打开以 PSB 格式存储的图像文件，其扩展名为“.psb”。

6．PNG 格式

PNG 格式是 Adobe 公司针对网络图像而开发的一种便携网络图形格式，支持无 Alpha 通道的 RGB 模式、索引颜色模式、灰度模式和位图模式图像。PNG 格式的图像保留了 RGB 模式和灰度模式图像中的透明度，支持 24 位图像，并可以产生无锯齿状边缘的背景透明度，支持无损压缩，其扩展名为“.png”。

7．TIFF 格式

TIFF 格式又被称为标记图像文件格式，支持具有 Alpha 通道的 RGB 模式、CMYK 模式、Lab 模式、索引颜色模式和灰度模式的图像和无 Alpha 通道的位图模式图像，常用于存储图层、注释和透明度等信息，大多数图形图像处理软件和扫描仪一般都支持 TIFF 格式，其扩展名为“.tif”。

8. CDR 格式

CDR 格式是 CorelDRAW 中的一种图形文件格式，只有在 CorelDRAW 应用程序中才能被打开，其扩展名为“.cdr”。

9．EPS 格式

EPS 格式是一种跨平台的通用格式，可以同时包含位图图像和矢量图形，大多数图像应用程序都支持 EPS 格式。EPS 格式可以用于保存路径信息，以及各软件之间的文件转换，其扩展名为“.eps”。

10．AI 格式

AI 格式是一种矢量图形格式，在 Illustrator 软件中经常用到，人们也可以通过先将 Photoshop 软件中的路径文件输出为 AI 格式，然后再利用 Illustrator 软件和 CorelDRAW 软件将其打开和进行编辑。

11．PDF 格式

PDF 全称 Portable Document Format，即可移植文档格式，是 Adobe 公司为支持跨平台多媒体集成信息的出版和发布（尤其是提供对网络信息的发布）而设计的。PDF 文件格式可以将文字、字形、格式、颜色及独立于设备和分辨率的图形图像等封装在一个文件中，还可以包含超文本链接、声音和动态影像等电子信息，支持特长文件，集成度和安全可靠性都较高。由于具有良好的传输和信息保留功能，PDF 文件格式已经成为无纸办公的首选文件格式，利用 Acrobat 等软件可以对 PDF 文件进行注解和批复等编辑操作，这非常有益于异地协同作业，其扩展名为“.pdf”。

教你一招

选择图像格式的依据主要是图像的内容和用途。例如，压缩效果较好的 JPEG 格式或 GIF 格式占用的网络存储空间较小，网络传输时间也较短，网页图像文件常为此两种格式。

虽然都是用于网页图像，但根据图像的内容不同，选择的格式也有所区别：JPEG 格式可以使图像具有连续色调（如照片）；如果图像的颜色单调或图像含有清晰的细节，则应选用 GIF 格式。

1.1.5　叙述约定

为了方便以后的学习，下面我们对本书中的常用术语做如下说明。

“单击”指快速敲击鼠标左键一下。

“单击右键”指快速敲击鼠标右键一下。

“双击”指快速地、连续地两次敲击鼠标左键，这有别于单击鼠标左键两次。

“拖动”指单击并按住鼠标左键不放，同时将鼠标拖动到预定的位置再释放鼠标左键。

“+”一般用于快捷键和组合键的表述，指在键盘上同时按下“+”左、右两边的两个键；或先按住键盘上位于“+”左边的键不放，然后再按下键盘上位于“+”右边的一个键，执行完毕后同时释放两个键。

双引号中的内容表示菜单命令、选项栏或对话框中的选项和参数等。

“/”表示执行菜单命令的层次。“依次选择”表示先选择“/”前边的命令，然后再在弹出的子菜单中选择“/”后边的命令。

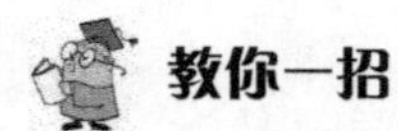

教你一招

在使用快捷键时，经常需要同时按下更多的键，这与按下两个键的操作基本相同，即一般需要先按住键盘上的辅助键不放，然后再按下键盘上的其他键，才能执行相应的操作。

1.2　初识 Photoshop CS4 中文版

1.2.1　Photoshop CS4 的应用领域简介

Photoshop CS4 是由美国 Adobe 公司推出的专业级的图像编辑软件，其功能强大、性能优异，被广泛应用于平面设计、照片修复、影像创意设计、艺术字设计、网页创作、建筑效果图的后期调整、绘画模拟、绘制或处理三维贴图、婚纱照片设计及界面设计等诸多领域。利用 Photoshop CS4 可以创作出各种各样的、奇妙无比的图像作品。

下面我们将对 Photoshop 的主要应用领域进行介绍：

➢ 平面设计：Photoshop 应用最广泛的领域就是平面设计领域，从图书封面、商品包装，到大街上的招贴、海报等具有丰富图像的平面印刷品，基本上都是经过

Photoshop 软件处理的。

- 照片修复：利用 Photoshop 强大的图像修饰功能，可以快速修复一张破损的老照片，也可以对人脸上的一些斑点、皱纹等缺陷进行修复、修饰。
- 影像创意设计：通常情况下，影像创意工作一般对视觉要求非常严格，为了得到满意的效果，往往需要利用 Photoshop 对其作品进行修改和创意，通过 Photoshop 处理、加工，可以将各种不同素材进行组合、替换，使图像发生巨大变化。
- 艺术字设计：利用 Photoshop，可以使文字千变万化，利用这些经过艺术化处理后的文字，可以为图像增加特殊效果。
- 网页创作：Photoshop 已成为创作网页时必不可少的网页图像处理软件。
- 建筑效果图后期修饰：利用 Photoshop，可以增加和调整建筑效果图（包括许多三维场景）的人物与配景（包括场景的颜色）。
- 绘画：利用 Photoshop 良好的绘画与调色功能，可以为铅笔绘制的草稿填色，从而得到色彩丰富、效果逼真的插图。
- 绘制或处理三维贴图：利用 Photoshop，可以绘制三维对象，并对其进行贴图处理。
- 婚纱照片设计：Photoshop 已被越来越多的婚纱影楼用来为使用数码相机得到的照片进行后期处理。
- 视觉创意：Photoshop 正在被越来越多的设计爱好者所学习和采用，以进行具有个人特色与风格的视觉创意。
- 图标制作：利用 Photoshop 软件，可以制作出非常精美的图标。
- 界面设计：由于当前还没有用于做界面设计的专业软件，因此，绝大多数设计者都使用 Photoshop 来完成软件界面设计工作。

1.2.2　Photoshop CS4 中文版的功能介绍

Photoshop CS4 中文版的功能主要可分为图像编辑、图像合成、校色调色及特效制作等。

- 图像编辑：这是图像处理的基础，利用 Photoshop CS4 可以对图像做各种变换（如放大、缩小、旋转、倾斜、镜像、透视等），也可进行复制，去除斑点，修补、修饰图像的残损等。这在婚纱摄影、人像处理制作中用途很大，用其去除照片或人像上不满意的部分，并进行美化加工，以得到让人满意的效果。
- 图像合成：利用 Photoshop CS4 提供的绘图工具、图层操作功能，可以将几幅图像进行整合，以得到完整的、传达明确意义的图像。
- 校色调色：这是 Photoshop 中最具威力的功能之一，利用这些功能可方便快捷地对图像的颜色进行明暗、色偏的调整和校正，也可在不同颜色间进行切换，以满足图像在不同领域（如网页设计、印刷、多媒体等方面）的应用。
- 特效制作：通过 Photoshop CS4 自带的近 100 种滤镜及通道、工具的综合应用，可以方便地完成各种各样的特殊图像效果和特效字的制作，且 Photoshop CS4 还可以安装和使用许多专门为其设计的外挂滤镜。

1.2.3　Photoshop CS4 中文版的安装和卸载

Photoshop CS4 具有良好的兼容性，既可以运行于 PC 的 Windows 环境，也可以运行于苹果机的 Mac OS 系统。

要使用 Photoshop CS4 中文版必须首先将其安装到硬盘上。

1. 系统要求

（1）Windows 操作系统

- 1.8GHz 或更快的处理器；
- 512MB 内存（推荐 1GB）；
- 1GB 可用硬盘空间用于安装，安装过程中需要额外的可用空间（无法安装在移动存储设备上）；
- DVD-ROM 驱动器；
- 1024×768 屏幕分辨率（推荐 1280×800），16 位显卡；
- 某些 GPU 加速功能需要 Shader Model 3.0 和 OpenGL 2.0 图形支持；
- 需要 QuickTime 7.2 软件以实现多媒体功能；
- 在线服务需要宽带 Internet 连接。

（2）Mac OS 操作系统

- PowerPC® G5 或多核 Intel®处理器；
- Mac OS X10.4.11～10.5.4 版；
- 512MB 内存（推荐 1GB）；
- 2GB 可用硬盘空间用于安装，安装过程中需要额外的可用空间（无法安装在使用区分大小写的文件系统的卷或移动存储设备上）；
- DVD-ROM 驱动器；
- 1024×768 屏幕（推荐 1280×800），16 位显卡；
- 某些 GPU 加速功能需要 Shader Model 3.0 和 OpenGL 2.0 图形支持；
- 需要 QuickTime 7.2 软件以实现多媒体功能；
- 在线服务需要宽带 Internet 连接。

2. 安装 Photoshop CS4 中文版

在 PC 上安装 Photoshop 的过程和苹果机上的安装过程基本相同。

在 PC 上，Photoshop CS4 可以安装在 Windows Me、Windows NT、Windows 2000 和 Windows XP 等各种版本的 Windows 操作系统平台上，其安装步骤如下：

① 关闭计算机中其他所有正在运行的 Adobe 应用程序。

② 将 Photoshop CS4 中文版安装光盘放入光盘驱动器，安装程序自动启动；也可以通过运行安装光盘中的“setup.exe”文件启动安装程序。

③ 按照屏幕上的说明逐步进行操作，即可完成整个安装过程。

3. 卸载 Photoshop CS4 中文版

如果确定不再使用 Photoshop，应该将其从计算机中卸载，这样可以节省数百兆的硬盘空间，还可以使系统具有更快的启动速度。

在 PC 上卸载 Photoshop CS4 的步骤如下：

① 单击 Windows 的“开始”按钮，在“开始”菜单中依次选择“设置”/“控制面板”命令。

② 双击“添加”/“删除程序”图标。

③ 选择“安装”/“卸载”选项卡，从系统已安装程序的列表中单击“Adobe Photoshop CS4”，单击“更改”/“删除”按钮。

④ 按照屏幕提示逐步进行操作，即可从系统中卸载 Photoshop CS4 中文版。

1.2.4　Photoshop CS4 中文版的启动和关闭

在安装有 Photoshop CS4 中文版的计算机上，依次选择“开始”/“程序”/“Adobe Photoshop CS4”命令，计算机将自动进行一系列初始化工作，并启动 Photoshop CS4 中文版。

运行 Photoshop 会占用大量的系统资源，所以在暂不使用时应及时将其关闭并退出。单击程序主窗口的 ☒ 按钮，或依次选择“文件”/“退出”命令，或按下快捷键 Alt+F4 或 Ctrl+Q，均可以关闭并退出 Photoshop CS4 中文版。

1.2.5　Photoshop CS4 中文版的界面

启动 Photoshop CS4 中文版后，屏幕将显示如图 1.3 所示的工作界面，其中主要包括视图控制栏、菜单栏、工具选项栏、工具箱、状态栏、调板、图像窗口等部分。

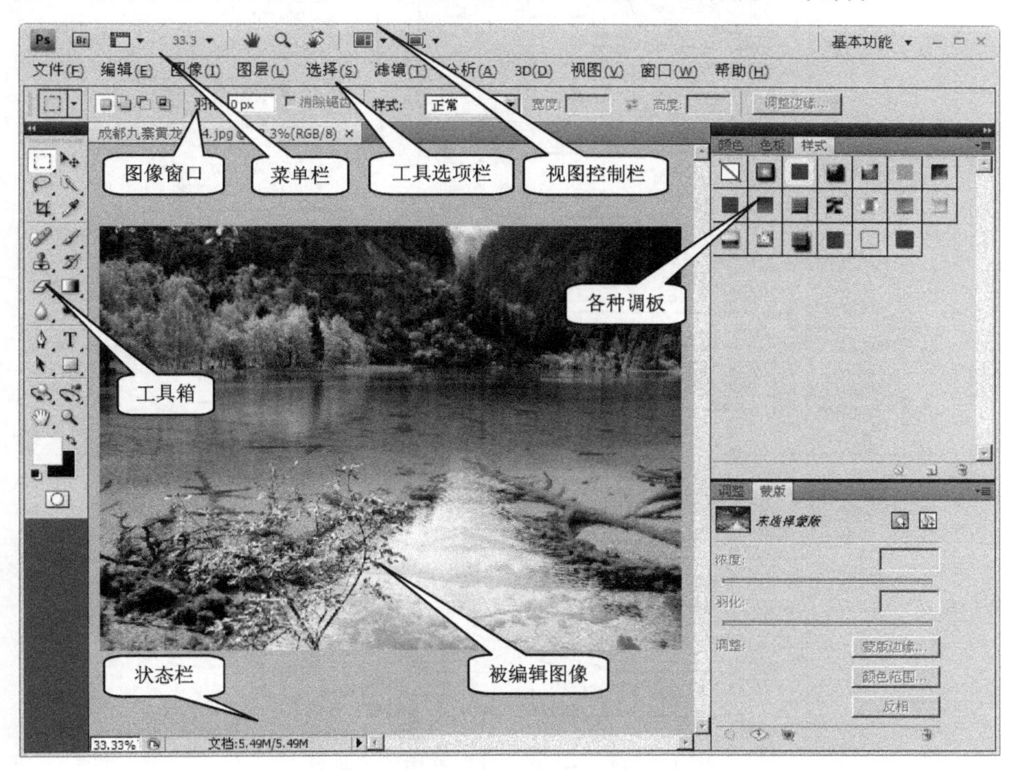

图 1.3　Photoshop CS4 中文版的工作界面

1. 菜单栏

菜单栏主要包括文件、编辑、图像、图层、选择、滤镜、分析、3D、视图、窗口、帮助共 11 个菜单，每个菜单中又包括若干相关的菜单命令。这些菜单整合了 Photoshop CS4 中的所有选项命令，通过这些菜单命令，可以完成诸如文件的创建、保存、图像大小的修改，图像颜色的调整、选取处理、滤镜运用和工作界面设置等各种操作。

教你一招

在实际操作过程中，我们可以通过鼠标依次单击选择各级菜单中的命令，以便使用 Photoshop CS4 中文版的有关功能，也可以直接利用与各菜单命令相对应的快捷键来快速完成相应的操作。

2. 工具箱

在 Photoshop CS4 中文版中，工具箱默认地以单栏形式显示在屏幕左侧。在工具箱中包含图形图像处理工作中常用的各种工具，如图 1.4 所示，利用这些工具可以实现图像的选取、移动、绘画、绘图、编辑、取样、注释、查看图像、填加文字和 3D 操作等多种功能。

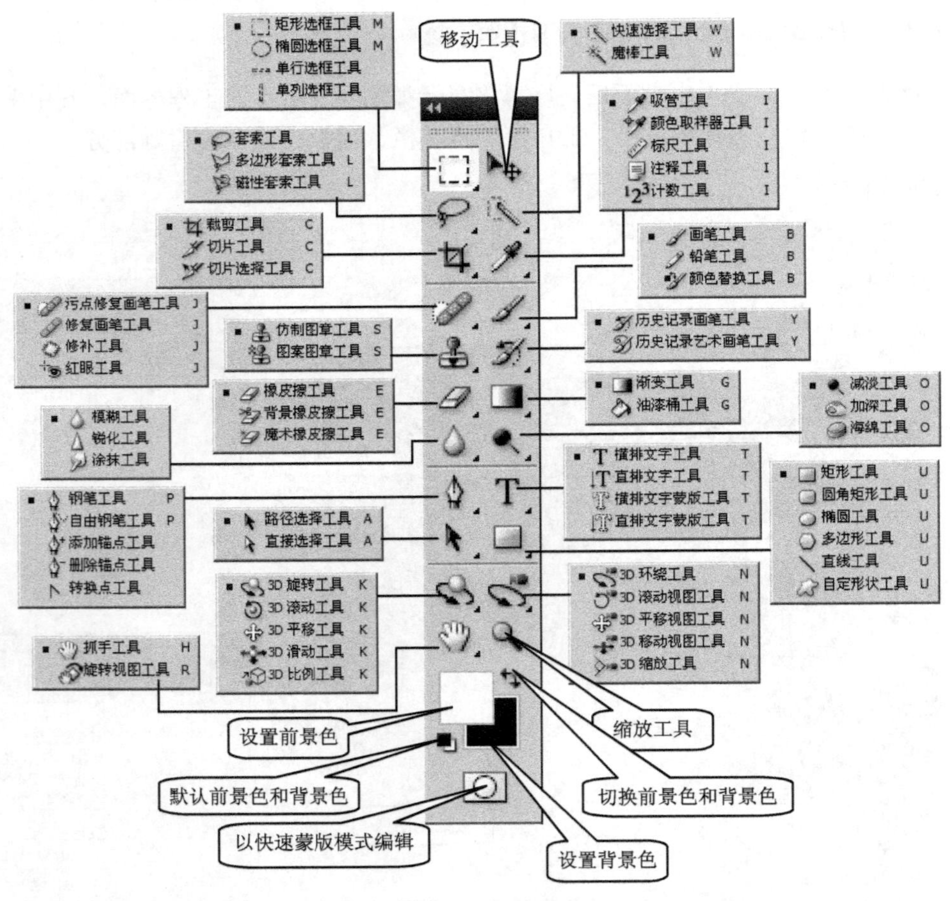

图 1.4　Photoshop CS4 中文版的工具箱

教你一招

如果工具箱被隐藏了，依次选择“窗口”/“工具”命令，可在该命令前显示选中标记“√”，即可使工具箱重现；如果在工具箱处于显示状态时选择该命令，可去除该命令前的选中标记“√”，则可将工具箱隐藏。

单击工具箱顶端伸缩栏中的按钮，可以将工具箱收缩为双栏排列；再次单击按钮，又可以将其释放为单栏排列。

利用鼠标拖动工具箱的标题栏可以将工具箱移动到任意位置。

在工具箱中单击相应的工具按钮，或在键盘中按下与其对应的快捷键，使该按钮处于按下状态，即可使用工具按钮中的工具进行相应的操作。

将光标移动到工具按钮上停留片刻，会出现该工具的名称和操作快捷键。

如果工具按钮的右下角带有标记，说明这是一个工具按钮组，其中包含着多个相关的工具按钮。在相应的按钮组上按住鼠标左键不放或直接单击鼠标右键，屏幕上将显示该按钮组中所有的工具，单击要使用的工具按钮名称，即可使其成为该按钮组中当前显示的按钮。

3. 工具选项栏

当在工具箱中选定某个工具后，工具选项栏（如图 1.5 所示）中将显示与其相对应的选项和参数，工具栏的选项和参数一般会随着选用工具的不同而有所区别。其中有些选项属于通用选项，适用于很多工具，而有些选项则是某种工具所特有的。通过设定这些选项和参数，可以控制工具的用法及其所带来的效果。

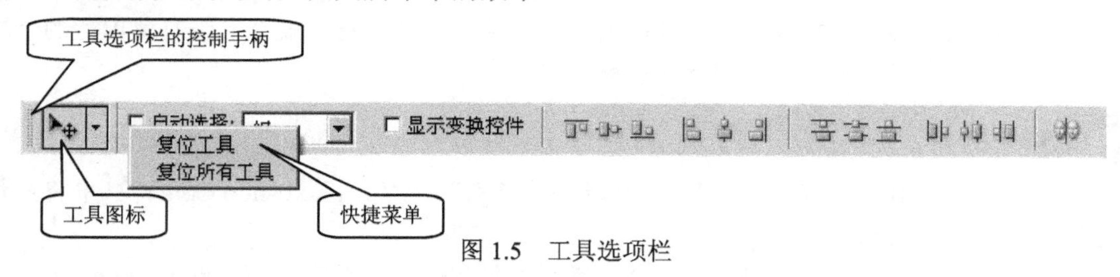

图 1.5　工具选项栏

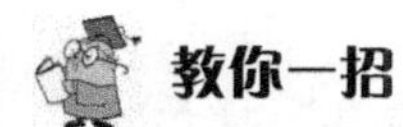

利用鼠标拖动工具选项栏最左端的控制手柄，可以将工具选项栏移动到任意位置。

当改变或调整了工具选项栏中的某些选项和参数后，在工具选项栏左端的工具图标上单击鼠标右键，系统将弹出如图 1.5 所示的快捷菜单，选择菜单中的“复位工具”命令即可将当前工具的选项和参数恢复为 Photoshop CS4 默认的初始设置，如果选择“复位所有工具”命令，则将复位所有工具的选项设置。

4. 调板

Photoshop CS4 中文版提供了“颜色”、“色板”、“样式”、“通道”、“图层”、“路径”、“画笔”、“历史记录”、“动作”、“字符”、“段落”、“图层复合”、“工具预设”、“仿制源”、“导航器”、“直方图”、“信息”、“动画”和“测量记录”等 20 多种调板，这些调板一般都是以组的方式叠放在一起的。利用调板可以实现对图像或文字的修改、查看和监视操作。

教你一招

为了节省屏幕空间，可以通过按下组合键 Shift+Tab 来显示或隐藏所有打开的调板，也可以只按下 Tab 键，将所有打开的调板、工具箱和选项栏全部隐藏。

在调板组中单击某个调板的名称，或选择“窗口”菜单中该调板的名称，可以使该调板显示在其所在调板组中所有调板的最前面。

拖动调板的任意一边或一角，可以调整调板的大小。

拖动某个调板组的标题栏，可以移动整个调板组。

拖动某个调板选项卡，可以调整调板选项卡的排列顺序，也可以将该调板移动到另一调板组中，或创建一个新的调板组。

单击调板组顶端伸缩栏中的▶▶按钮，可以将调板组折叠为图标；再次单击◀◀按钮或双击调板的选项卡，可以将调板组还原显示。

单击调板右上角的调板菜单按钮▾≡，可以显示调板菜单，调板不同，所显示的调板菜单也有所不同。利用调板菜单中的命令，我们可以完成相应的操作。

1.2.6 Photoshop CS4 中文版的基本操作

要想更好地使用 Photoshop CS4 中文版，首先必须掌握其基本操作。下面我们将介绍一些 Photoshop CS4 中文版软件的基本操作。

1. 查看图像

在 Photoshop CS4 中文版中，可以根据需要使用“标准屏幕模式”、“带有菜单栏的全屏模式”和“全屏模式”三种不同的方式查看图像。

教你一招

依次选择“视图”/“屏幕模式”/“标准屏幕模式”命令，Photoshop CS4 窗口中将包括标题栏、菜单栏和滚动条。

依次选择“视图”/“屏幕模式”/“带有菜单栏的全屏模式”命令，Photoshop CS4 窗口将只包括菜单栏和 50%灰色的背景，而不再显示标题栏和滚动条。

依次选择“视图”/“屏幕模式”/“全屏模式”命令，系统将弹出“信息”提示窗口（如图 1.6 所示），单击“全屏”按钮，Photoshop CS4 窗口将只显示黑色背景，而不再显示标题栏、菜单栏、滚动条等。在全屏模式下，工具栏和各种调板也处于隐藏状态，将鼠标指针移动到屏幕的左侧，屏幕上将显示工具箱；移动到屏幕右侧，屏幕上将显示相应的调板；按下 Tab 键，屏幕上将显示菜单栏、工具箱、调板等内容；再次按下 Tab 键，这些内容将再次被隐藏；按下 Esc 键，将返回标准屏幕模式。

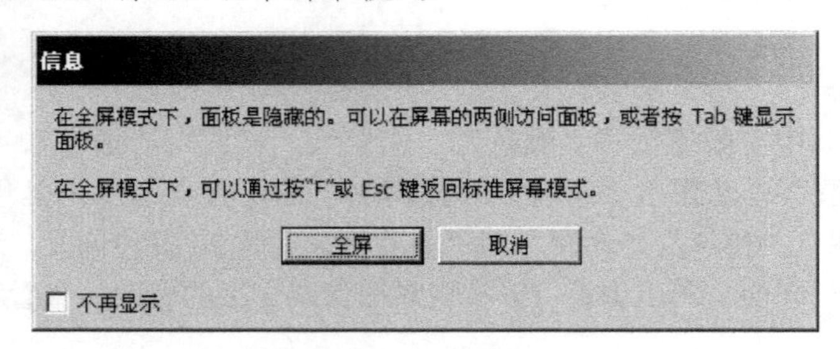

图 1.6 选择“全屏模式”时的信息提示窗口

利用 F 键，可以实现“标准屏幕模式”、“带有菜单栏的全屏模式”和“全屏模式”3 种不同方式键的切换，操作非常方便。

2. 观察图像

在利用 Photoshop CS4 中文版软件处理图像的过程中，需要不断地从整体或局部角度观察图像，有时还可能需要同时观察几幅图像。下面我们将介绍如何在 Photoshop CS4 中文版软件中进行图像观察的操作。

（1）利用“缩放工具”观察图像

利用工具箱中的“缩放工具”可以实现图像的放大或缩小观察操作，其工具选项栏如图 1.7 所示。

图 1.7 “缩放工具”的选项栏

- 和按钮：按下其中一个按钮，并在图像窗口中按下鼠标左键或拖动鼠标，可以分别对图像按照预设百分比放大或缩小显示。
- “调整窗口大小以满屏显示”复选框：如果选中该选项，在放大或缩小图像时图像窗口的大小将随之被调整。
- “实际像素”按钮：用于将图像恢复到实际像素大小显示。

教你一招

在 Photoshop 中，选中“缩放工具”后，每在图像区域单击一次鼠标，都会将视图放大或缩小到一个预设的百分比。但应注意，图像的最大放大级别为 1600%，缩小的最小尺寸为 1 像素，当达到这个级别时，放大镜看起来将是空的。这表明，图像已经被放大或缩小为极限了。

按住 Alt 键可以实现“缩放工具”放大或缩小状态的快速切换。

通过拖动鼠标可以框选出需要放大或缩小的区域。

如果我们所使用的鼠标带有滚轮，就可以在选择“缩放工具”后利用滑动滚轮对图像进行放大或缩小。但在这之前需要依次选择“编辑”/“首选项”/“常规”菜单命令，打开“首选项/常规”对话框（如图 1.8 所示），并单击选中“用滚轮缩放”复选框。如果没有选中此复选框，我们同样可以在按住 Alt 键的同时，利用鼠标滚轮对图像进行缩放操作。

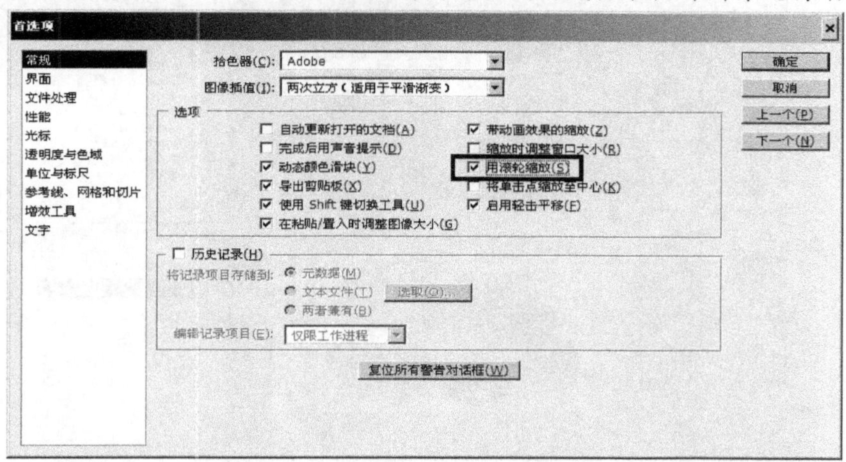

图 1.8 “首选项/常规”对话框

（2）用于观察图像的菜单命令

依次选择“视图”/“放大”或“视图”/“缩小”菜单命令，也可以按照预设比例放大或缩小视图。当图像放大或缩小到极限时，这两个菜单命令将变成灰色无效状态。

（3）利用“导航器”面板观察图像

依次选择“窗口”/“导航器”菜单命令，可以打开“导航器”面板，如图 1.9 所示。拖动“导航器”调板中的缩放滑块，可以调整放大或缩小的级别；也可以直接在缩放比例框中输入表示缩放比例的准确数值。

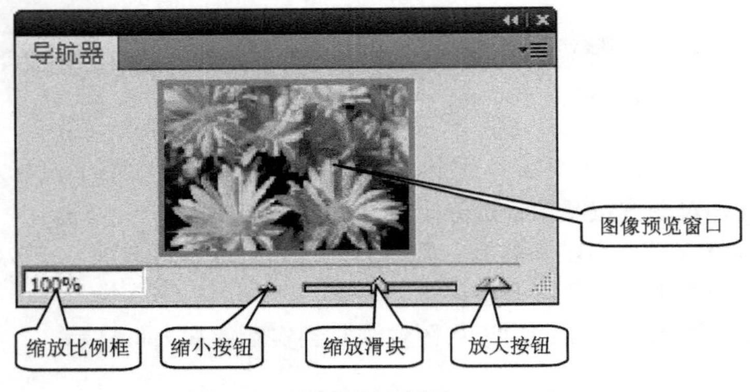

图 1.9　“导航器”面板

（4）观察多幅图像

在 Photoshop 中，我们可以根据需要同时观察多幅图像。除了通过手动调整各种图像窗口的大小外，还可以利用菜单命令实现。

依次选择“窗口”/“排列”/“层叠”、“窗口”/“排列”/“平铺”、“窗口”/“排列”/“在窗口中浮动”、“窗口”/“排列”/“使所有内容在窗口中浮动”或“窗口”/“排列”/“将所有内容合并到选项卡中”命令，即可按相应的方式观察图像。系统默认的是“将所有内容合并到选项卡中”效果。图 1.10～图 1.14 分别为这几种模式下图像窗口排列的效果。

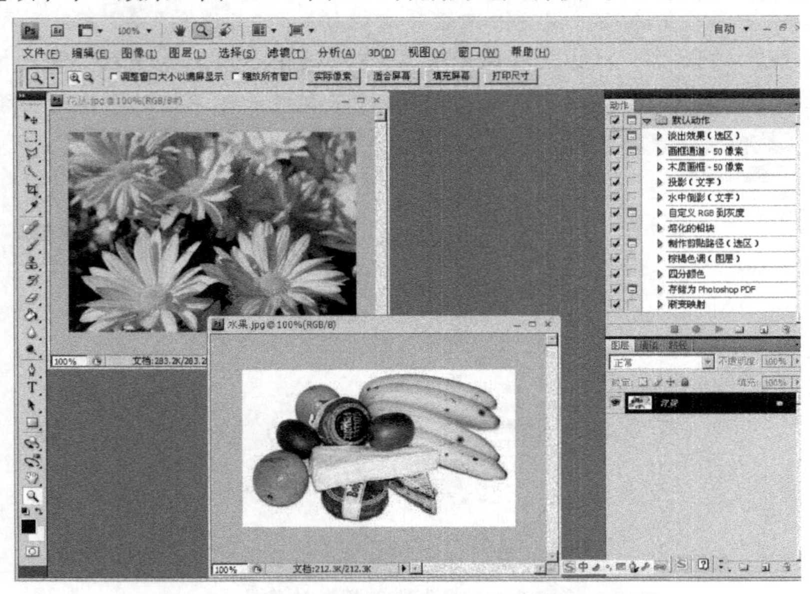

图 1.10　手动调整图像窗口大小和位置后的效果

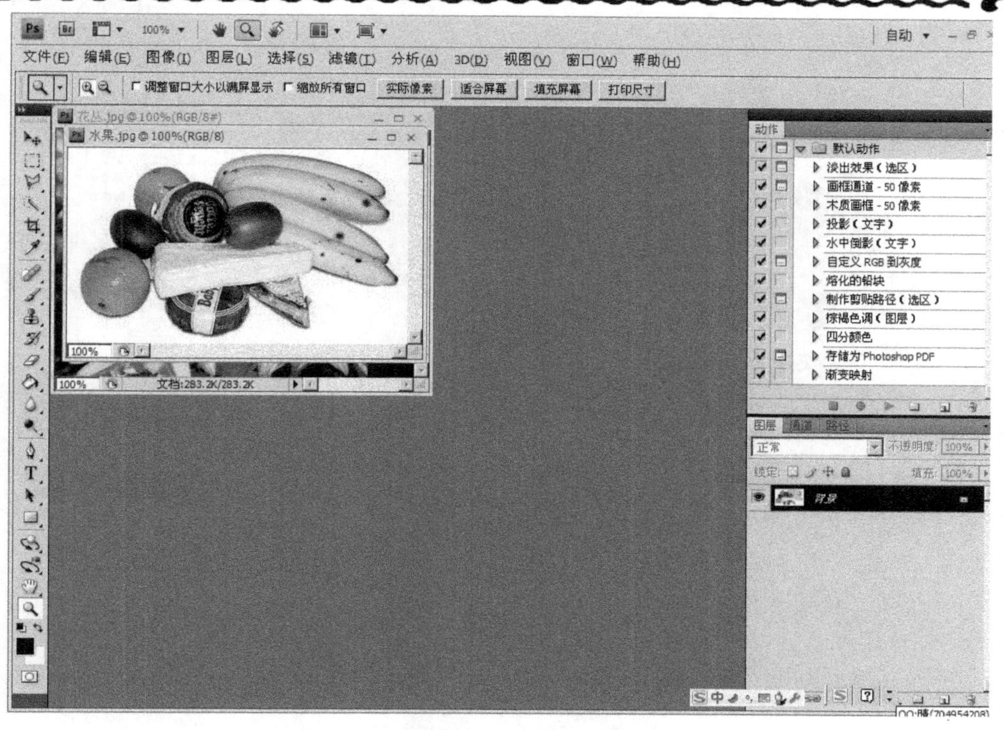

图 1.11　层叠模式下图像窗口排列效果

图 1.12　平铺模式下图像窗口排列效果

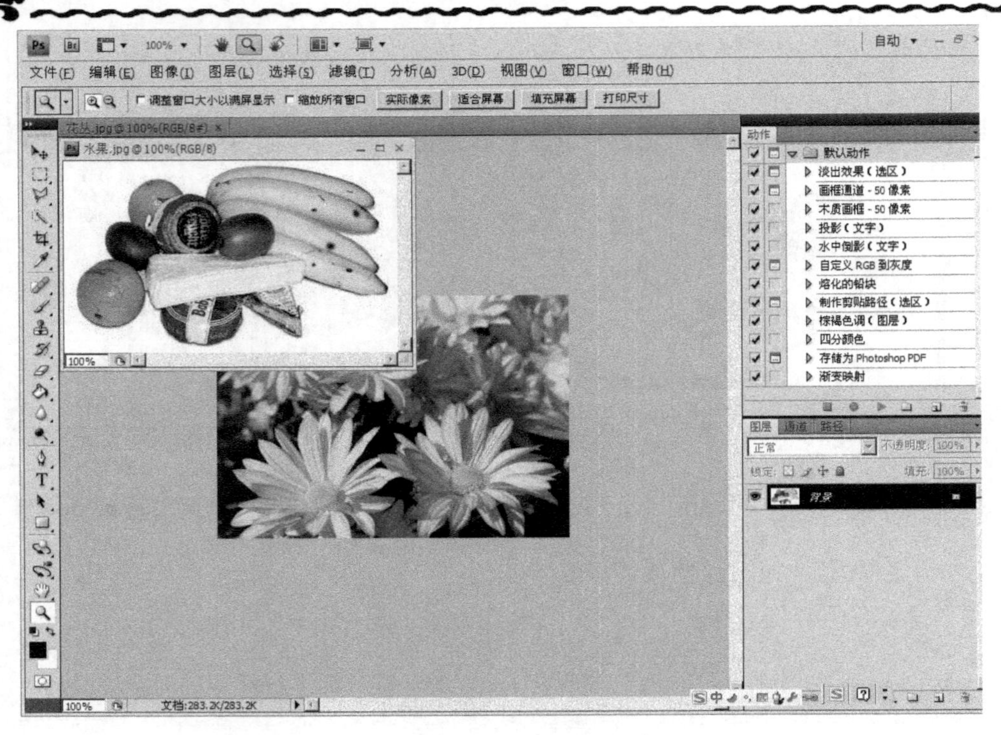

图 1.13　某一图像在窗口中浮动的排列效果

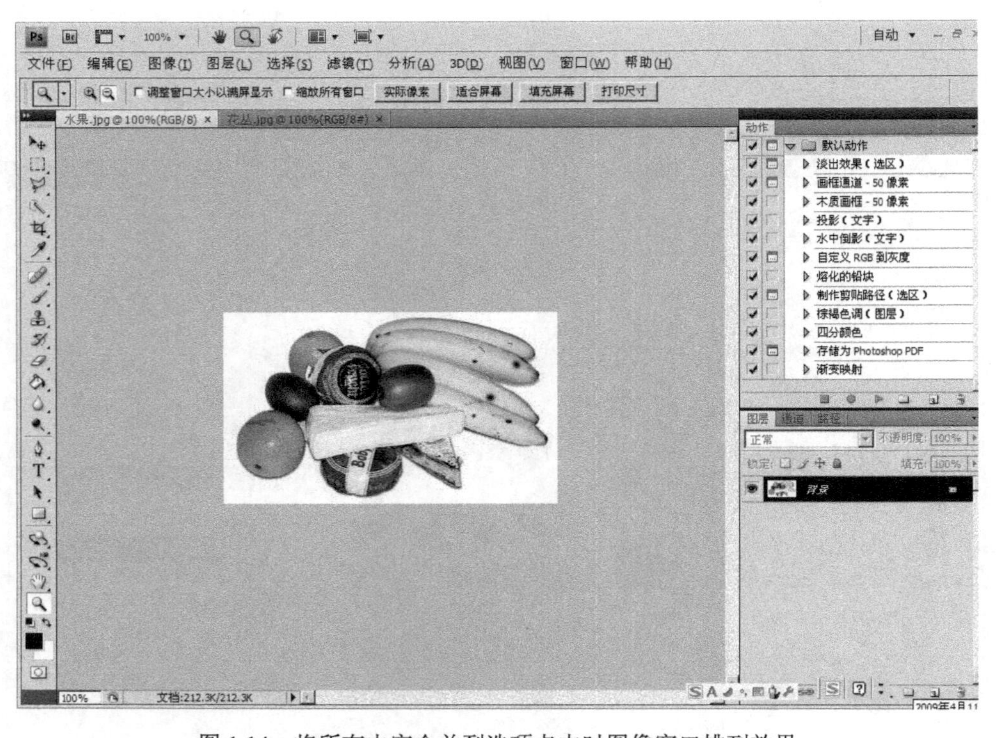

图 1.14　将所有内容合并到选项卡中时图像窗口排列效果

（5）利用“抓手工具”调整观察图像的区域

在对图像进行放大操作后，可以利用工具箱中的“抓手工具”不断调整和变换观察图像的区域。

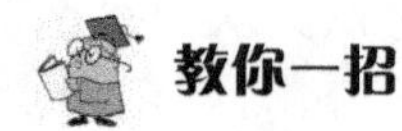

教你一招

在实际操作过程中，我们可以通过按住空格键的方法临时调出“抓手工具”；需要取消“抓手工具”时，只需要释放空格键即可。

3. 图像状态的还原操作

在实际操作过程中，我们经常会因出现问题或对之前的操作不满意，从而需要恢复到某历史操作状态。Photoshop CS4 中文版提供了还原图像历史状态的功能，且大多数的错误操作都可以被还原为操作前的状态。这种还原操作可以回溯到上一操作前的状态，也可以回溯到最后被保存的版本，还可以利用“历史记录”调板（如图 1.15 所示）逐步回溯到最近创建的任一图像状态。

每对图像进行一次改动，在“历史记录”调板中都将添加一个历史图像记录状态，可以通过历史记录将图像还原到最近创建的任一图像状态。但应注意，为了减少所占用的内存空间，“历史记录”调板只默认保留最近的 20 个状态，在此之前的状态都将被自动删除。

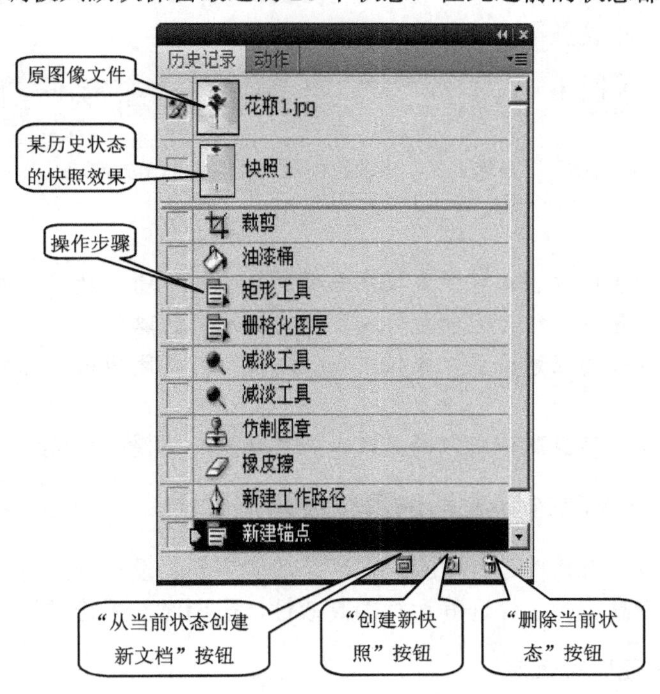

图 1.15　“历史记录”调板

教你一招

依次选择“编辑”/“还原”命令，可以将图像状态还原到上一操作之前的状态。当执行了“还原”操作后，依次选择“编辑”/“重做”命令可以重新执行被还原的操作。

依次选择“文件”/“恢复”命令，可以将图像恢复到最后保存的版本，而取消最后一次存盘后所做的所有操作。

单击“历史记录”调板中的某个状态名称，可以选中该历史记录，同时将图像直接还原到该图像状态。

如果选择调板菜单中的“删除”命令，可以将该状态及其后面的状态从“历史记录”调板中删除。如果单击“历史记录”调板底部的“删除当前状态”按钮，可以只从“历史记录”调板中删除被选中的状态。

为了将图像还原到最近的20个状态前的状态，我们可以通过创建快照的方法来实现。

在“历史记录”调板中选中某一状态后，单击“历史记录”调板底部的“创建新快照”按钮，可以用默认的名称和设置自动创建一个快照。如果选择“历史记录”调板菜单中的“新建快照”命令（或按住 Alt 键的同时单击“历史记录”调板底部的“创建新快照”按钮），系统将弹出“新建快照”对话框，利用该对话框可以设置快照的名称和选择快照的内容。

单击“历史记录”调板中的快照名称可以将图像直接还原到该历史状态。

单击“历史记录”调板底部的“从当前状态创建新文档”按钮，可以从当前操作图像的状态创建一个与原图像具有相同属性的备份图像。

4. 弹出式滑块

弹出式滑块（如图 1.16 所示）被广泛应用于 Photoshop CS4 的参数设置过程中。利用弹出式滑块可以非常方便地调整选项数值的大小。

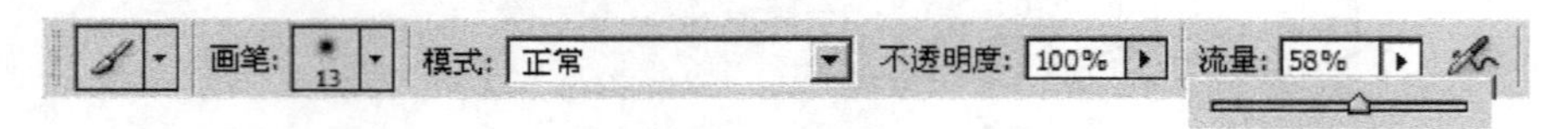

图 1.16 “画笔工具”选项栏中的“流量”弹出式滑块

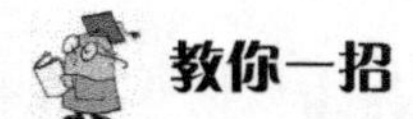

教你一招

弹出式滑块有多种使用方法，可以直接在选项的数值框中输入数值，也可以单击选项右边的按钮打开弹出式滑块，然后拖动滑块，以改变选项的取值。

单击弹出式滑块以外的任意位置，或按下 Enter 键，可关闭弹出式滑块，同时确定了对选项取值的更改。

按下 Esc 键将取消对参数取值所做的更改，并关闭弹出式滑块。

1.2.7 Photoshop CS4 中文版的系统设置与优化

Photoshop CS4 中文版软件是一个应用广泛、功能齐全、设计复杂的应用软件，对于计算机硬件的要求相对较高。为了保证其运行的高效性，需要对其系统进行设置与优化。

1. 使用“颜色设置”对话框

在利用 Photoshop CS4 中文版软件进行图形图像处理的过程中，大多数色彩管理建议最好使用已经通过 Adobe Systems 测试过的预设颜色设置。如果确有更改颜色特定选项的必要，可以通过“颜色设置”对话框完成。

依次选择“编辑”/“颜色设置”命令，或按下快捷键 Shift+Ctrl+K，系统将弹出如图 1.17 所示的“颜色设置”对话框。

- “设置”列表框：主要用于选择系统设定的色彩管理设置。在这里所选的设置决定了下面我们将要介绍的“颜色设置”对话框中其他选项组的选项。每选择一种颜色设置，我们都可以通过对话框底部的“说明”选项栏查看其详细说明。

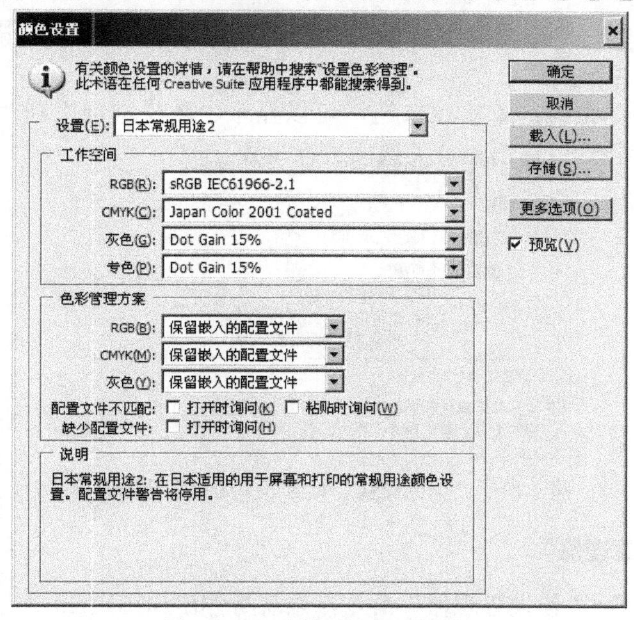

图 1.17　“颜色设置”对话框

- “工作空间”选项组：主要用于定义和编辑 Adobe 应用程序颜色的中间色彩空间。每种颜色模型都有一个与其相关联的工作空间配置文件，我们可以通过“工作空间”选项组为每个色彩模型指定工作空间配置文件。
- “色彩管理方案”选项组：主要用于选择在打开或导入图像时应用程序处理颜色数据的方案。我们可以为 RGB 和 CMYK 图像选择不同的处理方案，同时也可以指定警告信息出现的时机。
- “载入”按钮：单击此按钮，系统将弹出如图 1.18 所示的“载入”对话框，通过该对话框可以对已经保存的色彩或 Photoshop CS4 软件所提供的色彩进行管理设置。

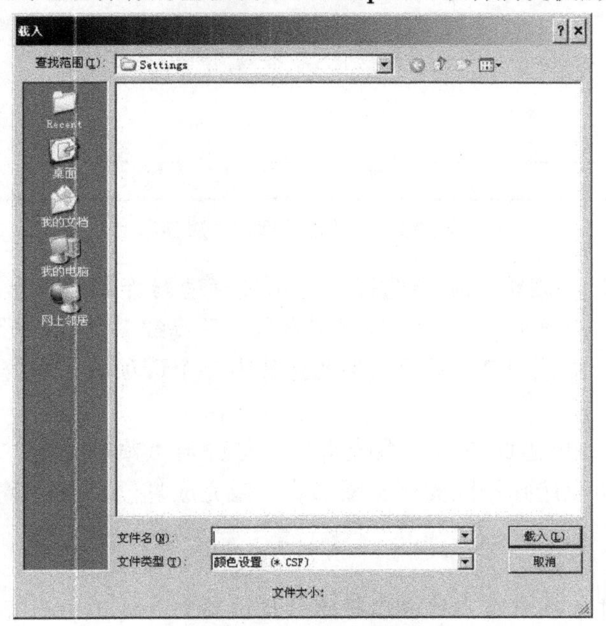

图 1.18　“载入”对话框

- “存储”按钮：单击此按钮，系统将弹出“存储”对话框，利用该对话框可以保存当前的色彩管理设置。
- “更多选项”按钮：单击此按钮，可以显示“转换选项”和“高级控制”选项组（如图 1.19 所示），进而对有关选项进行设置。

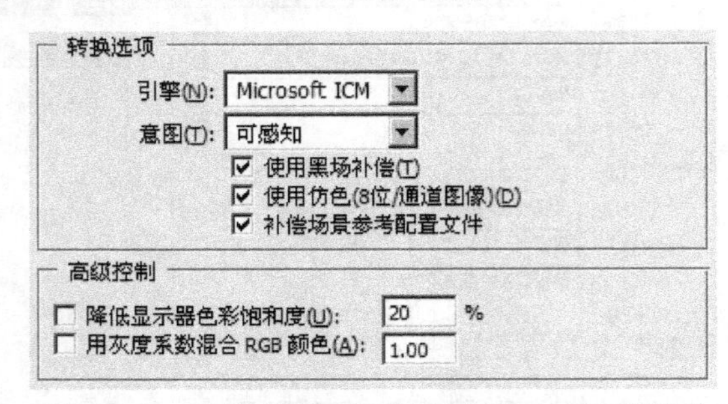

图 1.19　“颜色设置”对话框中的更多选项设置

2. 使用“预设管理器”

依次选择“编辑”/“预设管理器”命令，系统将弹出如图 1.20 所示的“预设管理器”对话框，利用该对话框可以对“画笔”、“色板”、“渐变”、“样式”、“图案”、“等高线”、“自定形状”及“工具”等进行载入、存储设置、重命名和删除等管理操作。

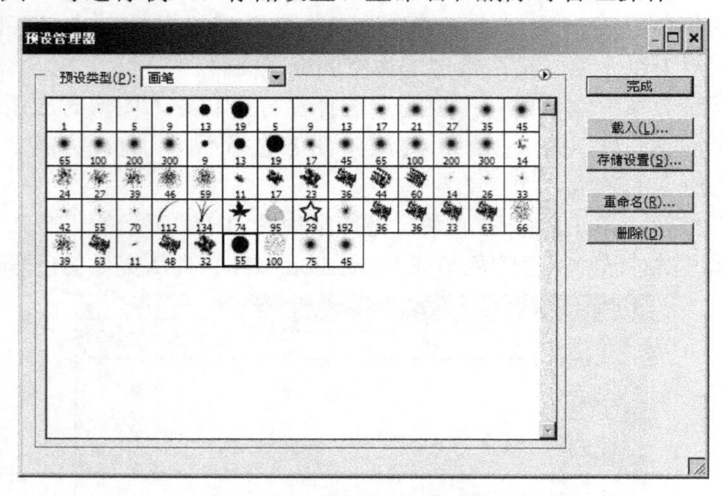

图 1.20　“预设管理器”对话框

- “预设类型”列表框：用于选择通过预设管理器管理的内容，该列表共包括“画笔”、“色板”、“渐变”、“样式”、“图案”、“等高线”、“自定形状”和“工具”8 个不同的选项，如图 1.21 所示。当选择其中一个选项后，系统将显示与之有关的特定预设类型。
- 菜单按钮▶：单击此按钮，系统将弹出与选定“预设类型”相对应的快捷菜单，通过该菜单可以选择不同的缩览图形式，或完成复位和替换等操作。

教你一招

“预设管理器”对话框中显示的内容将随“预设类型”的不同而有所不同，且通过菜单按钮▶打开的快捷菜单的选项也将随之发生变化（图 1.22 显示的是“预设类型”为“画

笔”时所对应的快捷菜单）。在快捷菜单中选择不同的命令，在“预设管理器”对话框中也将显示与其相对应的内容。

如果需要重新排列预设项目的位置，用鼠标直接将其拖动到相应的位置即可，如图 1.23 所示。

画笔
画笔　Ctrl+1
色板　Ctrl+2
渐变　Ctrl+3
样式　Ctrl+4
图案　Ctrl+5
等高线　Ctrl+6
自定形状　Ctrl+7
工具　Ctrl+8

图 1.21　“预设管理器”对话框的“预设类型”选项

纯文本
小缩览图
大缩览图
小列表
大列表
描边缩览图
复位画笔...
替换画笔...
混合画笔
基本画笔
书法画笔
带阴影的画笔
干介质画笔
人造材质画笔
自然画笔 2
自然画笔
特殊效果画笔
方头画笔
粗画笔
湿介质画笔

图 1.22　“预设管理器”对话框的快捷菜单

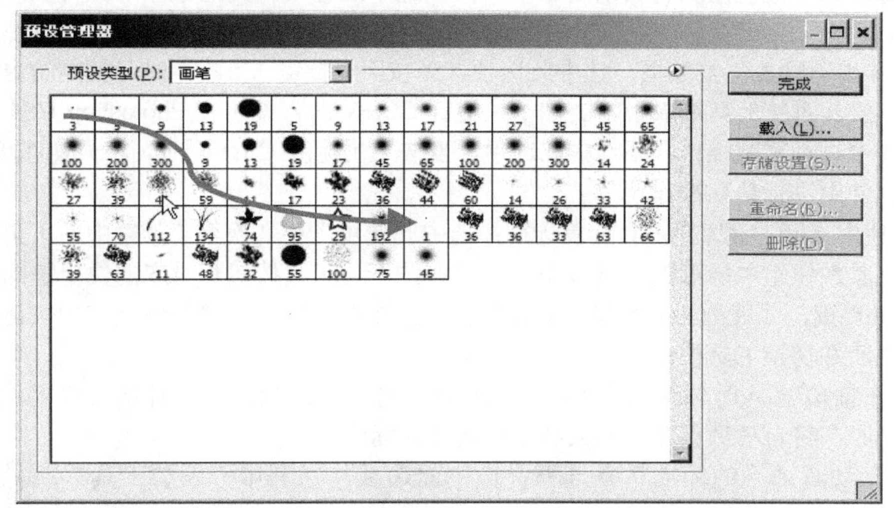

图 1.23　在“预设管理器”对话框中调整预设项目位置

3. 使用“首选项”命令

依次选择“编辑”/“首选项”命令，系统将弹出如图 1.24 所示的子菜单，选择相应的子菜单命令，可以打开与之对应的对话框。通过设置对话框中的选项，即可完成对 Photoshop CS4 软件系统的设置与优化。

（1）“常规”命令

依次选择“编辑”/“首选项”/“常规”命令，或按下快捷键 Ctrl+K，系统将弹出如图 1.8 所示的“首选项/常规”对话框。

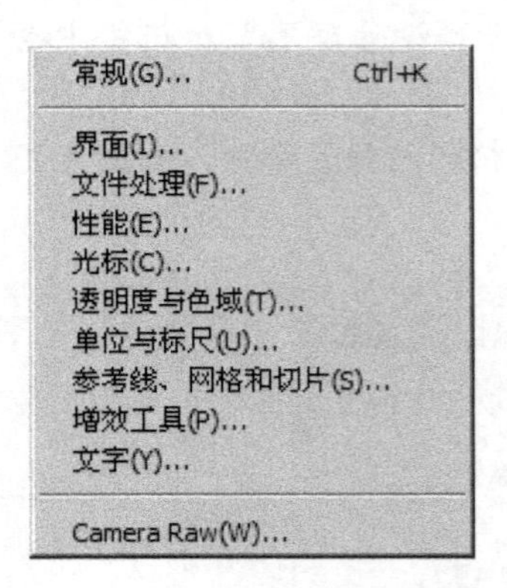

图 1.24 “首选项”子菜单

➢ “拾色器”列表框：用于选择和设置拾色器种类。其中与 Photoshop 最匹配的拾色器是“Adobe”选项，建议不要随意对其进行更改。

➢ “图像插值”列表框：当改变一幅图像尺寸或分辨率时，用于选择需要重新计算像素点时的插值运算方法。其中“邻近（较快）”选项一般只用于处理对精度要求不太高的图像；而“两次立方（较好）”选项是重新组织像素点时的最精确的插值方式，其最大优点是保证了图像的高品质；“两次线性”选项则是前两种插值方式的折中方案。

➢ “选项”选项组：由于该选项组的选项较多，这里我们仅介绍最常用的几个。

- “自动更新打开的文档”复选框：选中此选项，在其他程序中修改并保存了正在 Photoshop CS4 中编辑的图像后，Photoshop CS4 将对被修改的图像文件进行自动更新。
- “完成后用声音提示”复选框：选中此选项，当执行完命令操作后，系统将发出“嘟嘟”的提示音。
- “动态颜色滑块”复选框：选中此选项，当在“颜色”调板中拖动一个颜色滑块时，其他颜色滑块将自动随之滑动；不选中此选项，其他颜色滑块将保持原位置不动。
- “导出剪贴板”复选框：选中此选项，当按下快捷键 Ctrl+C 时，复制的内容将被放到操作系统的剪贴板上，当按下快捷键 Ctrl+V 时，即可在 Photoshop CS4 以外的程序中进行粘贴操作；不选中此选项，当按下快捷键 Ctrl+V 时，将只能在 Photoshop 软件中进行粘贴操作。
- “使用 Shift 键切换工具”复选框：选中此选项，要切换至工具箱中右下角带有的工具按钮组中隐藏的工具按钮，必须在按下与工具按钮相对应的快捷键的同时按下 Shift 键，才能激活并切换工具按钮；不选中此选项，直接按下相应的快捷键就可以激活并切换工具按钮。
- “在粘贴/置入时调整图像大小”复选框：选中此选项，当执行粘贴或置入图像的操作时，将自动调整图像的大小，以适应目标区域。
- “带动画效果的缩放”复选框：选中此选项，当利用“缩放工具”缩放图像时，将显示一个动画框；不选中此选项，将直接对图像进行缩放操作。

➢ “历史记录”选项组：选中此选项，可以在下面的选项中设置保存历史记录的方式。这些选项一般只有在进行系统的设计编辑工作时才有可能使用，一般情况下可不选中此选项组。

➢ “复位所有警告对话框”按钮：单击此按钮，可以重置所有被取消显示的提示框。

➢ “下一个”按钮：单击此按钮，将显示菜单列表中的下一个首选项组的相关选项。

➢ “上一个”按钮：单击此按钮，将显示菜单列表中的上一个首选项组的相关选项。

（2）“界面”命令

依次选择“编辑”/“首选项”/“界面”命令，系统将弹出如图 1.25 所示的“首选项/

界面”对话框。利用该对话框可以对工具栏图标、通道和菜单颜色、是否显示工具栏的提示信息、调板位置以及界面文字等选项进行设置。

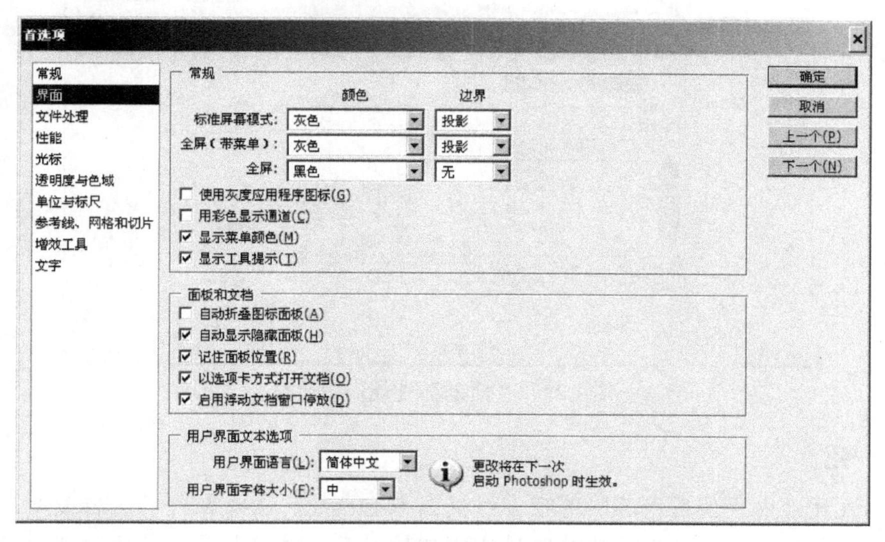

图 1.25　“首选项/界面”对话框

（3）“文件处理”命令

依次选择“编辑”/“首选项”/“文件处理”命令，系统将弹出如图 1.26 所示的“首选项/文件处理”对话框。利用该对话框可以对文件存盘时是否存储预览图、默认的文件名是大写还是小写、文件兼容性，以及近期文件列表所包含的文件数量等附加信息进行设置。

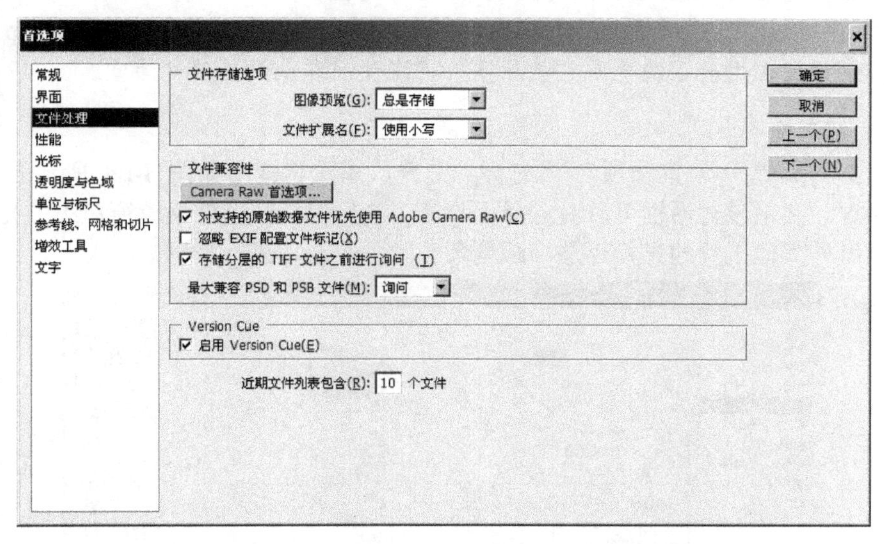

图 1.26　“首选项/文件处理”对话框

（4）“性能”命令

依次选择“编辑”/“首选项”/“性能”命令，系统将弹出如图 1.27 所示的“首选项/性能”对话框。利用该对话框可以对分配给 Photoshop 的内存、暂存盘、历史记录状态数量、高速缓存级别和 GPU 等选项进行设置，以便提高 Photoshop CS4 的运行效率。

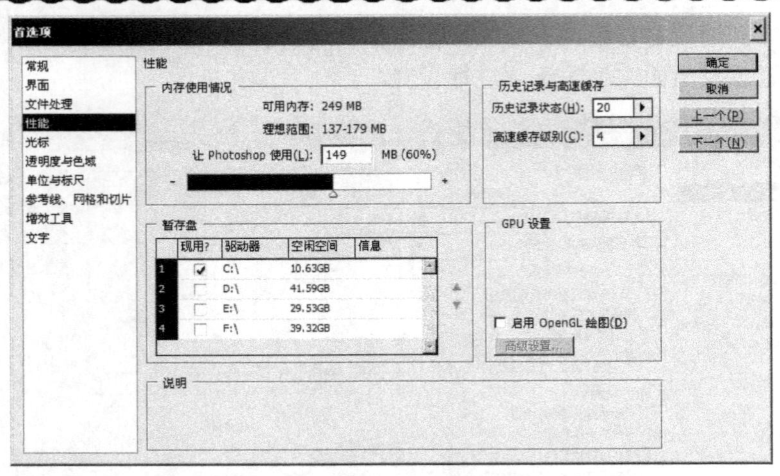

图 1.27 “首选项/性能”对话框

教你一招

正确地设置“内存使用情况”选项可以提高 Photoshop CS4 软件的运行效率，由于该软件对内存的要求特别大，如果为其分配过高比例的内存，很容易导致其他驻留内存的程序出现问题，甚至导致系统死机，所以一般最多将内存总量的 75％分配给 Photoshop 软件，以保证整个计算机系统的正常高效运行。

“历史记录状态”选项设置的是“历史记录”调板中保存的操作步骤的数量，Photoshop CS4 默认的设置为 20 步，我们可以根据需要增加或减少。但是，如果设置的数值太大，将会占用更多的系统内存，降低程序运行速度。

“高速缓存级别”选项设置的级别越高，所占用的内存空间就越大，Photoshop CS4 运行的速度就越快，但占用的系统资源也就越多，建议使用默认设置值 4 为宜。

（5）“光标”命令

依次选择“编辑”/“首选项”/“光标”命令，系统将弹出如图 1.28 所示的“首选项/光标”对话框。利用该对话框可以对选择了画笔工具后鼠标在图像编辑窗口中的光标样式、在绘图工具以外其他工具的光标形态、画笔预览颜色等选项进行设置。

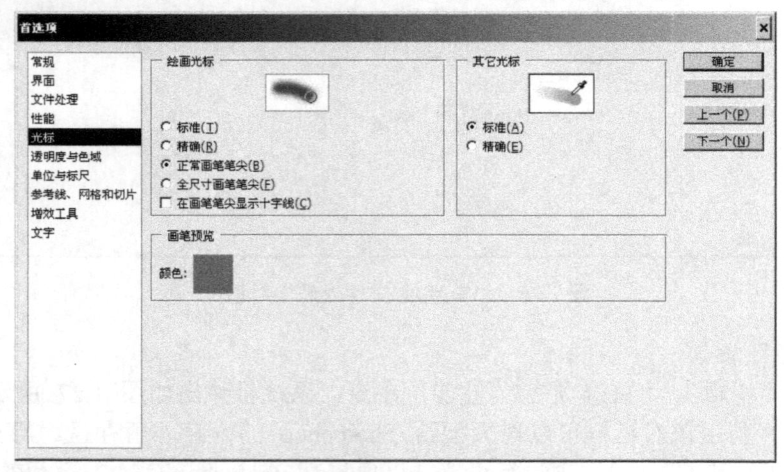

图 1.28 “首选项/光标”对话框

（6）“透明度与色域”命令

依次选择“编辑”/“首选项”/“透明度与色域”命令，系统将弹出如图 1.29 所示的“首选项/透明度与色域”对话框。利用该对话框可以设置表示图层透明区域的网格大小、网格颜色，以及表示色域警告的颜色及其不透明度等选项。

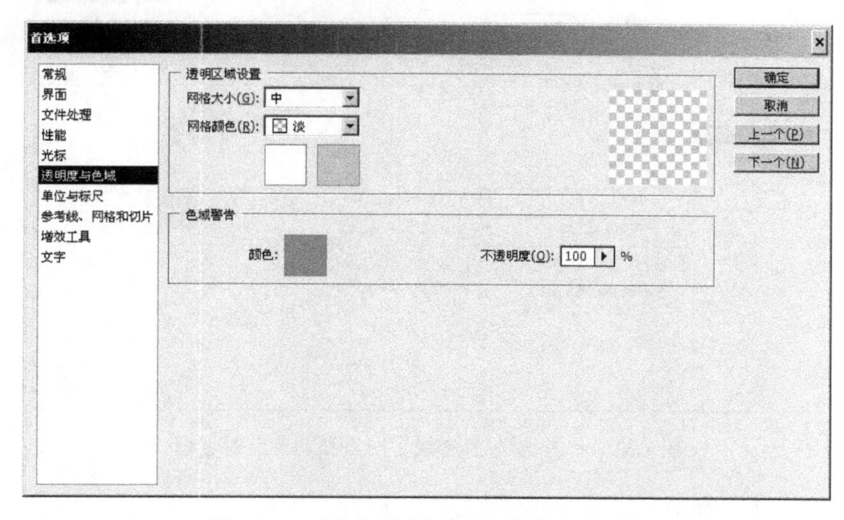

图 1.29　“首选项/透明度与色域”对话框

（7）“单位与标尺”命令

依次选择“编辑”/“首选项”/“单位与标尺”命令，系统将弹出如图 1.30 所示的“首选项/单位与标尺”对话框。利用该对话框可以对默认的标尺和文字的单位、列尺寸、新文档预设分辨率（打印机和屏幕分辨率）以及点/派卡大小等选项进行设置。

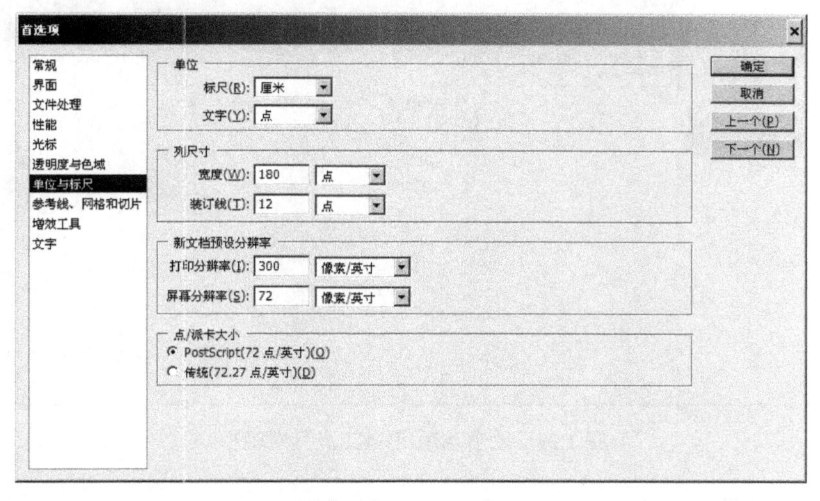

图 1.30　“首选项/单位与标尺”对话框

（8）“参考线、网格和切片”命令

依次选择“编辑”/“首选项”/“参考线、网格和切片”命令，系统将弹出如图 1.31 所示的“首选项/参考线、网格和切片”对话框。利用该对话框可以对 Photoshop CS4 软件中参考线、智能参考线、网格和切片的颜色、样式、子网格线的间隔距离、数目等选项进行设置，使之与编辑图像的色彩区分开来。对这些参数的设置并不影响绘图的效果，一般可以使用系统的默认设置。

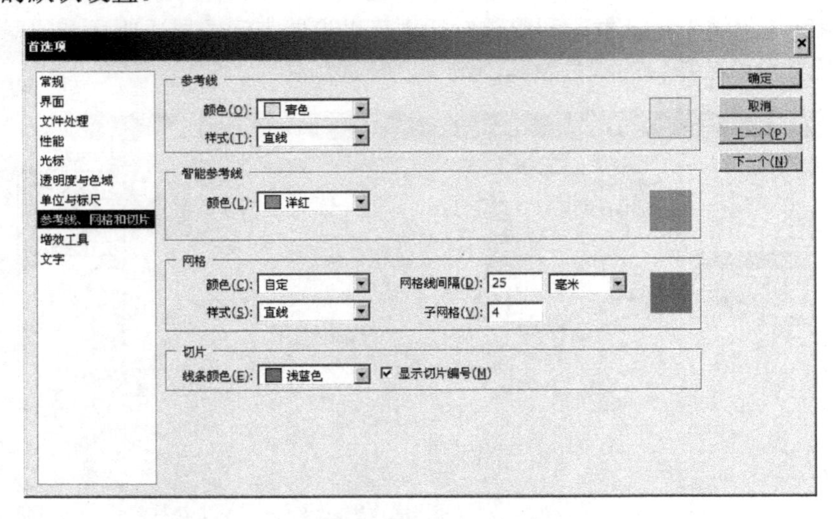

图 1.31 “首选项/参考线、网格和切片”对话框

（9）“增效工具”命令

依次选择“编辑”/“首选项”/“增效工具”命令，系统将弹出如图 1.32 所示的“首选项/增效工具”对话框。利用该对话框可以对 Photoshop CS4 软件外挂程序的文件夹、是否载入扩展面板等选项进行设置。

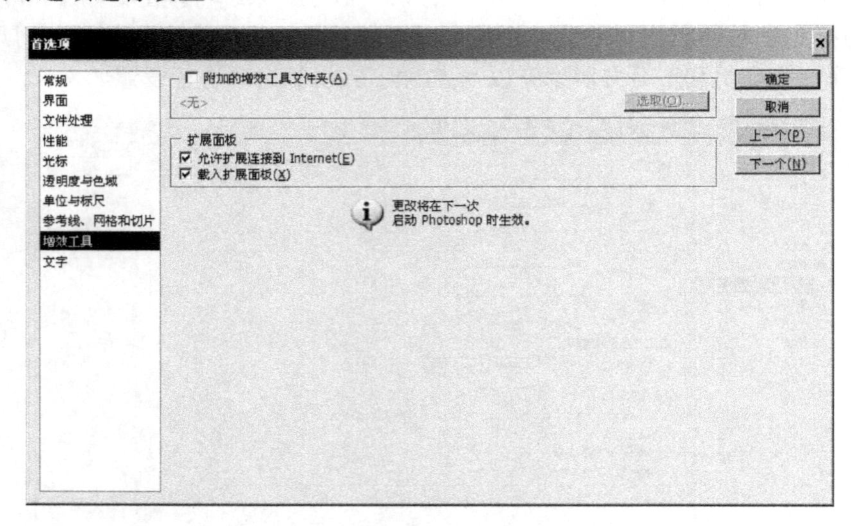

图 1.32 “首选项/增效工具”对话框

（10）“文字”命令

依次选择“编辑”/“首选项”/“文字”命令，系统将弹出如图 1.33 所示的“首选项/文字”对话框。利用该对话框可以对 Photoshop CS4 软件在工作时的文字显示选项进行设置。

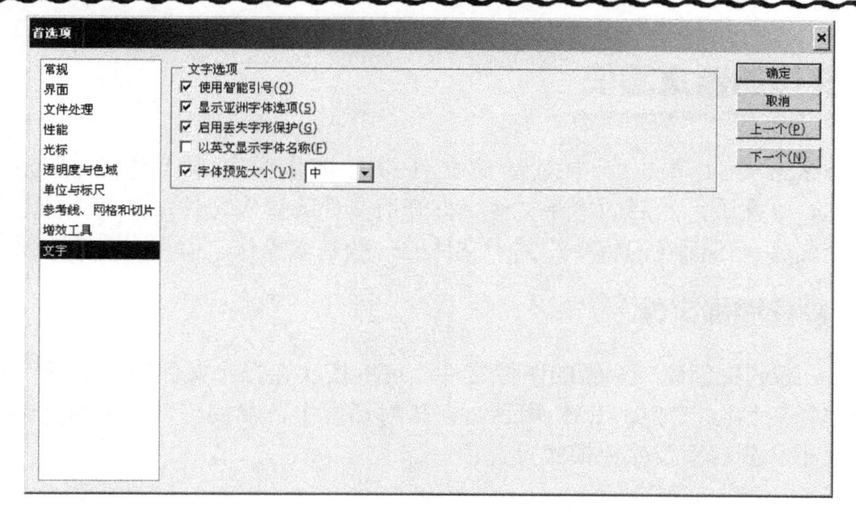

图 1.33　“首选项/文字”对话框

4．使用标尺和网格

在图像处理工作中，利用标尺和网格（如图 1.34 所示）可以有助于精确地定位图像在窗口中的位置。

图 1.34　显示标尺和网格的图像窗口

教你一招

如果图像窗口中的标尺（或网格）被隐藏了，依次选择“视图”/“标尺”（或“视图”/“显示”/“网格”）命令，使该命令前显示选中标记“√”，即可使标尺（或网格）重现；如果在标尺（或网格）处于显示状态时选择该命令使其处于未选中状态，则可以将其隐藏。

按下快捷键 Ctrl+R，可以在图像窗口中快速显示或隐藏标尺。

1.3 文件的基本操作

在 Photoshop CS4 中文版中对图像文件进行操作的基本工作流程为：首先启动 Photoshop CS4 中文版，然后创建新文件、打开旧文件或置入文件，并对图像进行处理，最后保存并关闭文件。下面我们将介绍关于文件的一些基本操作。

1.3.1 新建图像文件

要在 Photoshop 中创建一个新的图像文件，可以依次选择“文件”/“新建”命令，系统将弹出“新建”对话框，如图 1.35 所示。在该对话框中，我们可以设置新建的图像文件的名称、图像大小、分辨率及颜色模式等选项。

教你一招

按下快捷键 Ctrl+N，或按住 Ctrl 键的同时双击界面空白处，均可快速打开“新建”对话框。

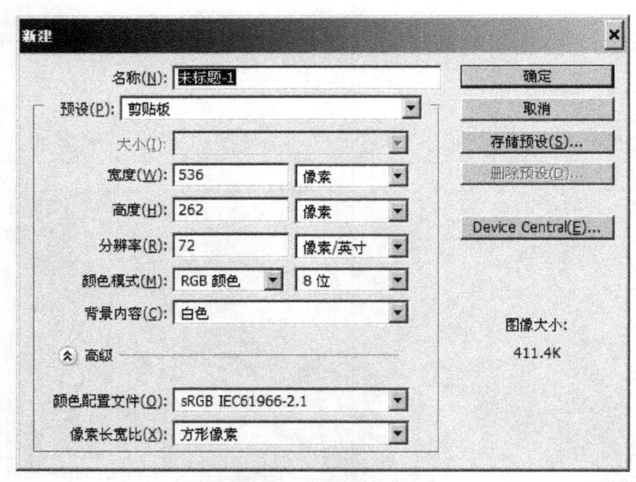

图 1.35 “新建”对话框

- “名称”选项：用于输入新建图像文件的名称，图像文件的名称最长可达 255 个字符，且文件名中可以包含空格。
- “预设”选项组：在“预设”下拉列表框中（如图 1.36 所示）选择预设的新文件尺寸，其中有多种系统预先定义好的文件尺寸。当我们选择其中一个尺寸选项后，其各个选项都将显示与其对应的内容。如果选择“自定”选项，我们就可以在“高度”和“宽度”文本输入框中输入介于 1～300 000 之间的任意尺寸了，还可以根据需要选择不同的尺寸单位；同时，对话框中的“存储预设”按钮将被激活。单击此按钮，将弹出用于保存新预设的“新建文档预设”对话框（如图 1.37 所示），设置相关参数并保存后，下次创建文件时即可在“预设”下拉列表框中选择保存的预设名称。
- “分辨率”选项：用于设置图像的分辨率。在文件的高度和宽度设定的情况下，分辨率越高，图像越清晰，但同时图像文件所占用的空间也越大。

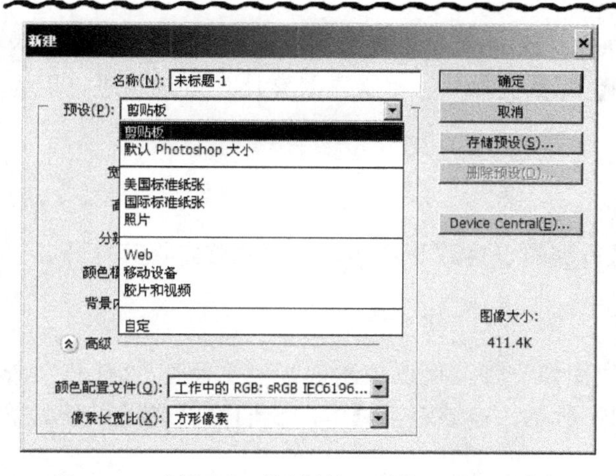

图 1.36　“新建”对话框的“预设”下拉列表框

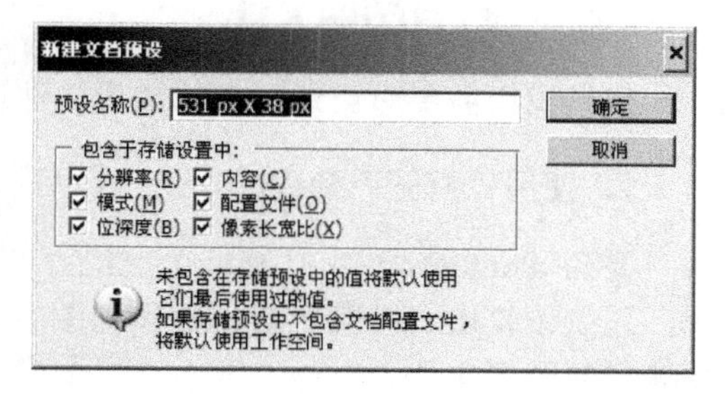

图 1.37　“新建文档预设”对话框

教你一招

根据图像的不同用途，我们需要为其设置不同的分辨率。用于彩色印刷的图像分辨率应不低于 300 像素/英寸；用于报刊、杂志等一般印刷的图像分辨率应不低于 150 像素/英寸；用于网页、计算机屏幕显示的图像分辨率应不低于 72 像素/英寸。由于本教材仅为介绍有关知识引入相关案例，为了节省空间和提高效率，分辨率一般设置的都不算太高，在今后的实际工作中，建议大家从实际出发，设置合适的分辨率。

- “颜色模式”下拉列表框：用于选择新文件的色彩模式。Photoshop CS4 支持位图、灰度、RGB 颜色、CMYK 颜色和 Lab 颜色共 5 种色彩模式。通常选择“RGB 颜色”选项即可。其后面是用于选择可使用颜色最大数量的选项。
- “背景内容”下拉列表框：用于设置新图像的背景颜色，该下拉列表中包括“白色”、“背景色”和“透明”3 种选项。其中“白色”为默认设置；“背景色”是指以工具箱中设置的“背景色”为新图像的画布颜色；“透明”方式创建的图像文件，其背景呈现透明状态，在屏幕上显示为棋盘栅格效果，而且在“图层”调板中没有“背景”层，只有一个“图层 1”，如图 1.38 所示。

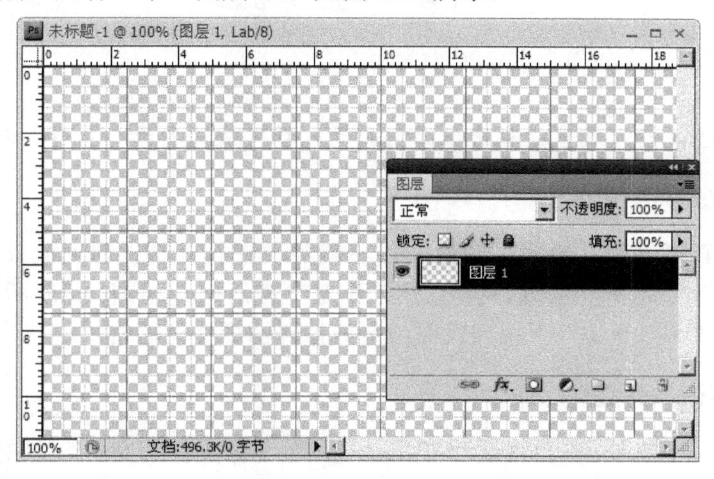

图 1.38　透明背景的图像文件窗口及“图层”调板效果

➢ “高级”选项组：单击“高级”前的按钮，将显示“高级”选项组的有关内容，在这里我们可以对图像的“颜色配置文件”和“像素长宽比”等选项进行更为专业的设置。

1.3.2 打开图像文件

如果我们需要对已经存在的图像文件进行编辑、修改等操作，就需要首先将其打开。

1. 使用“打开”命令

要在 Photoshop 中打开一个已经存在的图像文件，可以依次选择“文件”/“打开”命令，系统将弹出“打开”对话框，如图 1.39 所示。在该对话框中，我们可以选择和查找需要编辑的图像文件。

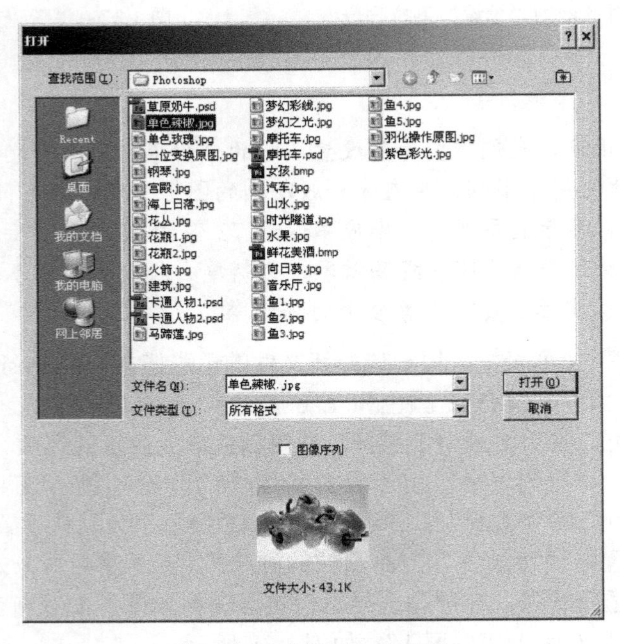

图 1.39 “打开”对话框

教你一招

按下快捷键 Ctrl+O，或直接双击界面空白处，均可快速打开“打开”对话框。

2. 使用“打开为”命令

如果需要打开无法辨认格式的图像文件，就需要在打开文件时明确其格式，依次选择“文件”/“打开为”命令，系统将弹出“打开为”对话框，如图 1.40 所示。在该对话框中，我们可以通过“打开为”下拉列表框指定被打开图像文件的格式。

3. 使用“最近打开文件”命令

通常情况下，Photoshop 会将最近打开过的几个图像文件的文件名列在“文件”菜单的“最近打开文件”子菜单中，直接选择文件名，即可快速打开相应的图像文件。

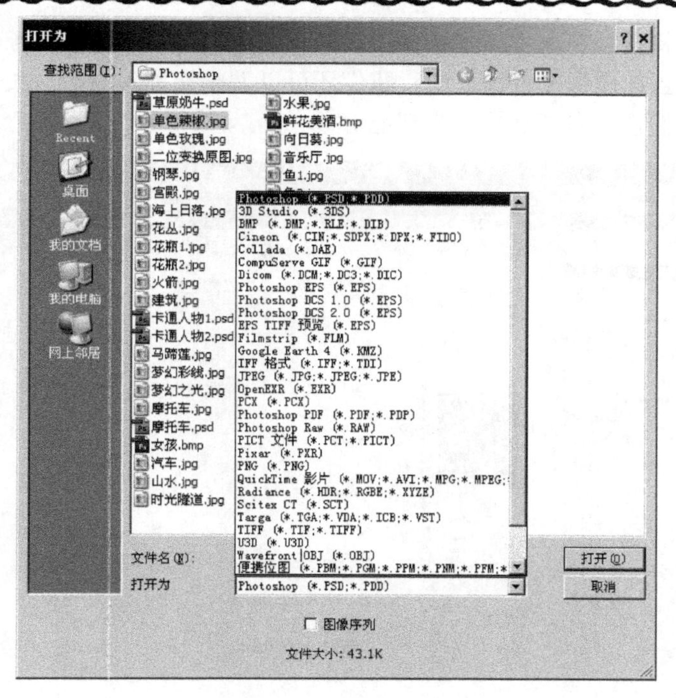

图 1.40　“打开为”对话框

教你一招

在“最近打开文件”子菜单中一般会列出最近打开过的 10 个图像文件的文件名，依次选择“编辑”/“预置”/“文件处理”　命令，将弹出“预置”对话框，在该对话框中设置“近期文件列表包含”选项的数值，即可修改“最近打开文件”子菜单中显示的图像文件数量。

依次选择“文件”/“最近打开文件”/“清除最近”命令，即可清除打开过的文件项目记录。

4．使用“打开为智能对象”命令

在 Photoshop CS4 中，提供了使用智能对象的功能，依次选择“文件”/“打开为智能对象”命令，系统将弹出“打开为智能对象”对话框，使用此命令打开所支持的图像文件后，将自动创建一个包含了打开文件全部信息（包括图层、通道等）的智能对象图层。有关智能对象的知识我们将在后面有关章节介绍。

5．使用“Device Central”命令

依次选择“文件”/“Device Central”命令，系统将弹出“Adobe Device Central CS4”窗口，如图 1.41 所示。利用该窗口，我们可以为各种手机和消费类电子产品制作颇具创意的内容。

1.3.3　置入图像文件

为了将照片、图片或其他 Photoshop 支持的文件作为智能对象添加到当前图像文件中，依次选择“文件”/“置入”命令，系统将弹出“置入”对话框，如图 1.42 所示。在该对话

框中，我们可以选择需要置入 Photoshop 中的文件。被选中的文件将以一个具有控制框的缩览图的形式显示在当前图像文件窗口中，我们还可以调整被置入图形的大小。当确认置入操作后，被置入的文件也将自动被转换为智能对象。

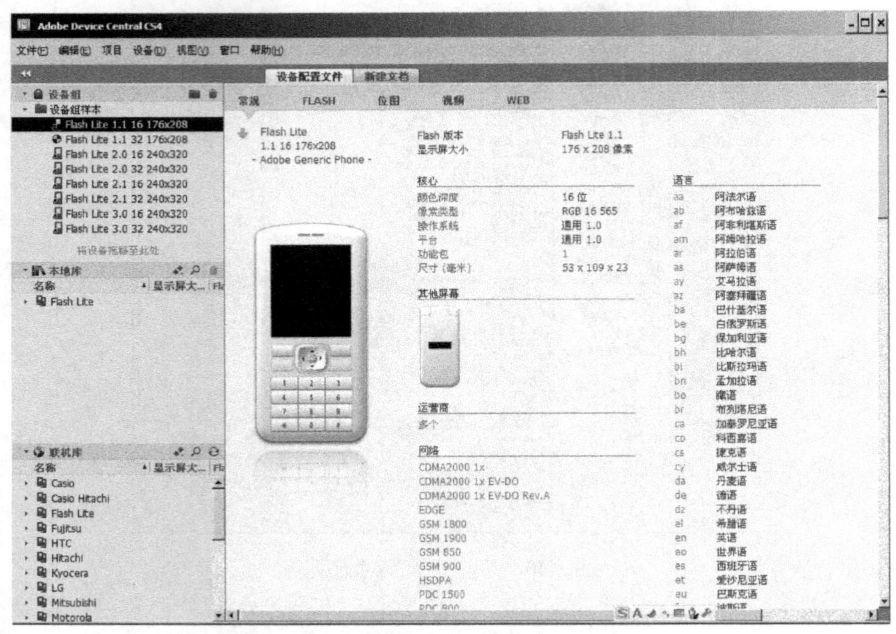

图 1.41　“Adobe Device Central CS4”窗口

图 1.42　“置入”对话框

1.3.4　保存图像文件

为了以后能继续修改和使用生成的图像，我们需要将图像保存到磁盘文件中。依次选择“文件”/“存储”命令，或者按快捷键 Ctrl+S，系统将弹出“存储为”对话框，如图 1.43 所示。在该对话框中，我们可以设置图像文件保存的位置、文件名和格式等选项。

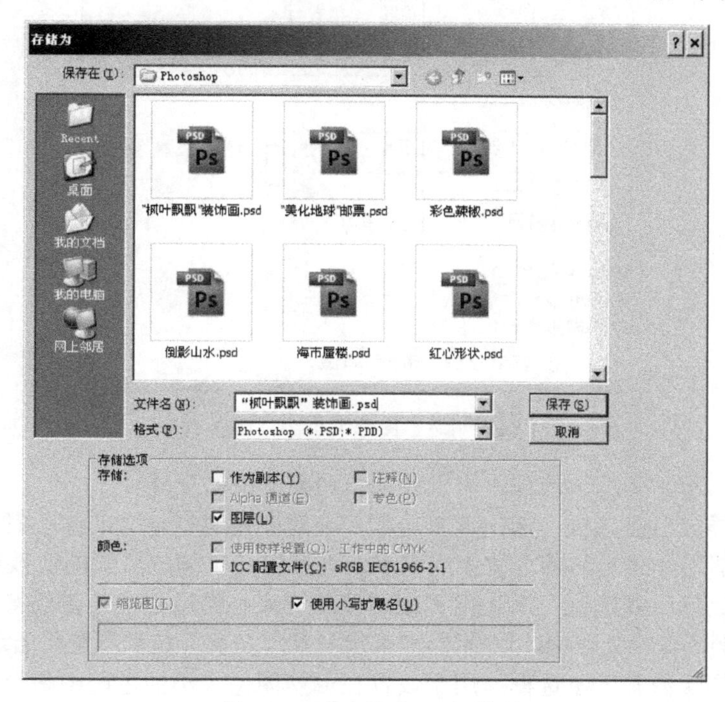

图 1.43　“存储为”对话框

只有当前文件具有通道、图层、路径、专色或批注，并在“格式”下拉列表中选择了支持保存这些信息的文件格式，对话框中的“存储选项”中的“A1pha 通道”、“图层”、“注释”、“专色”等选项才能处于可选状态。

1.3.5　关闭图像文件

当图像编辑或修改完成后，需要临时关闭图像文件时，依次选择“文件”/“关闭”命令，或者单击图像文件窗口的“关闭”按钮，可以关闭相应的图像文件。如果被关闭的图像文件已经进行了修改且尚未存盘，系统将弹出询问是否保存图像的提示对话框。

依次选择“文件”/“关闭全部”命令，可以关闭全部打开的图像文件。

1.4　图像的基本操作

为了更好地利用 Photoshop CS4 对图像进行编辑，我们需要掌握图像的一些基本操作。

1.4.1　调整图像大小

在 Photoshop 中，我们可以根据实际需要调整新建或打开的图像的大小、分辨率等参数。

依次选择“图像”/“图像大小” 命令，系统将弹出“图像大小”对话框，如图 1.44 所示。

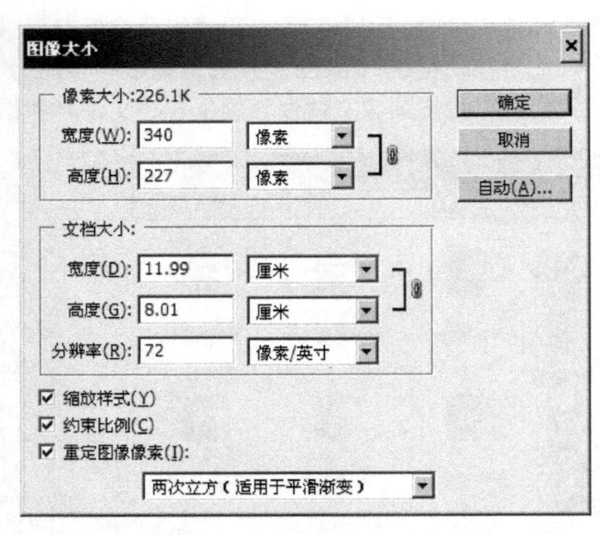

图 1.44 “图像大小”对话框

- “宽度”和“高度”选项：用于设置和调整图像的尺寸。
- “缩放样式”复选框：选中该复选框，在对图像进行放大或缩小时，当前图像中所应用的图层样式也将随之放大或缩小，这就保证了缩放后的图像效果保持不变。
- “约束比例”复选框：用于设置在调整图像大小的过程中是否保持图像的宽度和高度的比例不变。当选中此选项时，“高度”和“宽度”选项右侧将出现链接符号。
- “重定图像像素”复选框：用于设置在调整图像大小的过程中是否允许改变图像的像素大小（即横向和纵向所含的像素数）。在进行重定图像像素时，需要采用一些特殊的方法来依照图像中已有像素的颜色取值确定新像素的颜色取值，这被称为插值方法。所采用的插值方法越复杂，得到的图像品质越高，但处理速度也就越慢。“重定图像像素”复选框后面的列表框中提供了 5 几种插值方法，其中“两次立方”最常用：
  - “邻近（保留硬边缘）”方法：适用于具有矢量化特征的位图图像，但不适于对图像进行扭曲或缩放时使用。
  - “两次线性”方法：适用于对速度要求高但对图像质量要求不高的情况。
  - “两次立方（适用于平滑渐变）”方法：精度高但是速度慢，能够得到最平滑的色调层次。这是最通用的一种运算方法，在我们对其他方法不够了解的情况下，最好选择这种方法。
  - “两次立方较平滑（适用于扩大）”方法：适用于放大图像时使用。
  - “两次立方较平滑（适用于缩小）”方法：适用于缩小图像时使用，但缩小后的图像可能会过锐。

教你一招

使用“图像大小”对话框对图像进行调整将会影响到原图，如果在图像调整后利用“存储为”命令将调整结果保存为一个新的图像文件，就可以保持原图不受影响。

图像的像素大小、分辨率和图像的实际大小是彼此关联的，当我们对某一个项目进行调整时，其他项目也将自动随之发生变化。

在实际操作过程中，我们应该按照图像的实际用途对图像进行调整。用于印刷或打印的图像，一般应根据要得到的实际大小设置图像大小，并设置较高的图像分辨率（打印机分辨率一般可达到 600 dpi 或更高）；用于网页显示的图像，一般应采用像素大小设置图像，并设置较低的图像分辨率（显示器分辨率一般为 96 dpi）。

虽然分辨率越大图像越清晰，但如果只是简单地增大一幅本身并不清晰的图像的分辨率，并不能真正改变图像的清晰程度。

1.4.2　调整画布大小

在实际操作过程中，对图像进行裁剪或增大画布尺寸是很常见的操作。如果增大画布，Photoshop 将使用当前背景色填充增加的区域；如果减小画布，原有图像将被裁剪掉。

选择“图像”/“画布大小”命令，系统将弹出“画布大小”对话框，如图 1.45 所示。在该对话框中的“当前大小”项目显示出文件所占用的空间及当前画布的宽度和高度，我们可以通过设置其中的参数来调整画布的大小，效果如图 1.46 和图 1.47 所示。

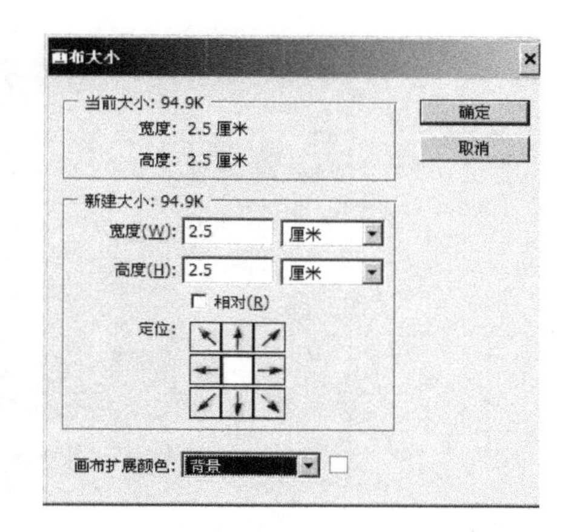

图 1.45　“画布大小”对话框

➢ “新建大小”选项组：用于设置调整后的画布的大小及位置。

● “宽度”和“高度”选项：用于设置新的画布尺寸。

● “相对”复选框：选中此选项时，“新建大小”选项组的“宽度”和“高度”取值为新尺寸与原尺寸的差值。取值为正表示画布扩大，取值为负表示画布可以被裁剪。

● “定位”选项：用于指定对画布的哪些边进行扩展或裁剪。单击某个方块按钮，画布与该方块按钮相邻的边将不被扩展或裁剪，不相邻的边将按照新的宽度和高度被均匀地扩展或裁键掉。

➢ “画布扩展颜色”选项：用于选择设置画布被扩展区域所填充的颜色。我们可以选择下拉列表中的选项，也可以单击其后面的小色块，并通过“拾色器”窗口定义和选择新的颜色（有关“拾色器”窗口的知识，我们将在后面有关章节中介绍）。

图 1.46　改变画布大小前的效果

图 1.47　扩大画布并用黑色填充扩充区域后的效果

1.4.3 旋转画布

在 Photoshop CS4 中，我们可以将画布按照指定角度旋转。进行画布旋转时，画布中的图像会随着画布一起旋转。

打开要进行旋转的图像文件后，依次选择“图像”/“旋转画布”命令，并在其下级菜单中选择“180 度”、“90 度（顺时针）”、“90 度（逆时针）”、“水平翻转画布”或“垂直翻转画布”或“任意角度”，即可按照相应的方式对画布进行旋转，效果如图 1.48 和图 1.49 所示。

图 1.48 旋转画布前的效果

图 1.49 画布顺时针旋转 90 度后的效果

1.4.4 查看图像信息

在 Photoshop CS4 应用程序窗口底部的文件信息框中可以显示当前图像文件的有关信息，在对图像进行编辑的过程中，可以随时查看图像信息。

单击图像文件的状态栏，屏幕上将显示如图 1.50 所示的信息框，信息框中显示了当前图像的宽度、高度、通道数（含颜色模式）和图像分辨率等信息。

单击文件信息框右侧的三角形箭头，屏幕上将显示如图 1.51 所示的文件信息视图选项菜单，单击某个菜单选项可以指定文件信息框中显示的内容。

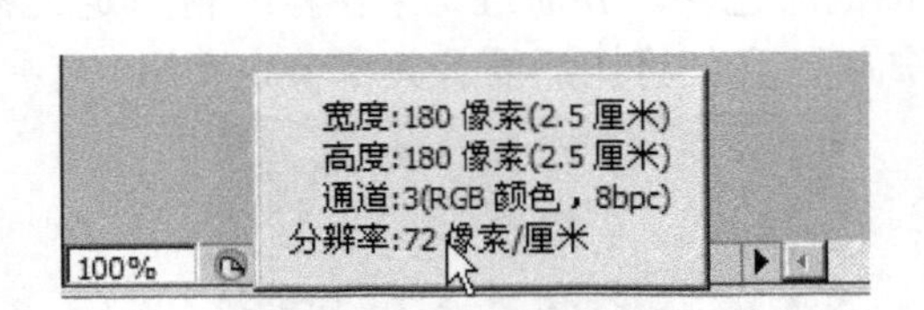

图 1.50 显示当前图像信息的信息框

图 1.51 文件信息视图选项菜单

1.4.5 颜色模式转换

在 Photoshop CS4 中，我们可以根据需要将图像在各种颜色模式之间进行转换。

打开要进行转换的图像文件后，依次选择“图像”/“模式”命令，并在下级菜单中选择某个颜色模式名称，即可选中转换的图像颜色模式。

1.5　使用 Adobe Bridge CS4 管理图像

Adobe Bridge CS4 功能非常强大，主要用于预览图片，以星级查看，改变图片的缩略图大小，对图片进行排序、复制、粘贴、旋转，批处理重命名，查看图片 metadata 信息，为图片设置标签颜色和标星级等分类处理，将图片从 Bridge 调入 Photoshop 中进行处理等图像管理操作过程。

依次选择“文件”/“在 Bridge 中浏览”命令或单击 Photoshop 顶部程序启动栏中的 Br 按钮，系统将弹出 Adobe Bridge 窗口，如图 1.52 所示。下面我们将介绍 Adobe Bridge CS4 窗口的常用功能和操作方法。

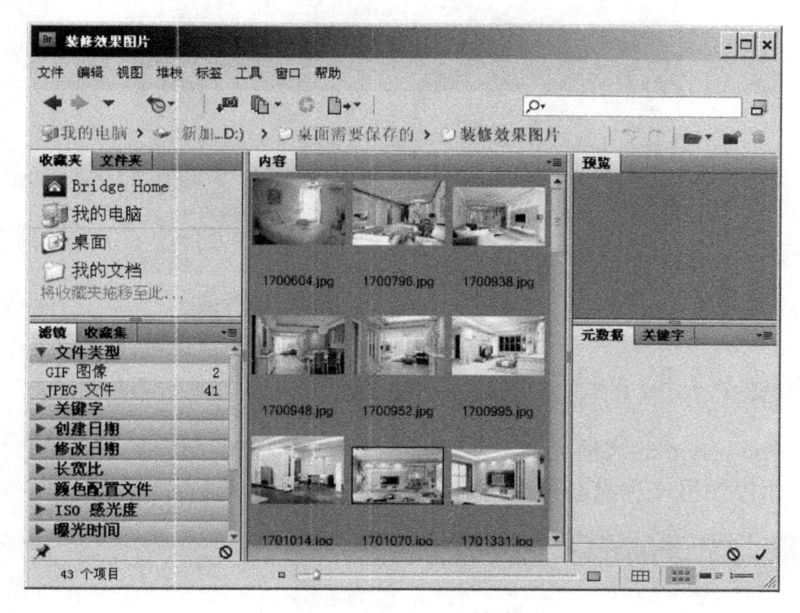

图 1.52　Adobe Bridge 窗口

1.5.1　浏览图像

要查看某一文件夹内的图片，只要在 Adobe Bridge 窗口左侧的“文件夹”面板中单击选择需要浏览的文件夹所在的盘符，并在其中查找需要查看的文件夹，右侧的预览窗口中就会显示该文件夹中所有图片的缩略图，这与 Windows 资源管理器的操作方法基本一致。

教你一招

如果 Adobe Bridge 窗口中没有“文件夹”面板，依次选择“窗口”/“文件夹面板”命令，即可将其打开。

拖动 Adobe Bridge 窗口下方的滑动块，可以调整预览窗口中缩略图的大小。

单击 Adobe Bridge 窗口右下角的按钮，可以以缩略图形式浏览和查看图像；单击按钮，可以以详细信息形式浏览和查看图像；单击按钮，可以以列表形式浏览和查看图像。

单击 Adobe Bridge 窗口右上角的按钮，窗口将被调整为紧缩模式（如图 1.53 所示）；再次单击该位置，将恢复窗口显示模式。

图 1.53　紧缩模式的 Adobe Bridge 窗口效果

1.5.2　调整 Adobe Bridge 窗口中的面板

与 Adobe Photoshop 的调板类似，Adobe Bridge 窗口中的面板也可以被自由拖动组合，图 1.54 显示了面板的另一种组合效果，这与图 1.52 显然有所不同。

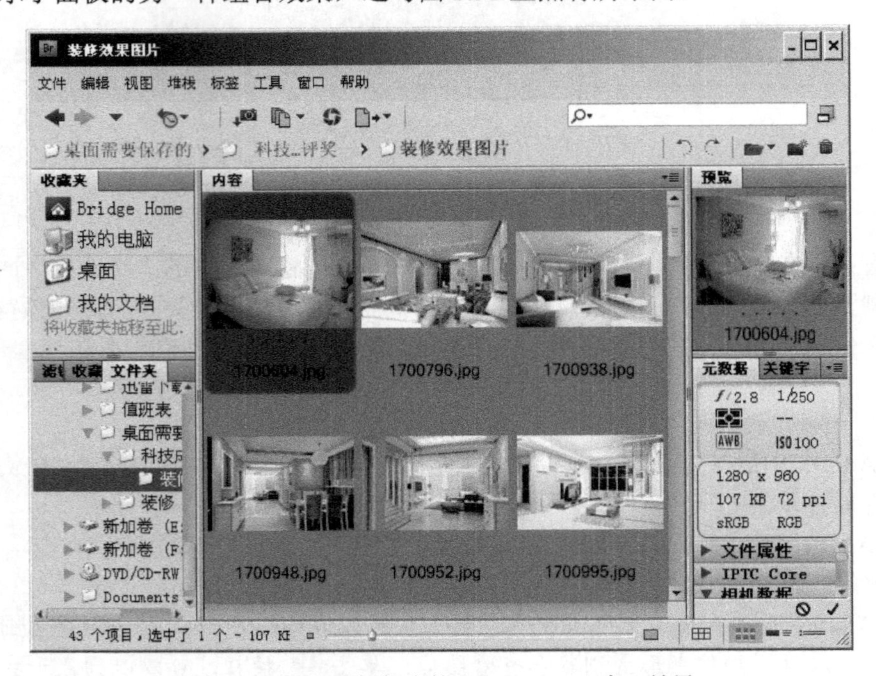

图 1.54　不同面板组合的 Adobe Bridge 窗口效果

1.5.3　调整 Adobe Bridge 窗口的显示状态

为了更好地适应不同工作状态，Adobe Bridge CS4 窗口提供了“必要项”、“胶片”、“元数据”、“输出”、“关键字”、“预览”、“看片台”和“文件夹”共 8 种显示方式。

依次选择“窗口”/“工作区”命令，并在其下级子菜单中选择相应的命令，即可完成显示方式的调整。图 1.55 和图 1.56 分别显示了两种不同的窗口显示状态。

图 1.55　“胶片”方式的 Adobe Bridge 窗口效果

图 1.56　“看片台”方式的 Adobe Bridge 窗口效果

1.5.4　调整图片在 Adobe Bridge 窗口中的预览模式

为了更好地查看图片，我们可以调整图片的预览模式，在 Adobe Bridge CS4 窗口中，提供了多种预览模式。

依次选择“视图”/“全屏预览”命令，可以以全屏模式预览图片，如图 1.57 所示；依次选择“视图”/“幻灯片放映”命令，可以以幻灯片放映模式预览图片，如图 1.58 所示；依次选择“视图”/“审阅模式”命令，可以以类似 3D 的效果预览图片，如图 1.59 所示。

图 1.57　全屏预览模式效果

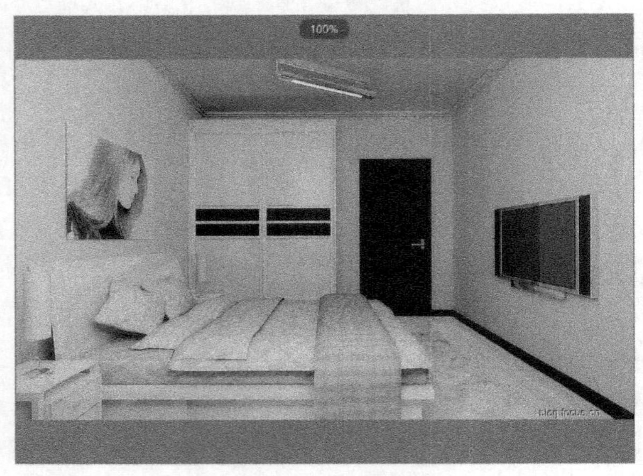

图 1.58　幻灯片放映模式效果

图 1.59　审阅预览模式效果

教你一招

按下 Esc 键，可以从“全屏预览”、“幻灯片放映”和“审阅模式”状态中退出。

1.5.5　为文件设置标签

为了将某些图像文件从众多文件中区分出来，Adobe Bridge CS4 提供使用不同颜色的标签来标记文件的功能。

选中需要标记的文件，然后从“标签”菜单中选择一种标签类型，或在文件上单击右键，并从弹出的快捷菜单中选择相应的标签类型。

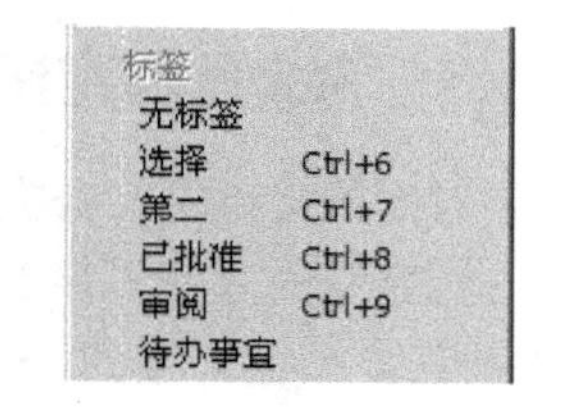

图 1.60　“标签”菜单选项

Adobe Bridge CS4 共提供了 6 种有关标签的选项，如图 1.60 所示。

- “无标签”选项：如果选择“无标签”选项，则从文件中去除标签，文件将不被任何颜色标记；
- “选择”选项：如果选择“选择”选项，文件将被标记为红色；
- “第二”选项：如果选择“第二”选项，文件将被标记为黄色；
- “已批准”选项：如果选择“已批准”选项，文件将被标记为绿色；
- “审阅”选项：如果选择“审阅”选项，文件将被标记为蓝色；
- “待办事宜”选项：如果选择“待办事宜”选项，文件将被标记为紫色。

图 1.61 是分别标记为不同标签的文件效果。

图 1.61　用不同标签标记文件的效果

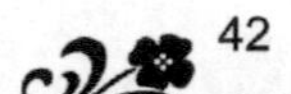

教你一招

为文件标记标签后，依次选择“视图”/“排序”/“按标签”命令，可以方便地根据文件的标签对文件进行排序；依次选择“窗口”/“滤镜面板”命令，将显示“滤镜”面板，在“滤镜”面板中单击“标签”下方的选项，即可使窗口中只显示符合要求的图像文件。

1.5.6 为文件标定星级

为了对图像文件进行分类管理，Adobe Bridge CS4 提供为文件标定从一星到五星的功能。

选中需要标定星级的一个或多个文件，然后从“标签”菜单中选择一种星级。Adobe Bridge CS4 共提供了 9 种有关标签的选项，如图 1.62 所示。

- “无评级”选项：用于去除为文件标定的所有星；
- “降低评级”选项：用于为文件去除一颗星；
- “提升评级”选项：用于为文件添加一颗星。

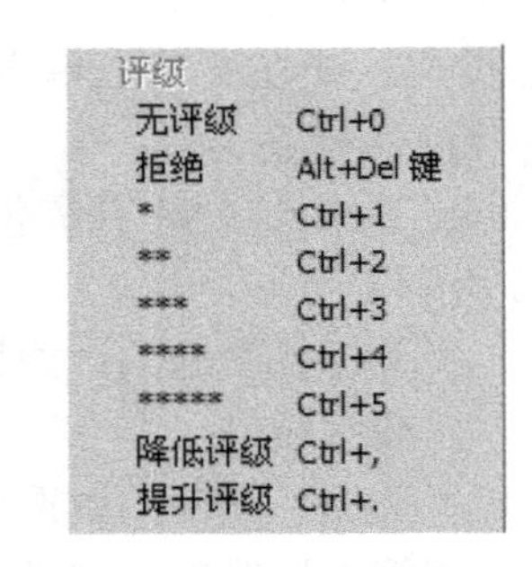

图 1.62 为文件标定星级菜单选项

图 1.63 是分别标定为不同星级的文件效果。

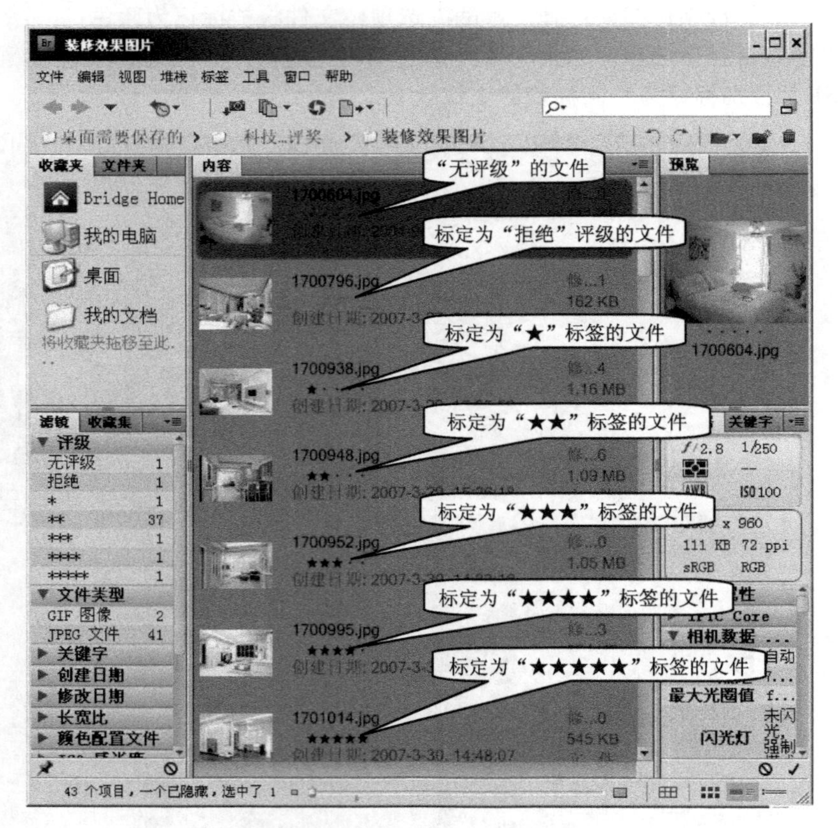

图 1.63 被标定不同星级文件的效果

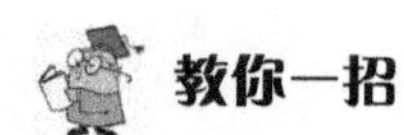

教你一招

为文件标定星级后，依次选择“视图”/“排序”/“按评级”命令，可以方便地根据文件的评级对文件进行排序；依次选择“窗口”/“滤镜面板”命令，将显示“滤镜”面板，在“滤镜”面板中单击“评级”下方的选项，即可使窗口中只显示符合要求的图像文件。

1.5.7　批量为文件重命名

Adobe Bridge CS4 提供对文件进行重命名的功能，这一功能非常实用。要对一批文件进行重命名，我们可以通过如下操作实现：

① 选择需要进行重命名的一个或多个文件。

② 依次选择“工具”/“批重命名”命令，将弹出如图 1.64 所示的“批重命名”对话框。

③ 在“目标文件夹”选项组中选择一个选项，以设定文件存放的位置。

④ 在“新文件名”选项组中设置文件名命名规则。其中⊟按钮用于减少规则，⊞按钮用于增加规则。

⑤ 通过“预览”区域观察重命名前后文件名的区别，并根据需要对文件名的命名规则进行调整，直到得到需要的文件名为止。

⑥ 单击“重命名”按钮，即可按设置进行批重命名操作。

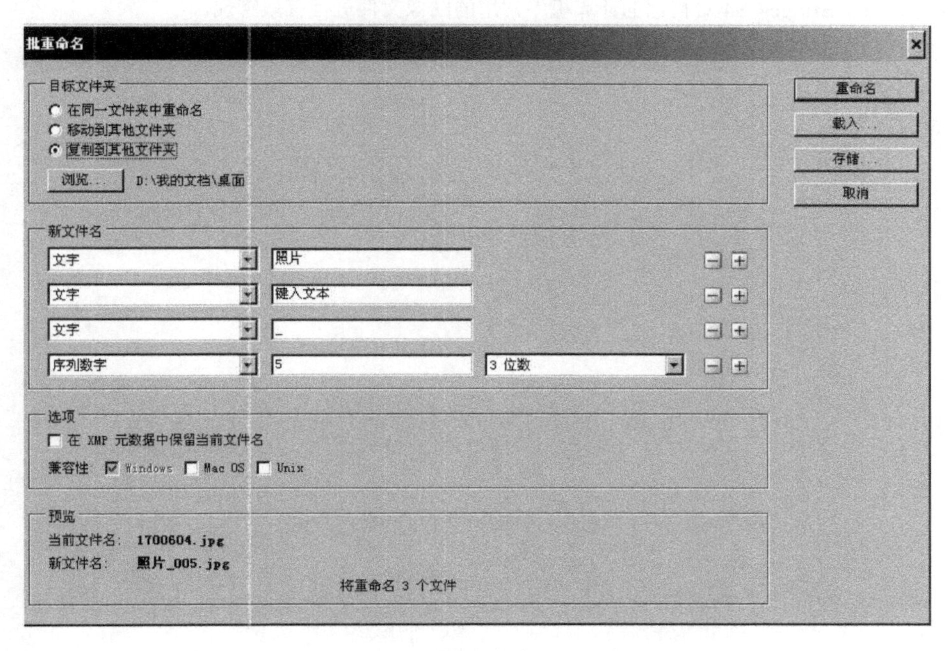

图 1.64　“批重命名”对话框

教你一招

在对文件进行批重命名的过程中，单击“存储”按钮，可以将当前设定的命名规则保存为“我的批重命名.设置”命令，并在以后的操作中可利用“载入”按钮对其进行调用，这样可以大大提高工作效率。

本章小结

本章主要介绍了与图形图像设计有关的基本概念，Photoshop CS4 中文版的界面、功能及对其进行系统设置与优化的基本操作和技巧，Adobe Bridge CS4 的功能及用法。在正式学习 Photoshop CS4 中文版软件之前，应该对与图形图像设计有关的基本概念、软件功能、操作界面有所了解，并在此基础上对系统进行基本的设置与优化，只有这样，才能更加高效地利用这些软件进行实际创作。

习题 1

1. 简述位图图像与矢量图形的区别，以及各自的优缺点。
2. 简述像素、分辨率与图像大小的概念，以及它们之间的关系。
3. 总结常用的颜色模式和文件格式的特点。
4. 总结 Photoshop CS4 中文版的功能。
5. 简述如何对 Photoshop CS4 中文版进行系统设置与优化。
6. 利用 Adobe Bridge CS4 对自己的计算机中常用的图像文件进行有效管理。

第 2 章　Photoshop CS4 中文版常用工具

【学习目标】

1. 了解 Photoshop CS4 中提供常用工具的功能及其常见选项。
2. 熟练掌握各种常用工具的基本使用方法和技巧。

2.1　知识卡片

Photoshop CS4 中提供了大量的图形绘制和图像处理的工具，这些工具包含在位于系统界面左侧的工具箱中。对于这些工具的灵活运用，直接决定了对 Photoshop 功能的掌握和熟练程度。

2.1.1　选择区域和移动工具

1．选择区域工具

在 Photoshop CS4 中，利用选择区域工具可以将某些被实施操作的部分从图像中“分离”出来，然后再对其实施相应的操作，而不会影响图像的其他部分。

（1）选框工具

Photoshop CS4 中的选框工具包括“矩形选框工具”、“椭圆选框工具”、“单行选框工具”和“单列选框工具”，利用这 4 种工具可以建立不同几何形状的选区，其选项栏基本相同，如图 2.1 所示。

图 2.1　选框工具的选项栏

- “新选区”按钮：单击此按钮，将按 Photoshop 默认的方式建立选区，新建的选区将取代原有的选区。
- “添加到选区”按钮：如果在绘制选区前单击该按钮（或按住 Shift 键），新建的选区将与原有的选区合并（取二者的并集），其操作过程和效果如图 2.2、图 2.3 所示。

  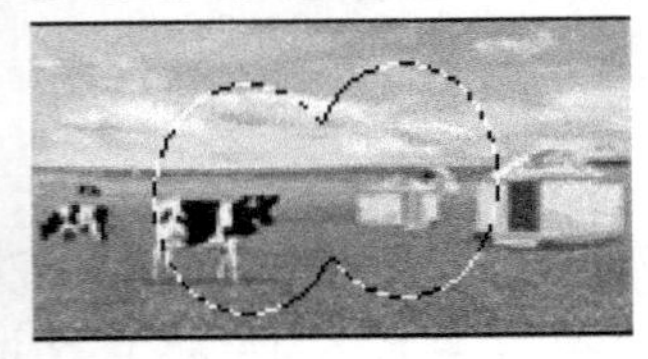

图 2.2　选区相交时添加选区的操作过程和效果示意图

图 2.3　选区不相交时添加选区的操作过程和效果示意图

➢ “从选区减去”按钮：如果在绘制选区前单击该按钮（或按住 Alt 键），将从原有的选区中减掉新建的选区，其操作过程和效果如图 2.4 所示。

图 2.4　从选区中减去选区的操作过程和效果示意图

➢ “与选区交叉”按钮：如果在绘制选区前单击该按钮（或按住组合键 Alt+Shift），得到的选区是新建选区与原有选区交叉的部分（取二者的交集），其操作过程和效果如图 2.5 所示。

图 2.5　交叉选区的操作过程和效果示意图

➢ “羽化”选项：通过设置该选项可以在选区边框和其周围的像素之间建立一条模糊的过渡边缘，以产生一种“晕开”的效果。“羽化”值的取值范围为 1～250 像素，其取值越大，羽化效果越明显，效果如图 2.6 所示。

➢ “消除锯齿”复选框：消除锯齿主要通过软化边缘像素与背景像素之间的颜色转换，使选区的锯齿状边缘变得平滑，通过选择选项栏中的“消除锯齿”复选框可以控制是否对建立的选区执行消除锯齿操作。

图 2.6　“羽化”值分别设置为 0，10 和 20 像素时的效果图

➢ “样式”列表：主要用于控制建立选区的基本形状，包括“正常”、“固定比例”和“固定大小”三种选项。当选择“固定比例”选项时，选项栏中的“宽度”和“高度”值将表示绘制区域的宽度和高度的比例；当选择“固定大小”选项时，选项栏中的“宽度”和“高度”值将表示绘制区域的宽度和高度的具体数值。

➢ “调整边缘”按钮：单击“调整边缘”按钮（或依次选择“选择”/“调整边缘”命令），系统将弹出“调整边缘”对话框，如图 2.7 所示。利用该对话框可以对现有选区进行更深入的修改，从而得到更精确的选区。下面我们对“调整边缘”对话框中的参数进行介绍。

- “半径”选项：用于微调选区与图像边缘之间的距离，数值越大，选区就会越精确地靠近图像边缘。
- “对比度”选项：用于调整选区边缘的虚化程度，数值越大，则选区边缘越锐化。利用该选项，可以创建较精确的选区。
- “平滑”选项：用于控制选区边缘的平滑程度，利用该选项可以对选区进行柔化处理。
- “羽化”选项：用于对选区边缘进行羽化处理。
- “收缩/扩展”选项：用于收缩或扩展选区。
- “预览方式”按钮：共有 5 种不同的选区预览方式，分别是“标准”、“快速蒙版”、“黑底”、“白底”和“蒙版”，我们可以根据需要选择最适合的预览方式。图 2.8～图 2.12 分别显示了这 5 种预览方式的效果。
- “说明”区域：单击对话框中的 按钮，可以显示“说明”区域，用于对光标所指的参数进行说明，以帮助我们进行具体操作和设置。

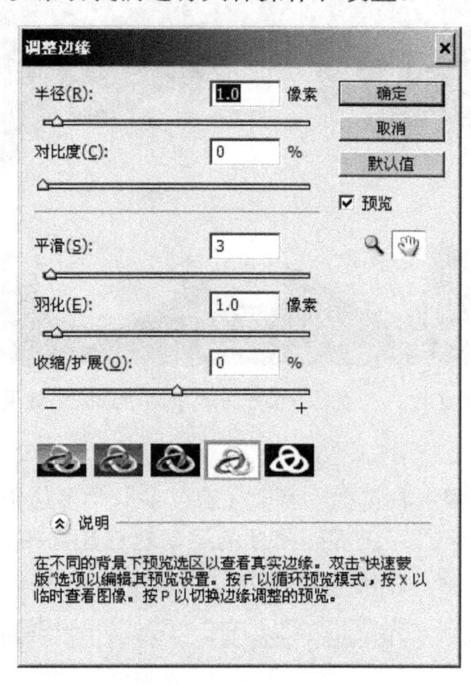

图 2.7　“调整边缘”对话框

图 2.8 “标准”预览方式下的“选区”效果

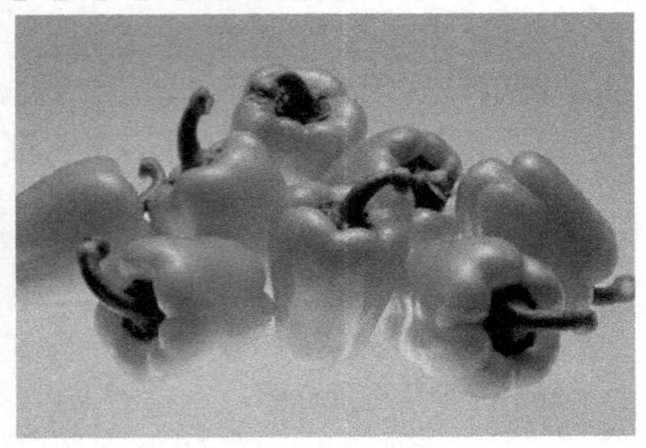

图 2.9 “快速蒙版”预览方式下的“选区”效果

图 2.10 “黑底”预览方式下的“选区”效果

图 2.11 “白底”预览方式下的“选区”效果

图 2.12 “蒙版”预览方式下的“选区”效果

（2）套索工具

Photoshop CS4 中的套索工具包括“套索工具”、“多边形套索工具”和“磁性套索工具”，利用这 3 种工具可以根据鼠标的运动轨迹建立相应的选区。其中“磁性套索工具”的选项栏相对比较复杂，如图 2.13 所示。

图 2.13 “磁性套索工具”的选项栏

➢ “宽度”选项：用于设置系统检测边缘时的探测宽度，其取值范围为 1～256，数值越大，所检测的范围就越大，选取的范围就越准确。

- “对比度”选项：用于设置检测图像边缘的灵敏程度，其取值范围为 1%～100%，数值越大，磁性套索工具对颜色对比反差的敏感程度越低。
- “频率”选项：用于控制系统设置磁性套索工具在定义选区边缘界线时自动插入紧固点的数量。频率的取值范围为 1～100，数值越大，插入紧固点的数量就越多，得到的选区就越精确，但同时也容易固定一些错误的线段。如图 2.14 和图 2.15 所示的分别是频率取值为 10 和 100 时的效果。

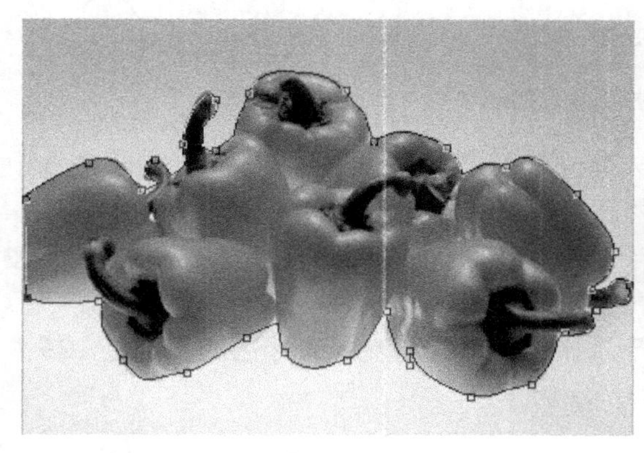

图 2.14　频率为 10 时的选取效果

图 2.15　频率为 100 时的选取效果

- “钢笔压力”按钮：用于设置绘图板的画笔压力。但应注意只有安装了绘图板后，该选项才可使用。

教你一招

在利用“磁性套索工具”建立选区的过程中，每单击一次鼠标就会添加一个紧固点，以使绘制的选框更加准确地紧贴被选对象的边缘。

在实际建立选区的过程中，往往需要将这三种套索工具结合使用，以便选择包括直线和曲线边缘的图像。利用键盘中的 Alt 键，可以实现这几种套索工具之间的临时切换，这样可以大大简化建立选区的操作。

（3）“魔棒工具”

“魔棒工具” 主要根据图像的颜色范围建立选区，使用该工具可以选取图像中颜色相同或相近的区域。我们只要在需要创建选区的图像区域单击，系统就会自动将与单击点颜色相同和相近的色彩范围创建为选区。“魔棒工具”的选项栏如图 2.16 所示。

图 2.16　“魔棒工具”的选项栏

- “容差”选项：用于设置选择区域的精确度，其取值范围是 0～255 像素。该数值越小，选择范围越大，选择得越不精确。
- “连续”复选框：用于设置是否选择与鼠标单击位置在容差范围的连续区域。选中该选项，将只选择在容差范围内的连续区域；反之，将选择容差范围内的所有区域。

➢ “对所有图层取样”复选框：用于设置是否将所有图层作为选择范围。选中该选项，将选择所有可见图层中在容差范围内的像素；反之，将只有当前图层被作为选择范围。

（4）“快速选择工具”

“快速选择工具”主要是通过调整圆形画笔的笔尖大小、硬度和间距等参数，在图像窗口中快速建立选区。选中该工具并在图像上拖动鼠标时，选区将会自动向外扩展，并自动查找和跟踪满足设定参数的选区边缘。“快速选择工具”的选项栏如图 2.17 所示。

图 2.17　“快速选择工具”的选项栏

➢ “新选区”按钮：如果图像窗口中未建立任何选区，该按钮将默认地处于被选中状态。当创建初始选区后，其后面的“添加到选区”按钮将自动处于选中状态。

➢ “添加到选区”按钮：当该按钮处于选中状态时，将在原有选区的基础上，添加新的选取范围。

➢ “从选区减去”按钮：当该按钮处于选中状态时，将在原有选区的基础上，减去鼠标拖动处自动查找到的图像区域。

教你一招

利用 Alt 键，可以实现“添加到选区”与“从选区减去”模式间的自由切换。

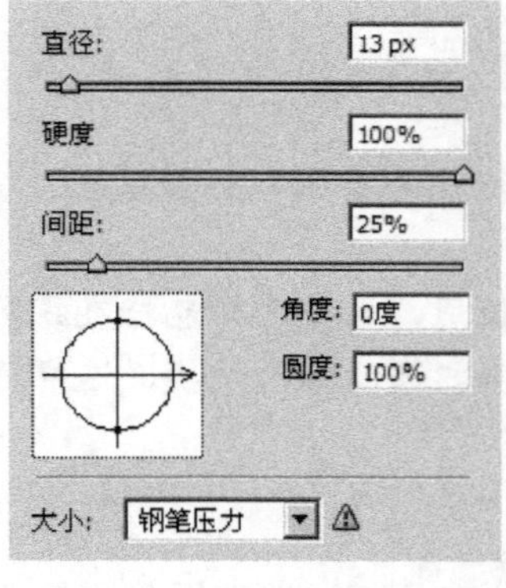

图 2.18　“画笔”设置面板

➢ “画笔”下拉按钮：单击右侧的下拉按钮，系统将弹出“画笔”设置面板，如图 2.18 所示。利用该面板，我们可以对涂抹时的画笔参数进行设置。

- “直径”选项：用于设置画笔的笔尖大小。
- “硬度”选项：用于设置画笔边缘的柔和程度，数值越大，画笔的边缘越清晰。
- “间距”选项：用于控制每个画笔笔触之间的距离，数值越大，间距也就越大。
- “角度”选项：用于控制非圆形画笔笔触的旋转角度。
- “圆度”选项：用于控制圆形画笔的圆度，数值越大，越接近圆形。

➢ “自动增强”复选框：选中该复选框，可减少选区边缘的粗糙程度，实现边缘调整。

2. 移动工具

“移动工具”主要用于对图像或选区内容进行移动、变换、排列、分布等操作，其选项栏如图 2.19 所示。

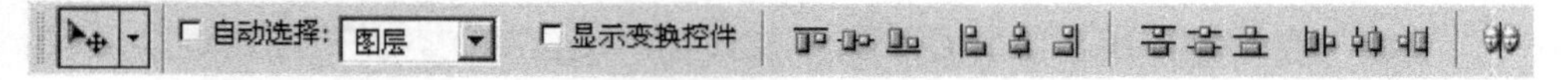

图 2.19　“移动工具”的选项栏

➢ “自动选择”选项：如果选中该复选框，使用移动工具在图像窗口中需要编辑的图像上单击，即可选择当前图像所在的图层（或组）为当前工作图层（或组），同时这也取决于其后面列表框中的选项。

➢ “显示变换控件”复选框：用于设置是否可以对图像进行变换修饰。选中该复选框，当前图层的图像周围将显示变换控件。有关对图像进行变换的操作，我们将在后面有关章节中详细介绍。

➢ “顶对齐”、“垂直中齐”、“底对齐”、“左对齐”、“水平中齐”或“右对齐”按钮：分别用于设置与当前图层链接在一起的图层相对于图像的对齐方式，各种对齐方式的效果分别如图 2.20 所示。

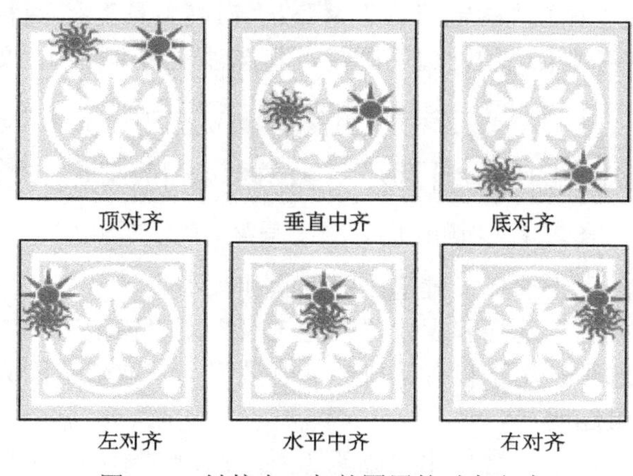

图 2.20　链接在一起的图层的对齐方式

➢ “按顶分布”、“垂直居中分布”、“按底分布”、“按左分布”、“水平居中分布”或“按右分布”按钮：分别用于设置与当前图层链接在一起的两个以上的图层相对于图像的分布方式。

➢ “自动对齐图层”按钮：单击此按钮，系统将弹出“自动对齐图层”对话框，如图 2.21 所示，利用该对话框，我们可以进一步设置图层的对齐方式。

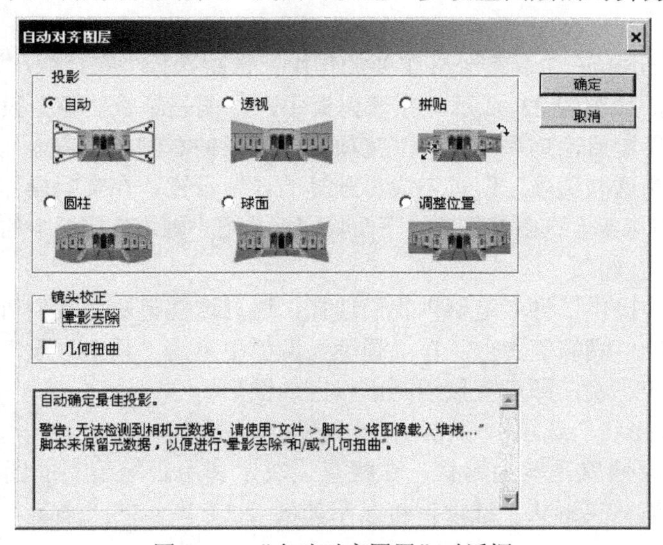

图 2.21　“自动对齐图层”对话框

教你一招

要利用工具栏中的按钮进行分布图层的操作，必须同时选择 3 个或 3 个以上的图层，而链接图层中必须有 3 个图层被链接。

利用对齐和分布按钮，可以使图层与图层之间、图层与选区之间进行相应的对齐和分布。

2.1.2　绘画和擦除工具

1. 绘画工具

Photoshop CS4 中提供了“画笔工具”和“铅笔工具”两种绘画工具，使用它们可以用当前前景色分别完成柔边和硬边手画线，其选项栏基本相同，如图 2.22 所示。

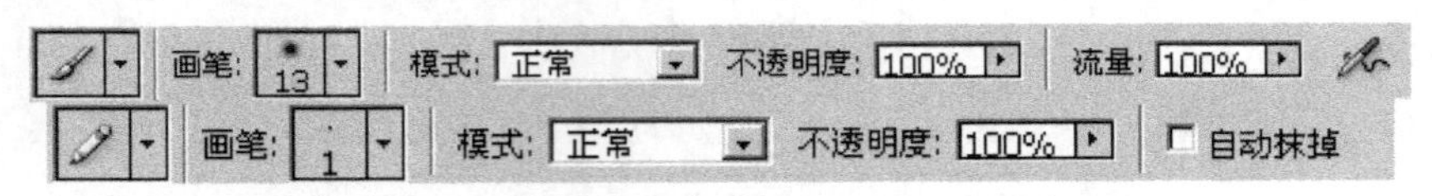

图 2.22　“画笔工具”和“铅笔工具”的选项栏

- “画笔”列表：用于选择设置笔刷的形状和大小。
- “模式”列表：用于选择和设置“画笔工具”或“铅笔工具”的使用方式。
- “不透明度”选项：用于设置笔刷的透明效果，其取值范围为 1%～100%，其数值越小，透明效果越明显。
- “流量”选项：用于设置使用“画笔工具”绘画时笔刷压力的大小，其数值范围为 1%～100%，其数值越小，绘制出的颜色越深。
- “喷枪”按钮：单击该按钮即可采用喷绘方式进行绘画，再次单击该按钮可取消喷绘效果。
- “自动抹掉”复选框：用于设置使用“铅笔工具”绘画时，若图像的颜色与前景色相同，是否自动擦除前景色，而填充为背景色。

2.“画笔”调板

画笔工具在 Photoshop 中具有十分重要的作用，依次选择“窗口”/“画笔”命令，可以打开“画笔”调板，如图 2.23 所示。在该调板中，左侧是画笔的各个设置项目，选中某项目前的复选框可以设置启动该项目。单击某项目，调板的右侧将对应地显示与项目有关的各种选项，调整和设置这些选项，即可完成对画笔的详细设置。在实际操作过程中，可以选中其中的某一项，也可以组合选中某些项。下面我们将介绍“画笔”调板中的各种选项和参数。

（1）“画笔预设”选项

在 Photoshop 中提供了许多笔刷供我们选择，通过这些笔刷，我们可以很轻松地绘制出如羽毛、花朵、树叶、蝴蝶等图形。在“画笔”调板中单击“画笔预设”选项，然后单击选择画笔列表中的相应笔刷，即可直接绘制出相应的图形。

（2）“画笔笔尖形状”选项

画笔最基本的属性就是笔尖形状，这将直接决定利用画笔绘制的图形效果。单击“画笔”调板中的“画笔笔尖形状”选项，将显示如图 2.24 所示的“画笔”调板，其中显示了画笔的常规参数。

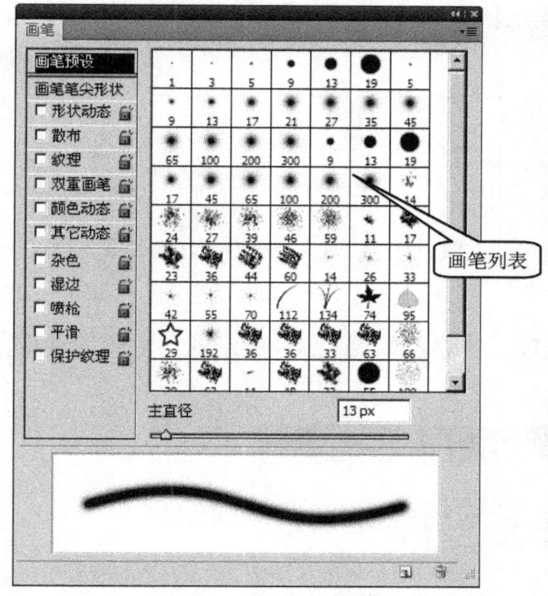

图 2.23　“画笔”调板

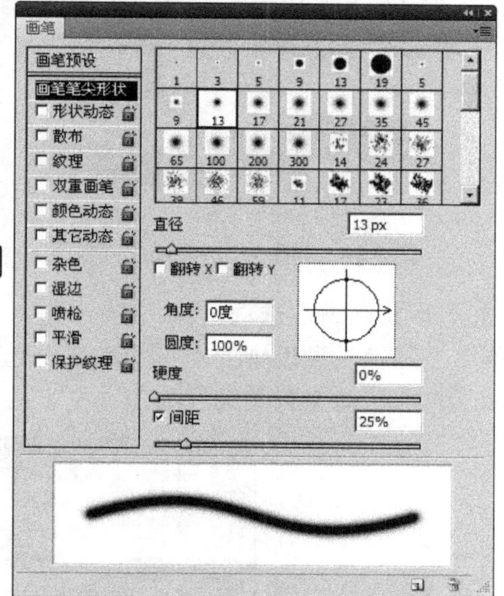

图 2.24　显示常规选项的“画笔”调板

- “直径”选项：用于选择设置画笔的大小，其数值越大，画笔的直径也就越大，其取值范围在 1～100 之间。
- “翻转 X”选项：选中该选项后，画笔方向将在水平方向上发生翻转。
- “翻转 Y”选项：选中该选项后，画笔方向将在垂直方向上发生翻转。
- “角度”选项：用于设置笔尖绘画时的倾斜角度，效果如图 2.25 和图 2.26 所示。

图 2.25　角度为 0 度时的画笔效果

图 2.26　角度为 60 度时的画笔效果

- “圆度”选项：表示画笔短轴和长轴的比率，用于控制画笔的形状，其数值越大，画笔形状越接近正圆或接近画笔在定义时所具有的比例，效果如图 2.27 和图 2.28 所示。

图 2.27　圆度为 100%时的画笔效果

图 2.28　圆度为 50%时的画笔效果

- “硬度”选项：用于控制笔刷边缘的清晰程度，该选项只有在画笔列表中选择椭圆形画笔时才有效，其数值越大，笔刷的边缘越清晰，效果如图 2.29 和图 2.30 所示。

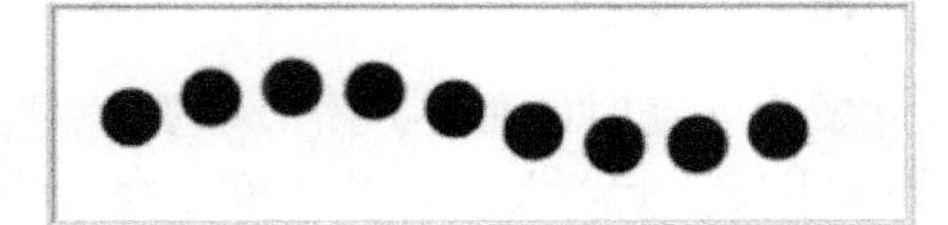

图 2.29　硬度为 100 时的画笔效果

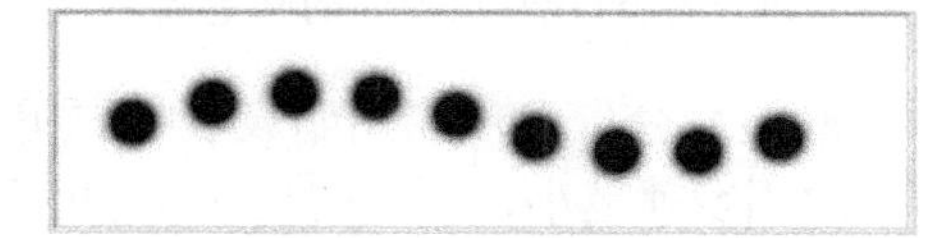

图 2.30　硬度为 50 时的画笔效果

➢ “间距”选项：用于设置两个画笔绘制点之间的距离，其取值越大，间距越大，效果如图 2.31 和图 2.32 所示。

图 2.31　间距为 1%时的画笔效果

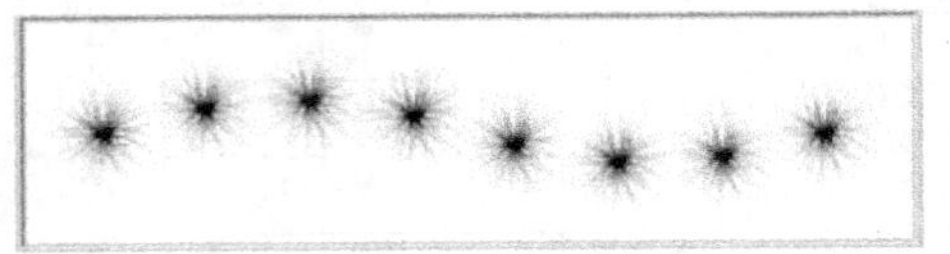

图 2.32　间距为 80%时的画笔效果

（3）“形状动态”选项

单击“画笔”调板中的“形状动态”选项，将显示如图 2.33 所示的“画笔”调板，其中显示了与形状动态有关的参数。

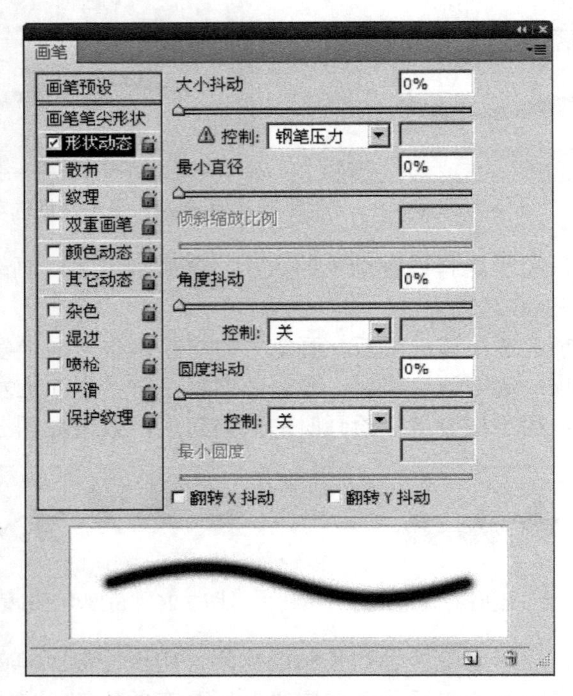

图 2.33　显示“形状动态”选项的“画笔”调板

➢ “大小抖动”选项：用于设置绘画过程中画笔大小随机波动的幅度，其数值越大，波动的幅度也就越大，效果如图 2.34 和图 2.35 所示。其下方的“控制”下拉列表框用于控制画笔波动的方式。

图 2.34　大小抖动为 1%时的画笔效果

图 2.35　大小抖动为 80%时的画笔效果

➢ “最小直径”选项：用于设置在画笔尺寸发生波动时的最小尺寸，其数值越大，波动的幅度就越小，画笔的尺寸动态达到的最小尺寸就越大，效果如图 2.36 和图 2.37 所示。

图 2.36　大小抖动为 60%且最小直径为 0%时的画笔效果

图 2.37　大小抖动为 60%且最小直径为 50%时的画笔效果

- “倾斜缩放比例”选项：用于设置画笔的倾斜比例。
- “角度抖动”选项：用于设置绘画过程中画笔倾斜角度随机波动的幅度，其数值越大，波动的幅度就越大，效果如图 2.38 和图 2.39 所示。

图 2.38　角度抖动为 0%时的画笔效果

图 2.39　角度抖动为 15%时的画笔效果

- “圆度抖动”选项：用于设置绘画过程中画笔圆度随机波动的幅度，其取值越大，波动的幅度就越大，效果如图 2.40 和图 2.41 所示。

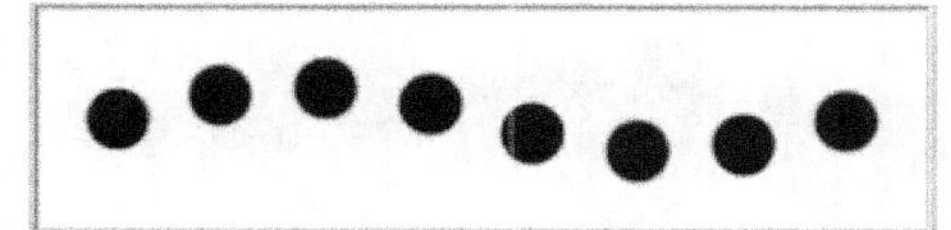

图 2.40　圆度抖动为 0%时的画笔效果

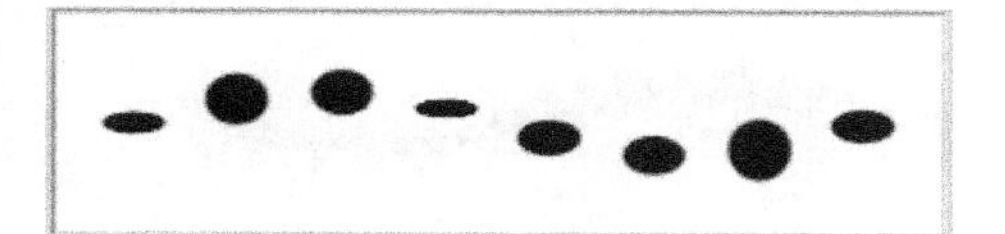

图 2.41　圆度抖动为 100%时的画笔效果

- “最小圆度”选项：用于设置在画笔圆度发生波动时的最小圆度值，其数值越大，波动的幅度就越小，画笔的圆度动态达到的最小圆度就越大。

（4）“散布”选项

单击“画笔”调板中的“散布”选项，将显示如图 2.42 所示的“画笔”调板，其中显示了与散布有关的参数。

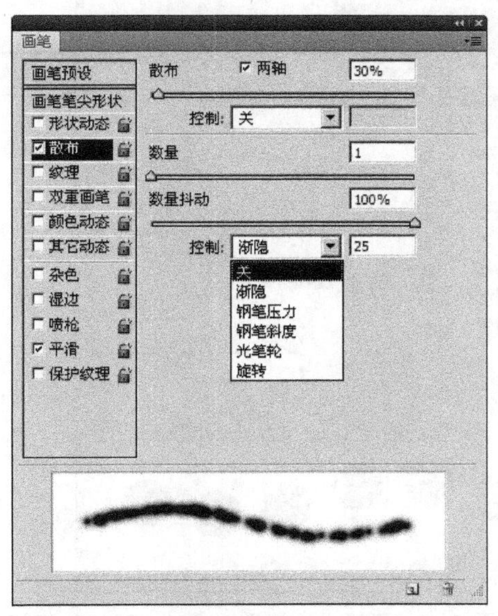

图 2.42　显示“散布”选项的“画笔”调板

➢ “散布”选项：用于在绘制过程中控制绘制点的散布程度，其数值越大，散布效果越明显，效果如图 2.43 和图 2.44 所示。其下方的“控制”下拉列表用于设置散布的动态控制方式。

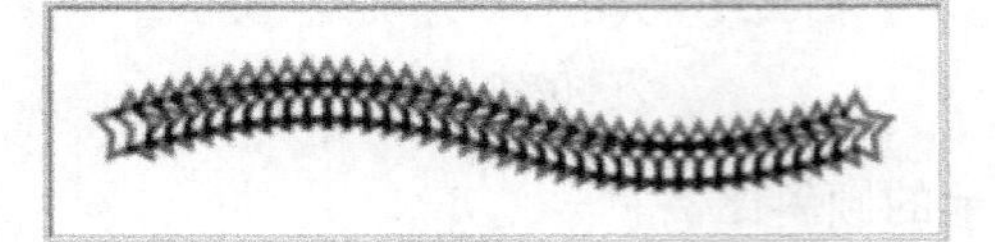

图 2.43　散布为 0%时的画笔效果

图 2.44　散布为 500%时的画笔效果

➢ “两轴”选项：选中此选项，可以使绘制点在 X 和 Y 两个轴向上进行分散；如果不选中此选项，则只在 X 轴向上进行分散。
➢ “数量”选项：用于在绘制过程中控制绘制点的数量，其数值越大，构成画笔的绘制点就越多。
➢ “数量抖动”选项：用于在绘制过程中动态地控制绘制点的数量，其数值越大，画笔的数量抖动幅度也就越大，效果如图 2.45 和图 2.46 所示。其下方的“控制”下拉列表用于设置数量的动态控制。

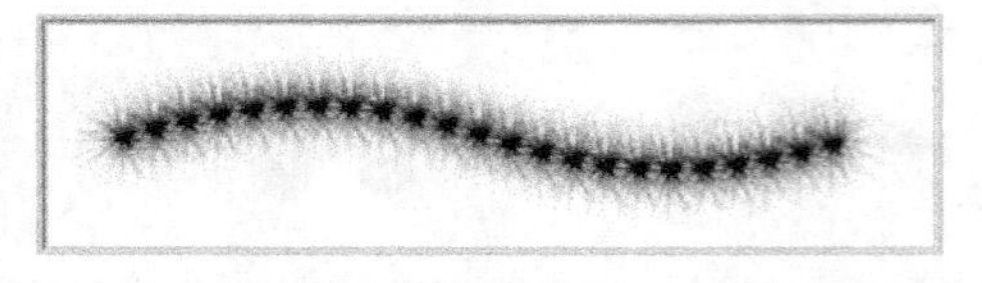

图 2.45　数量为 1 数量抖动为 0%时的画笔效果

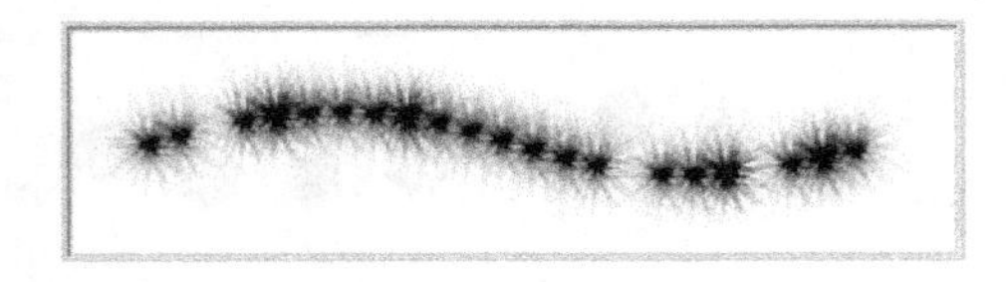

图 2.46　数量为 1 数量抖动为 100%时的画笔效果

（5）“纹理”选项

单击“画笔”调板中的“纹理”选项，将显示如图 2.47 所示的“画笔”调板，其中显示了与纹理有关的参数。

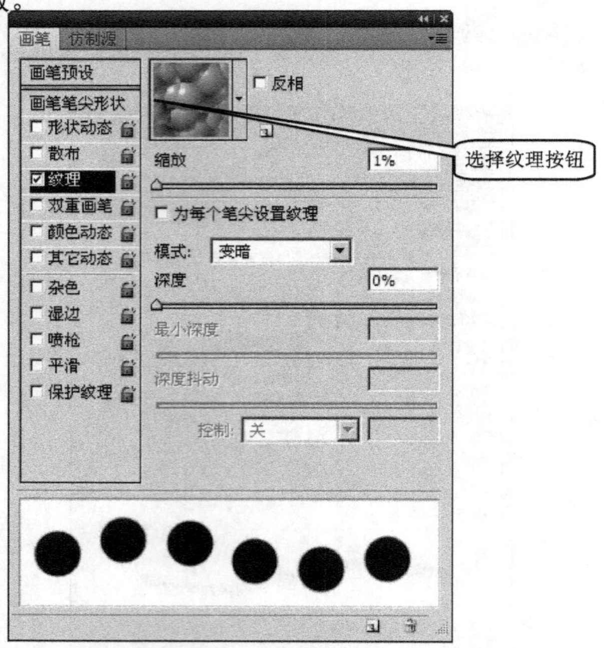

图 2.47　显示“纹理”选项的“画笔”调板

- 选择纹理按钮：单击“画板”调板上方的选择纹理按钮，系统将弹出纹理选择面板，我们可以在该面板中选择系统默认的和用户自定义的所有纹理。
- “缩放”选项：用于设置纹理的缩放比例。
- “模式”选项：用于设置纹理与画笔的混合模式（有关混合模式的内容请参见后面有关章节）。
- “深度”选项：用于设置纹理显示时的浓度，其取值越大，纹理越深，效果如图 2.48 和图 2.49 所示。

图 2.48　深度为 20%时的画笔效果

图 2.49　深度为 80%时的画笔效果

- “最小深度”选项：用于设置纹理显示时的最小浓度，其取值越大，纹理显示浓度的波动幅度越小。
- “深度抖动”选项：用于设置纹理显示浓度的波动程度，其取值越大，波动的幅度就越大。

（6）“双重画笔”选项

双重画笔是一种特殊效果的画笔，包括主画笔和第二画笔，使用该画笔绘画时，第二画笔的笔尖形状图案将被填充到主画笔的运动轨迹内。单击“画笔”调板中的“双重画笔”选项，将显示如图 2.50 所示的“画笔”调板，其中显示了与双重画笔有关的参数。

图 2.50　显示“双重画笔”选项的“画笔”调板

- “直径”选项：用于设置叠加（第二）画笔的大小。
- “间距”选项：用于设置叠加（第二）画笔绘制点之间的距离。
- “散布”选项：用于设置叠加（第二）画笔绘制点的散布程度。
- “数量”选项：用于设置叠加（第二）画笔绘制点的数量。

教你一招

在使用双重画笔进行绘画时，需要首先在“画笔”调板中设置“画笔笔尖形状”选项，然后选择“双重画笔”选项，并在调板右侧设置第二画笔的各选项，在图像窗口中拖动鼠标，才能用双重画笔进行绘画。图 2.51 显示了主画笔为圆形、第二画笔为枫树叶的绘制效果。

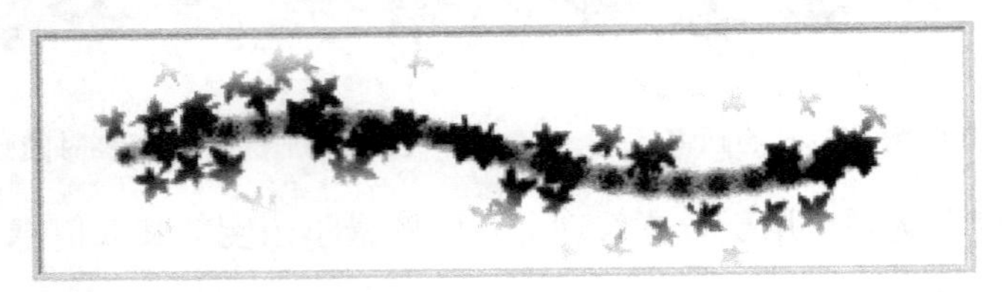

图 2.51　双重画笔绘制效果

（7）“颜色动态”选项

单击“画笔”调板中的“颜色动态”选项，将显示如图 2.52 所示的“画笔”调板，其中显示了与颜色动态有关的参数。

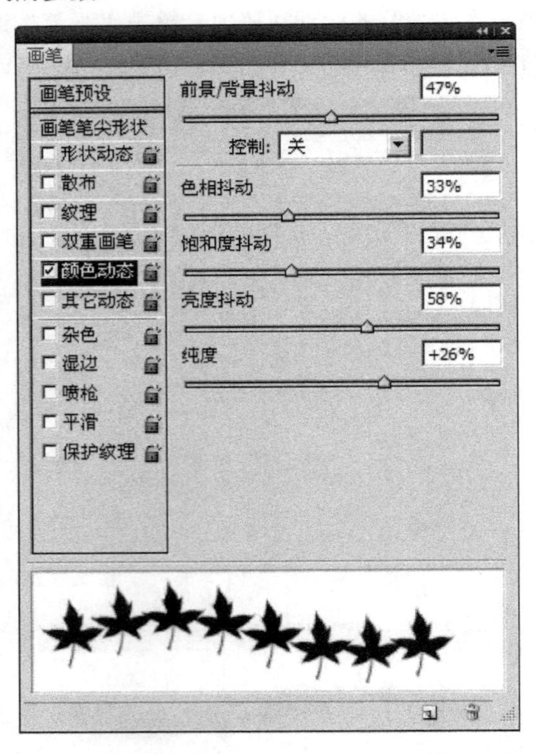

图 2.52　显示“颜色动态”选项的“画笔”调板

- “前景/背景抖动”选项：用于在绘画过程中控制画笔的颜色在前景色和背景色之间波动的幅度。

➢ “色相抖动”选项：用于在绘画过程中控制画笔颜色的色相波动幅度。
➢ “饱和度抖动”选项：用于在绘画过程中控制画笔颜色的饱和度波动幅度。
➢ “亮度抖动”选项：用于在绘画过程中控制画笔颜色的亮度波动幅度。
➢ “纯度”选项：用于在绘画过程中控制画笔颜色的纯度波动幅度。

图 2.53 显示了“前景/背景抖动”的绘画效果。

（8）“其它动态”选项

单击“画笔”调板中的“其它动态”选项，将显示如图 2.54 所示的“画笔”调板，其中显示了与动态有关的其他参数。

图 2.53　“颜色动态”的绘画效果

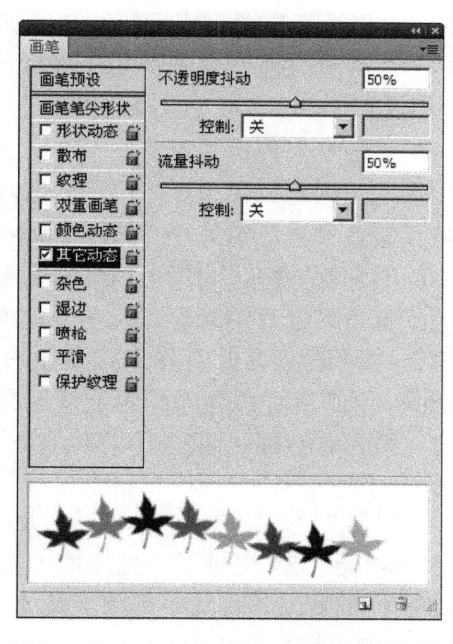

图 2.54　显示“其它动态”选项的“画笔”调板

➢ “不透明度抖动”选项：用于在绘画过程中控制画笔的不透明度的波动幅度。
➢ “流量抖动”选项：用于在绘画过程中控制画笔的流量的波动幅度。

图 2.55 显示了“不透明度抖动”和“流量抖动”的绘制效果。

图 2.55　不透明度抖动和流量抖动均为 50%时的绘画效果

（9）设置画笔工具的其他选项

在“画笔”调板的左侧，还包括“杂色”、“湿边”、“喷枪”、“平滑”和“保护纹理”选项。

- “杂色”选项：用于控制是否在绘画过程中自动添加一些杂点，该效果对硬度较小的画笔影响较明显。
- “湿边”选项：用于控制是否将绘画出的手画线的边缘加强，使其具有类似水彩的绘制效果。
- “喷枪”选项：用于控制在绘画过程中是否启用喷枪效果。
- “平滑”选项：用于控制在绘画过程中是否采用较柔和的曲线。
- “保护纹理”选项：用于控制设置了纹理效果的画笔是否具有相同的纹理和纹理比例。

（10）“画笔”调板菜单

显示在“画笔”调板和“画笔”选项栏中的弹出式调板中的画笔为预设画笔，这些画笔通常被存储在预设画笔库中。Photoshop 中的所有画笔根据其样式和用途的不同，被分别存储到不同的画笔库中。我们可以先将需要的画笔库载入到调板中，然后根据实际需要创建新的画笔、重命名已有的画笔以及从画笔库中删除不需要的画笔。

单击“画笔”调板或弹出式调板右上角的按钮，将弹出调板菜单，菜单中列出了 Photoshop 中的所有画笔库和用于管理画笔的命令，利用这些菜单命令，我们可以完成画笔的复位、载入、存储、新建、替换、重命名、删除等操作。

3. 擦除工具

Photoshop CS4 提供了“橡皮擦工具”、“魔术橡皮擦工具”和“背景色橡皮擦工具”3 种擦除工具，其中每种工具的功能和擦除效果均不相同。

（1）“橡皮擦工具”

如果使用“橡皮擦工具”在背景层擦除时，被擦除的部分将呈现当前背景色，如果在普通图层擦除，被擦除的部分将呈现透明效果，其选项栏如图 2.56 所示。

图 2.56 “橡皮擦工具”的选项栏

- “模式”列表：用于选择橡皮擦的模式。橡皮擦的模式包括“画笔”、“铅笔”和“块”3 种，其中，“画笔”和“铅笔”模式下的“擦”其实质就是改变像素的颜色的“画”，“块”模式下，橡皮擦为方块状。
- “抹到历史记录”复选框：选中该选项并拖动鼠标，可以恢复到“历史记录”调板中恢复点处的图像状态。

教你一招

按住 Alt 键并在图像窗口中拖动鼠标指针，可以临时以“抹到历史记录”模式使用“橡皮擦工具”。

（2）“背景色橡皮擦工具”

如果当前图层是背景层时，使用“背景色橡皮擦工具”擦除后将呈现透明效果，且背景层自动转换为普通图层“图层 0”；如果在普通图层上使用，擦除后将显示位于下一可见图层中的颜色或图像。“背景色橡皮擦工具”的选项栏如图 2.57 所示。

图 2.57　“背景色橡皮擦工具”的选项栏

➢ 取样按钮：用于决定被擦除颜色的方式，包括“连续”、“一次”和“背景色板” 3 种取色方式。其中，在“连续”方式下，将擦除鼠标拖动范围内的像素颜色，且这些像素的颜色将被指定为背景色；在“一次”方式下，被擦除的颜色将只选取鼠标首次单击位置的像素颜色，而不会随鼠标的拖动而变化；在“背景色板”方式下，需要先将背景色设置为需要擦除的颜色，然后即可通过拖动鼠标擦除相应的像素。

➢ “限制”列表：用于设置被擦除的范围，包括“连续”、“不连续”和“查找边缘” 3 种擦除方式。其中，在“连续”方式下，只能擦除画笔覆盖区域内与指定颜色相近且相互连接在一起的像素；在“不连续”方式，只能擦除画笔覆盖区域内与指定颜色相近的像素；在“查找边缘”方式下，除了具有“临近”方式的功能外，同时还可以保留形状边缘的锐化程度。

➢ “保护前景色”复选框：可以防止擦除与当前前景色相匹配的像素。

（3）“魔术橡皮擦工具”

“魔术橡皮擦工具”可以根据像素颜色将图像中与鼠标单击处颜色相近的像素擦除为背景色或透明效果，其选项栏如图 2.58 所示。

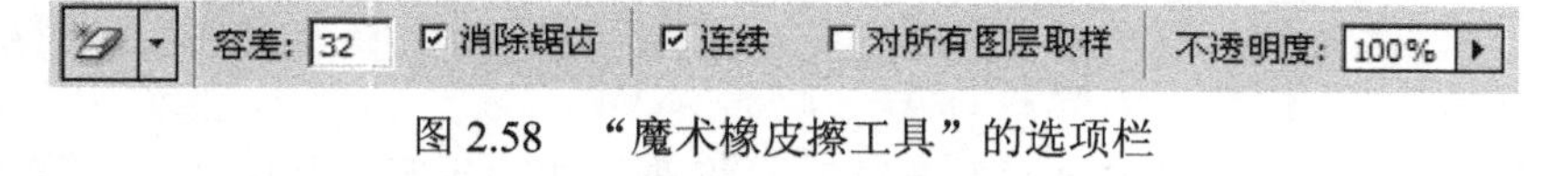

图 2.58　“魔术橡皮擦工具”的选项栏

➢ “容差”选项：用于设置被擦除的颜色范围。“容差”值越小，被擦除的颜色范围也就越小。

➢ “连续”复选框：用于设置是否只擦除连续的、颜色在“容差”范围内的像素。如果取消该选项，将擦除图像中所有的相似像素。

2.1.3　图像修复工具

图像修复工具包括“修复画笔工具”、“修补工具”、“污点修复画笔工具”和“红眼工具”，利用它们可以对图像进行修复和复制操作，并使取样像素或图案的纹理、光照和阴影与目标位置的像素相匹配，从而使修复后的像素与图像的其余部分融为一体。

1. “修复画笔工具”

“修复画笔工具”常用于修复图像中的瑕疵。利用该工具修复图像时，取样点的像素信息被融入到复制图像的位置，并保持了复制图像的纹理、层次和色彩等，因此能实现与周围图像的自然融合。该工具的选项栏如图 2.59 所示。

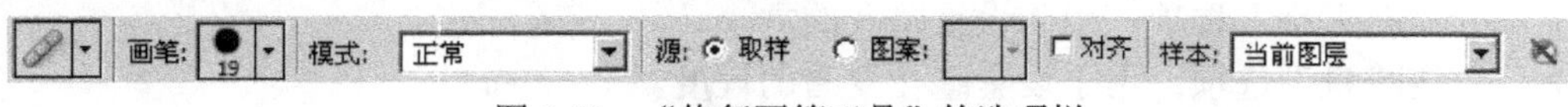

图 2.59　“修复画笔工具”的选项栏

➢ “源”选项组：其中“取样”单选框用于指定作为修复像素的源，选中该选项时，按住 Alt 键使鼠标指针变为⊕形状，并在图像的相应位置单击鼠标左键进行取样，然后在需要修复的位置拖动鼠标，取样部分的图像即可被复制到鼠标拖动过的位置；“图案”单选框用于指定作为修复像素源的图案，如果选中该选项，就可以把图像修复为指定图案。

➢ “对齐”复选框：用于控制修复图像后是否可以得到一个完整的图像。

➢ “样本”列表框：用于设置修复画笔工具的有效图层。

2.“污点修复画笔工具”

“污点修复画笔工具”专门用于去除照片或图像中的杂色或污点，使用此工具时不需要人工取样操作，只需要在杂色或污点位置单击，系统即可自动在图像中进行像素取样，并消除图像中的杂色或污点。该工具的选项栏如图 2.60 所示。

图 2.60 “污点修复画笔工具”的选项栏

3.“修补工具”

“修补工具”常用于在需要进行修复的区域选定的基础上对图像进行修复操作，这样可以避免在修复过程中破坏其他部分图像。该工具的选项栏如图 2.61 所示。

图 2.61 “修补工具”的选项栏

➢ “修补”选项组：选中“源”选项时，将选区拖动到需要从中进行取样的区域，并释放鼠标左键，原来选中的区域将被样本像素代替；选中“目标”选项时，将选区拖动到需要进行修补的目标区域，并释放鼠标左键，目标区域将被样本像素代替。

➢ “使用图案”按钮：用于选择和设置作为修复像素源的图案。

教你一招

要使“修补工具”的“使用图案”按钮有效，需要先建立一个选区作为被修复的区域。

4.“红眼工具”

“红眼工具”是一种专门用于去除照片中人物红眼的工具。该工具的选项栏如图 2.62 所示。

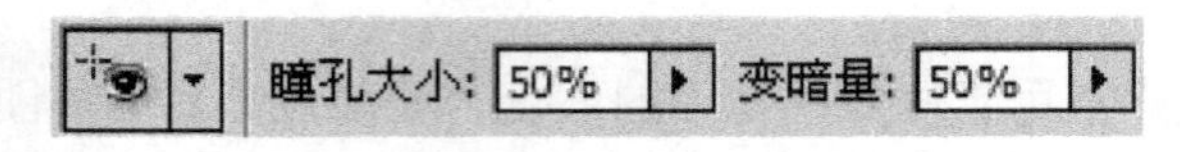

图 2.62 “红眼工具”的选项栏

➢ “瞳孔大小”选项：用于设置瞳孔的大小。

➢ “变暗量”选项：用于设置瞳孔变暗的程度。

教你一招

此工具使用起来非常简单，只需要在选项栏设置好参数后，在图像中的红眼位置单击一下，即可去除照片中人物的红眼。

2.1.4　图章工具

图章工具包括“仿制图章工具”和“图案图章工具”，利用它们可以通过仿制像素的方式对图像进行复制。“仿制图章工具”的原理是，首先从周围相近的像素处取样，然后将其复制到需要修复的瑕疵处，从而覆盖瑕疵；而“图案图章工具”复制的是选定的图案样本。

1．“仿制图章工具”

“仿制图章工具”的选项栏如图 2.63 所示。

图 2.63　“仿制图章工具”的选项栏

- “对齐”复选框：如果选中该选项，当松开鼠标按键时，当前的取样点不会丢失，并可以多次地、连续地应用取样像素。反之，如果取消该选项，每次松开鼠标按键，都将重新从初始取样点开始应用取样像素。
- “样本”列表框：用于设置取样的图层。

教你一招

按住 Alt 键，当鼠标指针变为形状时，在当前图像或其他图像的相应位置单击鼠标左键进行取样，在需要应用图章的位置拖动鼠标，即可将取样处的图像复制到鼠标拖动过的位置。

2．“图案图章工具”

“图案图章工具”的选项栏如图 2.64 所示。

图 2.64　“图案图章工具”的选项栏

- “印象派效果”复选框：当选中该选项时，可以对绘制出的图案应用印象派效果。

教你一招

单击工具选项栏中“图案”选项后面的下拉按钮，并从弹出的“图案”调板中选择需要的图案，然后拖动鼠标，即可将选定的图案绘制到鼠标拖动过的位置。

2.1.5　历史画笔工具

Photoshop CS4 提供了“历史记录画笔工具”和“历史记录艺术画笔工具”两种工具，利用“历史记录画笔工具”可以将图像恢复为“历史记录”调板中记录的某一历史状态，而“历史记录艺术画笔工具”可以在将图像恢复到某一历史状态的同时对图像进行变形、模糊等变换，从而产生类似于印象派的图像效果。

1. “历史记录画笔工具”

“历史记录画笔工具”的选项栏如图 2.65 所示。

图 2.65 “历史记录画笔工具”的选项栏

2. “历史记录艺术画笔工具”

“历史记录艺术画笔工具”的选项栏如图 2.66 所示。

图 2.66 “历史记录艺术画笔工具”的选项栏

- “样式”列表：用于选择和设置绘画描边的形状。
- “区域”选项：用于设置绘画描边所能覆盖的范围。
- “容差”选项：用于设置应用绘画描边的区域。该数值越小，可用于绘画的区域越大。容差值过高时，将只能在与源状态的颜色对比鲜明的区域进行绘画。

教你一招

在使用“历史记录画笔工具”或“历史记录艺术画笔工具”进行图像历史状态恢复之前，需要在“历史记录”调板中在用于绘制的历史状态前的灰色方块区域内单击鼠标左键，以产生表示源状态的图标，然后在图像上拖动鼠标，即可将鼠标拖动范围内的图像恢复成指定的源状态。

2.1.6 填充工具和“吸管工具”

Photoshop CS4 提供了“油漆桶工具”和“渐变工具”两种常用的填充工具。“油漆桶工具”通常用于填充颜色值与取样像素相同或相似的区域，而“渐变工具”则可以在图像中产生多种颜色过渡的填充效果。利用“吸管工具”可以从当前图像或屏幕的任何位置采集色样，以指定新的前景色或背景色。

1. “油漆桶工具”

“油漆桶工具”的选项栏如图 2.67 所示。

图 2.67 “油漆桶工具”的选项栏

- 填充列表：用于设置填充区域的源，当选中“前景”选项时，填充颜色为当前前景色，通过设置前景色的颜色可以调整用于填充的颜色；当选择“图案”选项时，填充效果为选中的图案，可以通过“图案”列表进一步选择和设置用于填充的图案的种类和效果。

教你一招

在使用“油漆桶工具”之前，需要在图像窗口中选中需要填充的区域，否则整个图层将被作为填充对象。

2. “渐变工具”

“渐变工具” 的选项栏如图 2.68 所示。

图 2.68　“渐变工具”的选项栏

➢ 渐变色彩方案列表：用于选择和设置渐变颜色方案。当用鼠标左键单击下拉按钮时，系统将弹出如图 2.69 所示的渐变颜色方案调板，可以在调板中双击需要选择的颜色渐变方案。

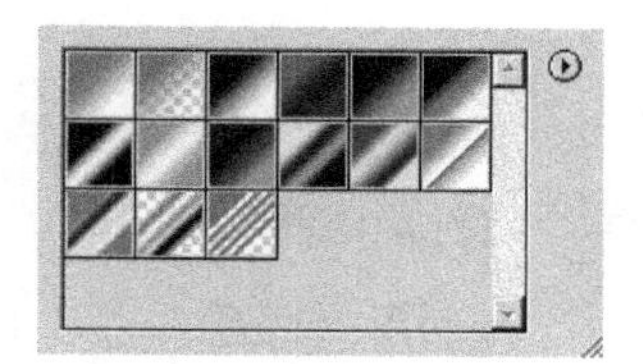

图 2.69　渐变颜色方案调板

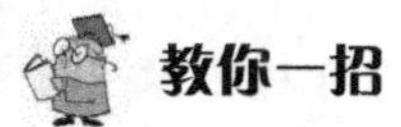

教你一招

单击渐变颜色方案调板右上角的按钮，系统将弹出一个快捷菜单，用于进一步选择其他的渐变颜色方案组的名称和设置其他选项。

➢ “线性渐变”按钮：选中该方式，可以产生沿着绘制的直线从起点到终点颜色做线性变化，如图 2.70 所示。
➢ “径向渐变”按钮：选中该方式，可以产生以绘制的直线为半径，以直线的起点为圆心，由内向外颜色做圆形变化，如图 2.71 所示。
➢ “角度渐变”按钮：选中该方式，可以产生以绘制的直线为角度的起始边，以直线的起点为中心，沿逆时针方向围绕起点颜色做环绕变化，如图 2.72 所示。
➢ “对称渐变”按钮：选中该方式，可以产生沿着绘制的直线向两侧颜色做对称线性变化，如图 2.73 所示。
➢ “菱形渐变”按钮：选中该方式，可以产生以绘制的直线为半径，以直线的起点为中心，由内向外颜色做菱形变化，如图 2.74 所示。

图 2.70　线性渐变

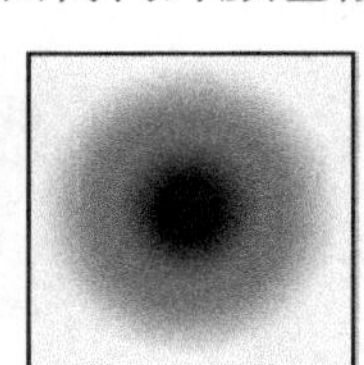

图 2.71　径向渐变

图 2.72　角度渐变

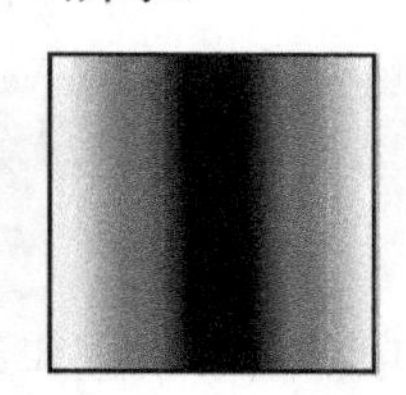

图 2.73　对称渐变

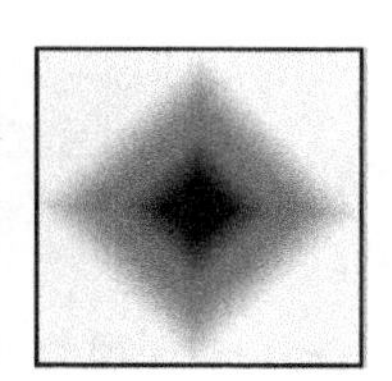

图 2.74　菱形渐变

➢ “反向”复选框：选中该选项，可以将渐变填充中的颜色顺序反转。
➢ “仿色”复选框：选中该选项，可以产生较平滑的颜色过渡效果。
➢ “透明区域”复选框：选中该选项，可以对渐变填充应用透明效果。

教你一招

在使用“渐变工具”时，需要在图像窗口中沿直线方向拖动鼠标，系统将根据该直线的起点、方向和终点确定渐变效果。在拖动鼠标的同时如果按住 Shift 键，直线的角度将被限定为 45 度的整数倍。

3．“吸管工具”

“吸管工具”的选项栏如图 2.75 所示。

- “取样大小”选项：用于决定取样范围的大小。其中，“取样点”表示将鼠标单击处像素的颜色作为取样颜色；“3×3 平均”、“5×5 平均”等选项表示取样颜色为单击处的“3×3”或“5×5”等区域范围内像素颜色的平均值。

图 2.75　“吸管工具”的选项栏

教你一招

在使用“吸管工具”时，将吸管状鼠标指针移动到图像中需要的颜色处，并单击鼠标左键，即可从图像中选择新的前景色。如果按住 Alt 键的同时单击鼠标左键，即可从图像中选择新的背景色。

2.1.7　“模糊工具”、“锐化工具”和“涂抹工具”

Photoshop CS4 提供了“模糊工具”、“锐化工具”和“涂抹工具”用于对图像进行修饰，其中“模糊工具”和“锐化工具”用于调整图像的聚焦程度，这两种工具分别用于柔化和聚焦图像的边缘，以降低或提高图像的清晰度。“涂抹工具”可以模拟在一幅刚刚画好而未干的图像中用手指涂抹的特殊效果。

1．“模糊工具”和“锐化工具”

“模糊工具”和“锐化工具”的选项栏基本相同，如图 2.76 和图 2.77 所示。

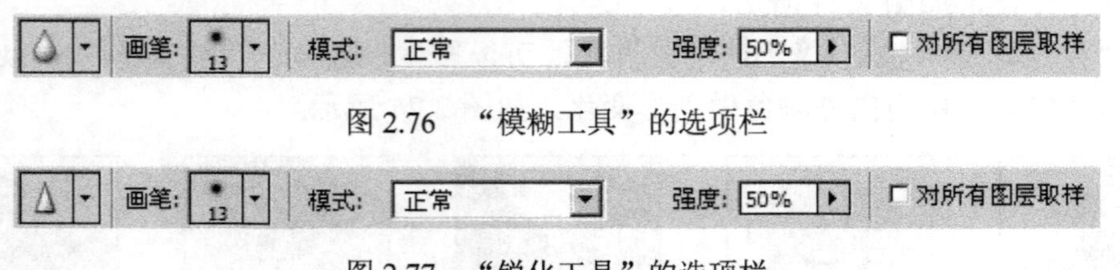

图 2.76　“模糊工具”的选项栏

图 2.77　“锐化工具”的选项栏

- “强度”选项：用于设置和调整图像的模糊或锐化强度。

教你一招

使用“模糊工具”和“锐化工具”在需要模糊或锐化的图像上拖动鼠标，即可对鼠标拖动过的位置产生模糊或锐化效果。

2．“涂抹工具”

“涂抹工具”的选项栏如图 2.78 所示。

图 2.78　“涂抹工具”的选项栏

“手指绘画”复选框：选中该选项时，可以使用当前前景色和图像中的颜色一起涂抹，如果清除该选项，将只能使用图像中的颜色涂抹。

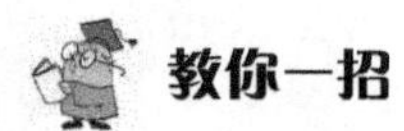

教你一招

使用“涂抹工具”在需要涂抹的图像上拖动鼠标即可产生涂抹效果。在涂抹过程中，按住 Alt 键可以临时启用“手指绘画”方式。

2.1.8　文字工具

利用 Photoshop CS4 提供的“横排文字工具”T和“直排文字工具”↓T，可以在创建的图像中添加一些比较简单的、字数较少的标题、名称等文字，也可以创建字数较多，且根据定界框的尺寸自动换行的段落文字。利用“横排文字蒙版工具”或“直排文字蒙版工具”，可以在图像中创建文字选区。

各种文字工具的选项栏基本相同，如图 2.79 所示。

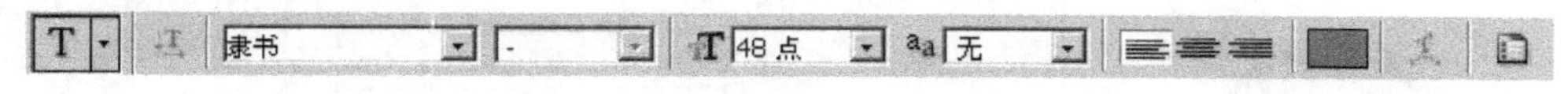

图 2.79　文字工具的选项栏

利用工具栏中的各个选项可以分别设置选定文字的文本方向、字体、字形、字号、消除锯齿的方法、对齐方式、颜色、变形等选项。

教你一招

使用文字工具时，在输入过程中按下主键盘上的 Enter 键可以使文字换行。

单击工具选项栏中的“提交所有当前编辑”按钮✓或按下数字键盘中的 Enter 键，或主键盘中的 Ctrl+Enter 组合键，可以提交所创建的文本。

在创建文本的过程中，如果按下 Esc 键或单击工具选项栏中的“取消所有当前编辑”按钮，可以取消文本的创建。

2.2　绘制邮票——选择区域工具、移动工具、填充工具、文字工具和铅笔工具的应用

动手做

完成“美化地球邮票”的绘制工作，效果如图 2.80 所示。

指路牌

查阅知识卡片，对案例进行讨论和分析，得出如下解题思路：

（1）利用“渐变工具”以青色渐变填充图像窗口作为背景。

（2）利用“椭圆选框工具”绘制圆形“地球”选区，并利用“油漆桶工具”将

“地球”填充为蓝色。

（3）利用“套索工具”和“磁性套索工具”绘制不规则的“陆地”选区，并将其填充为土黄色。

（4）用“多边形套索工具”和“移动工具”绘制并复制树木，将其填充为绿色。

（5）利用“横排文字工具”T添加相关文字。

（6）利用“铅笔工具”添加周围的锯齿。

跟我做

根据以上分析，绘制“美化地球邮票”的具体操作如下：

（1）新建一个空白图像文件。

① 启动 Photoshop CS4 中文版。

② 依次选择“文件”/“新建”命令（快捷键为 Ctrl+N），系统将弹出“新建”对话框，其参数设置如图 2.81 所示，然后单击“确定”按钮，即可新建一个空白图像。

图 2.80 “美化地球邮票”的最终效果图

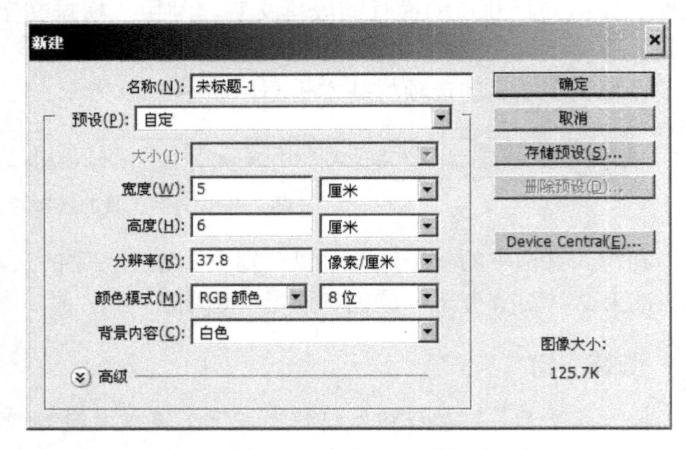

图 2.81 “新建”对话框

（2）利用“渐变工具”填充图像窗口。

① 单击工具箱中的“渐变工具”。

② 用鼠标左键单击选项栏中“渐变色彩方案”选项的下拉按钮，然后单击渐变颜色方案调板右上角的按钮，并在快捷菜单中选择“简单”渐变颜色方案组，系统将弹出如图 2.82 所示的操作提示框，单击“确定”按钮，即可将“简单”渐变颜色方案组载入调板。双击选择渐变颜色方案为“青色”，单击选择渐变方式为“线性渐变”。

③ 在图像窗口中从上向下拖动鼠标，即可用青色渐变填充图像窗口。

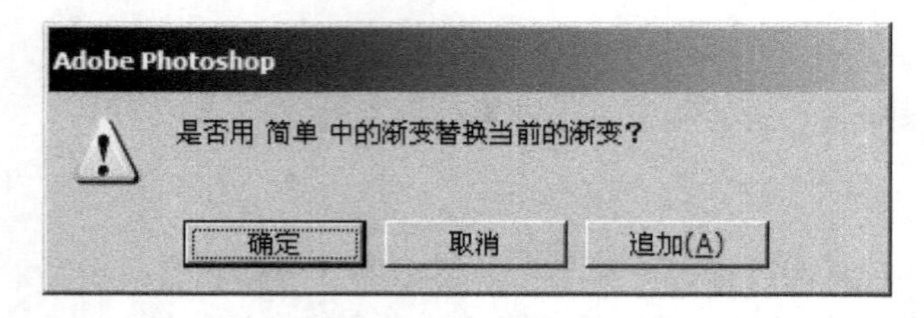

图 2.82 操作提示框

（3）显示标尺和辅助线。

① 依次选择“视图”/“标尺”命令（快捷键为 Ctrl+R），图像窗口中将显示如图 2.84 所示的标尺。

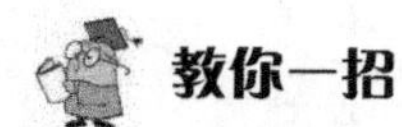

教你一招

在图像窗口已经显示标尺时依次选择“视图”/“标尺”命令或按下 Ctrl+R 快捷键，可以隐藏标尺。

② 依次选择“视图”/“新建参考线”命令（快捷键为 Ctrl+E），系统将弹出“新建参考线”对话框，分别设置其参数，如图 2.83 所示，然后单击“确定”按钮，即可在图像窗口中添加如图 2.84 所示的两条辅助线。

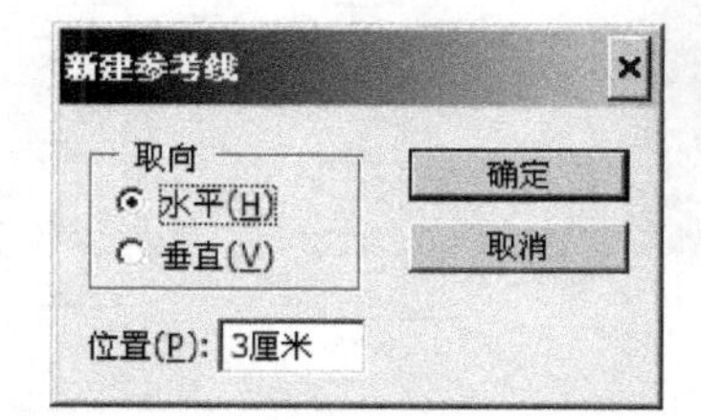

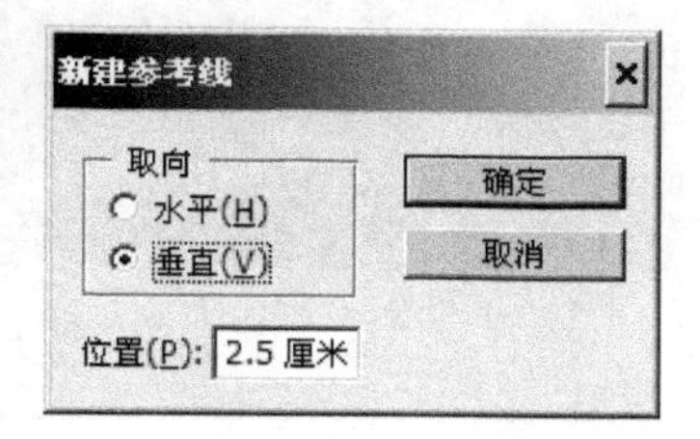

图 2.83　“新建参考线”对话框

（4）利用“椭圆选框工具”和“油漆桶工具”绘制地球。

① 单击工具箱中的“椭圆选框工具”，将鼠标指针移动到图像窗口辅助线的交点处，按住 Shift+Alt 组合键，拖动鼠标，就可以以辅助线的交点为圆心绘制出如图 2.85 所示的圆形选区。

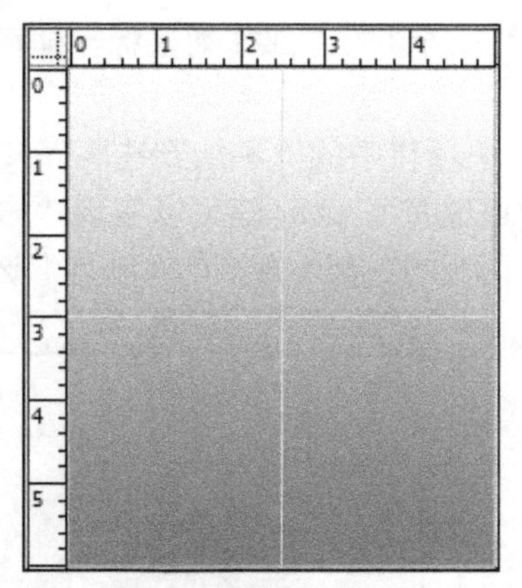

图 2.84　添加标尺和辅助线后的图像窗口

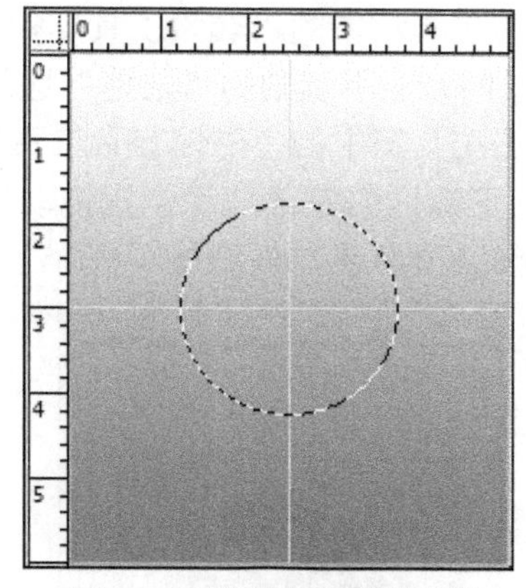

图 2.85　绘制出的圆形选区

② 单击工具箱中的“前景色”色块，系统将弹出“拾色器”对话框，其参数设置如图 2.86 所示，然后单击“确定”按钮，即可将前景色设置为蓝色。

教你一招

在“拾色器”对话框中，用鼠标拖动颜色带两侧的三角形滑块或直接在颜色带相应的颜色位置上单击鼠标左键，就可以设定颜色的大致范围，颜色带右侧的各个颜色分量可以直接地、精确地设置颜色。

“拾色器”对话框中最大的区域为色域，色域中的小圆圈表示当前选中的颜色在色域中的位置。

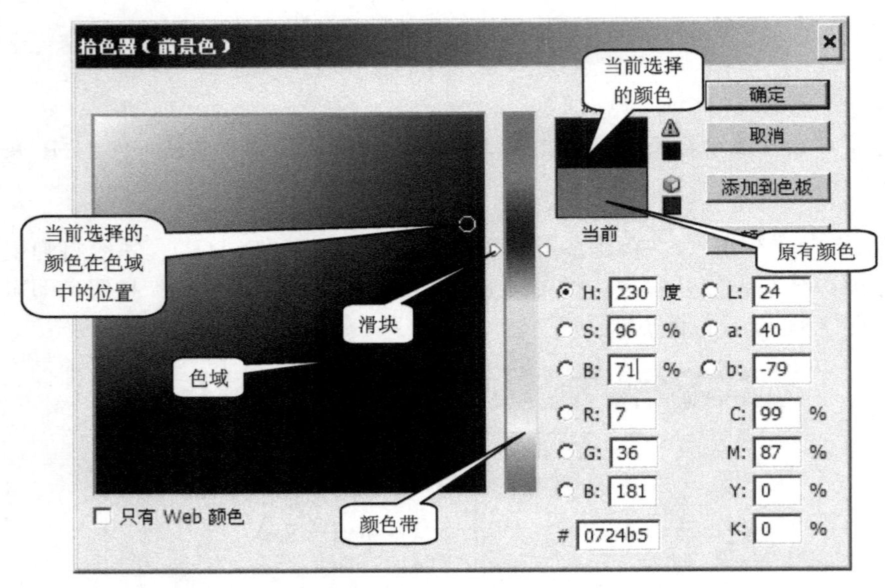

图 2.86　“拾色器”对话框及其参数设置

③ 单击工具箱中的“油漆桶工具”，然后将鼠标指针移动到圆形选区内并单击鼠标，即可将圆形选区填充为如图 2.87 所示的蓝色地球。

（5）利用“套索工具”、“磁性套索工具”和“油漆桶工具”绘制不规则的土黄色“陆地”。

① 单击工具箱中的“套索工具”，在蓝色圆形选区的右部拖动鼠标，即可绘制出如图 2.88 所示的右部不规则的“陆地”选区。

② 单击工具箱中的“磁性套索工具”，选中选项栏中的“添加到选区”按钮，然后在蓝色圆形选区的左部边缘位置拖动鼠标，同时通过按下 Alt 键可以实现“磁性套索工具”和“套索工具”的临时切换，从而建立如图 2.88 所示的左部不规则的“陆地”选区。

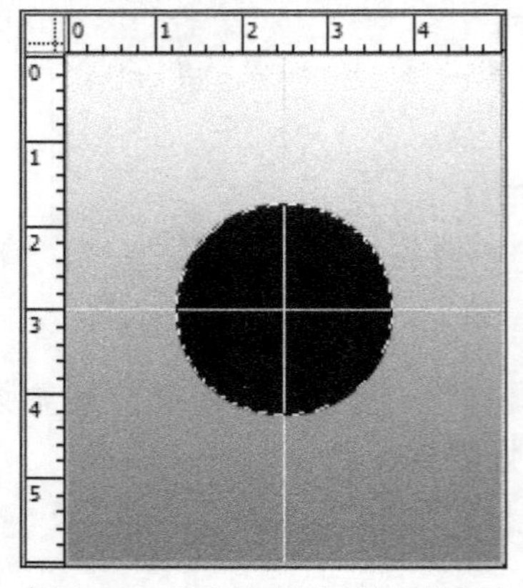

图 2.87　填充为蓝色的圆形选区

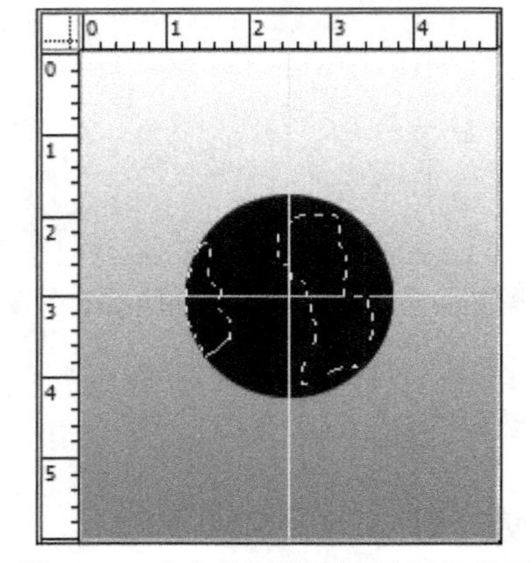

图 2.88　建立的不规则“陆地”选区

③ 单击工具箱中的“前景色”色块，系统将弹出“拾色器”对话框，设置其参数，如图 2.89 所示，然后单击“确定”按钮，即可将前景色设置为土黄色。

④ 单击工具箱中的“油漆桶工具”，然后将鼠标指针移动到不规则选区内并单击鼠标左键，即可将不规则“陆地”选区填充为土黄色，效果如图 2.90 所示。

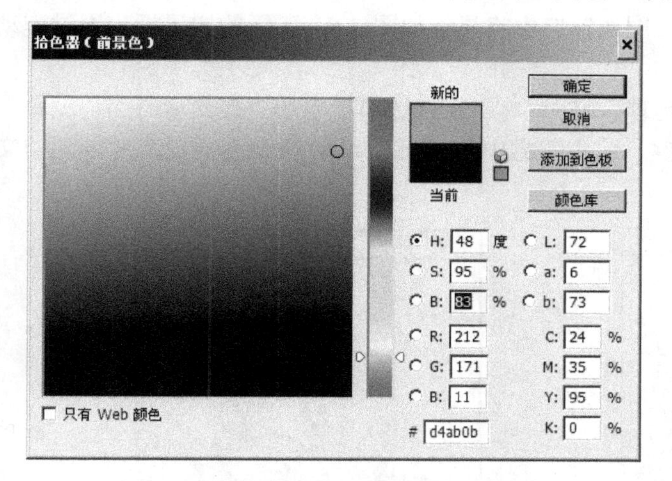

图 2.89　“拾色器”对话框及其参数设置

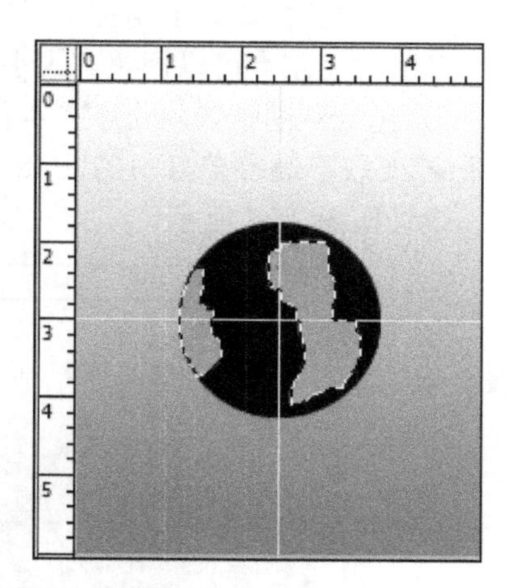

图 2.90　填充为土黄色的不规则“陆地”选区

（6）利用“多边形套索工具”、“移动工具”和“油漆桶工具”绘制并复制绿色树木。

① 单击工具箱中的“多边形套索工具”，通过下面的系列操作，可以绘制出如图 2.91 所示的三角形选区：

➢ 在图像窗口左部适当位置单击鼠标左键，以设置选择区域的起始点；
➢ 围绕需要选择的图像不断单击鼠标左键，以确定节点，节点与节点之间将自动连接成选择线；
➢ 如果在操作时出现误操作，按下 Delete 键，可以删除最近确定的节点；
➢ 如果需要闭合选择区域，将光标放于起点处，此时光标旁将会出现一个闭合的圆圈，单击即可；
➢ 如果光标未在起始点位置，双击鼠标，可直接闭合选区。

② 设置前景色为绿色（其 R，G，B 参数分别为 25，181，47）。

③ 利用“油漆桶工具”将三角形选区填充为当前前景色——绿色，效果如图 2.91 所示。

④ 按下快捷键 Ctrl+C，将绿色三角形复制到剪贴板中，然后再按下快捷键 Ctrl+V，粘贴三角形选区。单击工具箱中的“移动工具”，将鼠标光标移动到复制好的三角形选区内，拖动鼠标，即可将其移动到相应的位置。

教你一招

选择“移动工具”后，通过光标键也可实现图像的移动操作。

⑤ 重复步骤④4 次，即可得到如图 2.92 所示的效果。

⑥ 按照步骤①～④的方法绘制、填充和复制矩形“树干”选区，得到如图 2.93 所示的效果。

（7）利用“横排文字工具”T添加文字“美化地球”。

① 设置前景色为红色（其 R，G，B 参数分别为 251，2，2）。

② 单击工具箱中的“横排文字工具”T，在选项栏中设置各“字体”选项为“隶书”，设置“字号”选项为“14 点”。

③ 在图像窗口右上角拖动鼠标，图像窗口中将显示如图 2.94 所示的定界框，通过拖动定界框上的控制点可以调整其大小。

④ 在定界框中输入文字“美化地球”，然后单击工具选项栏中的“提交所有当前编辑”按钮✓或按下数字键盘中的 Enter 键，或主键盘中的 Ctrl+Enter 组合键，提交所创建的文本，效果如图 2.94 所示。

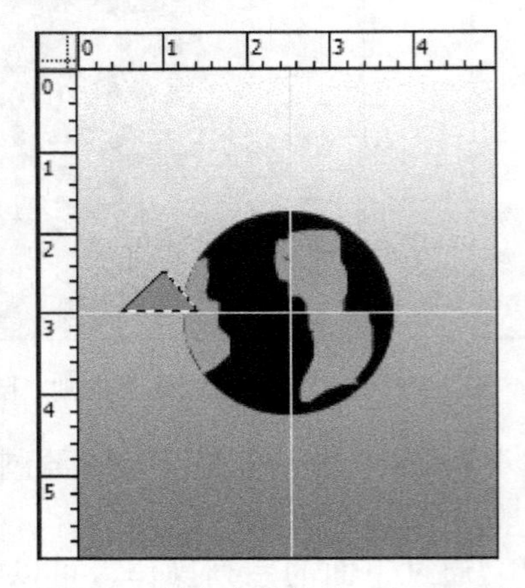

图 2.91 填充为绿色的三角形选区

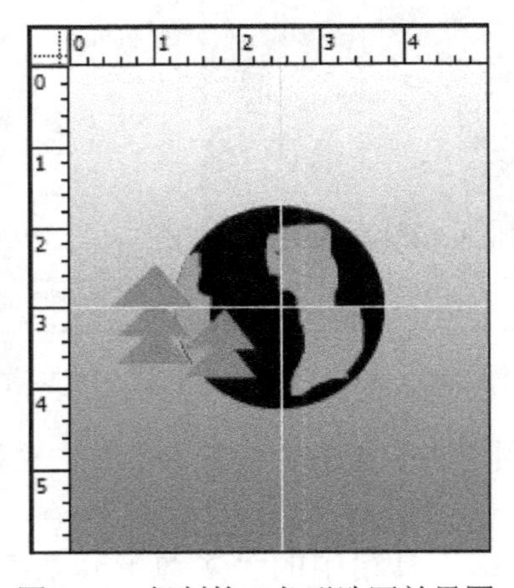

图 2.92 复制的三角形选区效果图

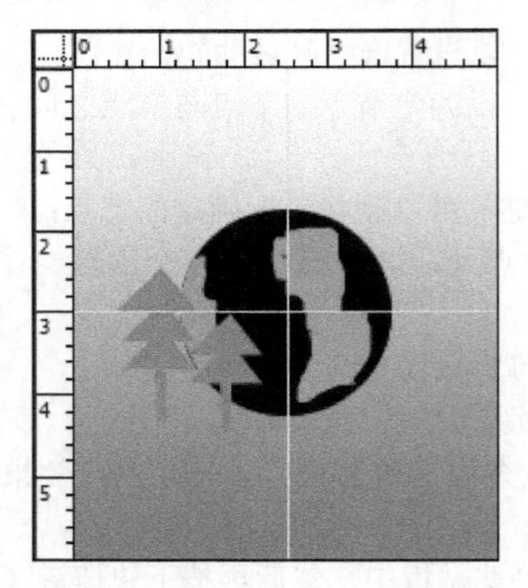

图 2.93 绘制和复制完成的绿色树木效果图

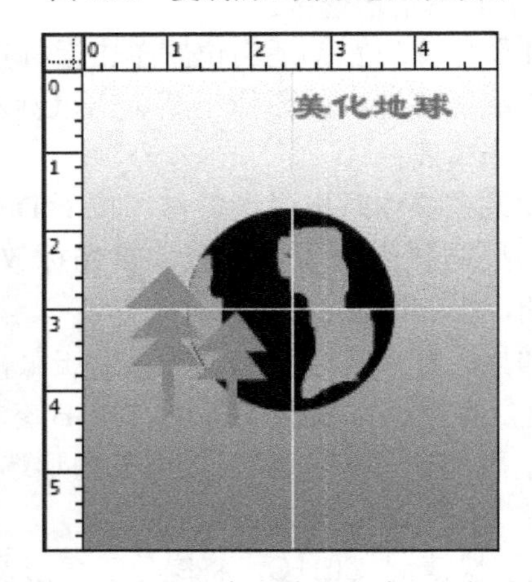

图 2.94 添加文字“美化地球”后的效果图

（8）利用“横排文字工具”T添加文字“80 分”。

① 设置前景色为白色。

② 单击工具箱中的“横排文字工具”T，在选项栏中设置“字体”选项为“隶书”，设置“字号”选项为“24 点”，在图像窗口右下角输入数字“80”。

③ 将“字号”选项设置为“14 点”，输入文字“分”，效果如图 2.95 所示。

（9）利用“铅笔工具”添加锯齿。

① 设置前景色为白色。

② 单击工具箱中的“铅笔工具”，单击选项栏右端的“切换画笔面板”按钮，然后单击“画笔”选项面板中的“画笔笔尖形状”选项，并设置其参数，如图 2.96 所示。

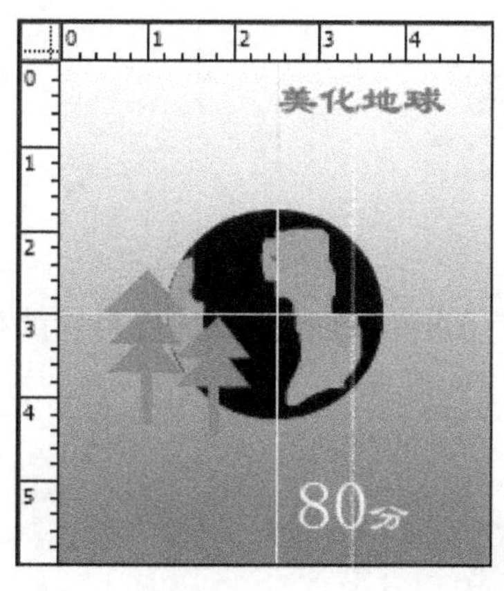

图 2.95　添加文字“80 分”后的效果图

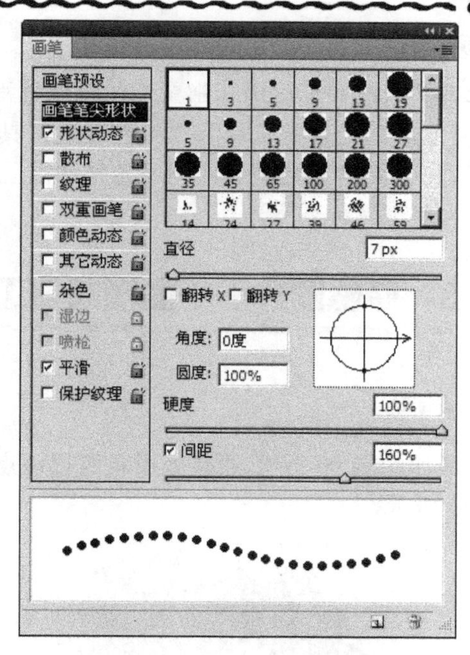

图 2.96　“画笔笔尖形状”设置面板及其参数设置

③ 在“图层”调板中单击选择“背景”图层为当前图层。

④ 将鼠标光标分别移动到图像窗口的四个顶点处，按住鼠标左键，同时按住 Shift 键，并拖动鼠标，使得“锯齿”的绘制完全被限制在水平或垂直方向上，效果如图 2.97 所示。

（10）后期处理及文件保存。

① 单击“图层”调板右上角的按钮，选择“合并可见图层”选项，将所有可见图层合并到“背景”图层。

② 分别按下快捷键 Ctrl+R 和 Ctrl+H 将标尺和参考线隐藏，得到如图 2.98 所示的效果图。

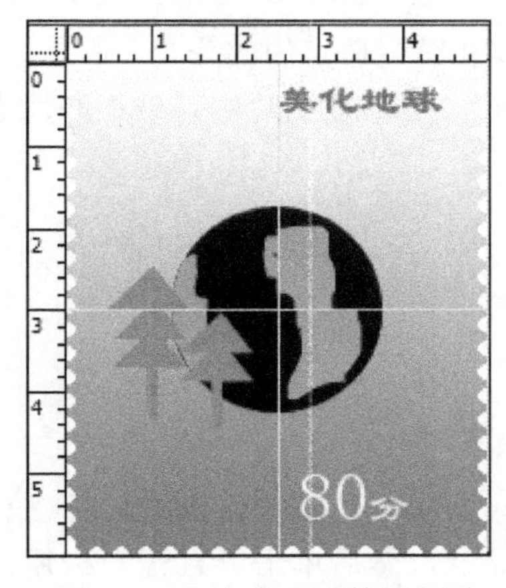

图 2.97　添加锯齿后的效果图

图 2.98　隐藏标尺和参考线后的效果图

③ 选择“文件”/“保存”命令（快捷键为 Ctrl+S），在“存储为”对话框中的“文件名”后输入“美化地球邮票”，并设置保存文件的位置，然后单击“保存”按钮，即可保存图像文件。

④ 选择“文件”/“退出”命令（快捷键为 Ctrl+Q），关闭并退出 Photoshop CS4 中文版。

回头看

本案例通过“美化地球邮票”的制作过程，综合运用了“渐变工具”、“椭圆选框工具”、“油漆桶工具”、“套索工具”、“磁性套索工具”、“移动工具”、“横排文字工具”和“铅笔工具”。这其中关键之处在于，利用各种选区工具绘制不同形状的选区，并利用填充工具为其着色，以呈现各种图案。

2.3 修整图片——图像修复工具的应用

动手做

完成如图 2.99 所示的有破损和腐烂斑点的“水果”图片的修整工作，修整后的效果如图 2.100 所示。

图 2.99 有破损和腐烂斑点的“水果”图片

图 2.100 修整后的“水果”图片

指路牌

查阅知识卡片，对案例进行讨论和分析，得出如下解题思路：

（1）打开素材中的“水果.jpg”文件。

（2）利用“缩放工具”将图像放大显示。

（3）利用“修复画笔工具”修复图片中有破损和腐烂斑点的部分。

（4）利用“修补工具”或“污点修复画笔工具”修复图片中有破损和腐烂斑点的部分。

跟我做

根据以上分析，修复“水果”图片的具体操作如下：

（1）打开“水果.jpg”原图文件。

① 启动 Photoshop CS4 中文版。

② 依次选择“文件”/“打开”命令（快捷键为 Ctrl+O），系统将弹出如图 2.101 所示的“打开”对话框，选择需要被打开的文件“水果.jpg”，然后单击“打开”按钮，即可打开该文件。

（2）利用“缩放工具”将图像局部放大。

单击工具箱中的“缩放工具”，在图像窗口中相应的部分拖动鼠标，绘制如图 2.102 所示的矩形虚线框，即可将图片显示比例放大。

图 2.101　“打开”对话框

（3）利用“修复画笔工具”修复图片中有腐烂斑点的脐橙。

① 单击工具箱中的“修复画笔工具”，单击选项栏中的“画笔”选项，系统将弹出如图 2.103 所示的“画笔笔尖形状”设置面板，设置“直径”为“7px”，“硬度”为“10%”，“间距”为“1%”。

图 2.102　选中“缩放工具”拖动鼠标的状态

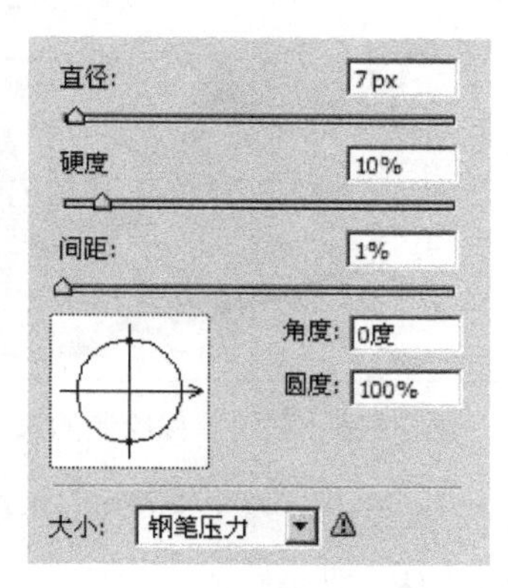

图 2.103　“画笔笔尖形状”设置面板及其参数设置

② 按住 Alt 键，并在如图 2.104 所示的位置单击鼠标左键，以选择取样点；释放 Alt 键，在脐橙的腐烂斑点位置按下鼠标左键，并沿着脐橙的腐烂斑点拖动鼠标，即可完成对相应位置的修复操作，效果如图 2.105 所示。

教你一招

在利用“修复画笔工具”修复图像过程中，要注意根据实际需要不断进行重新取样操作。

上述步骤①～②的操作也可以通过“污点修复画笔工具”完成，使用此工具时不需要人工取样操作，只需要在选项栏中选择“创建纹理”单选框，然后在脐橙上有杂色或污点的位置单击，系统即可自动在图像中进行像素取样，并消除脐橙上的腐烂斑点。

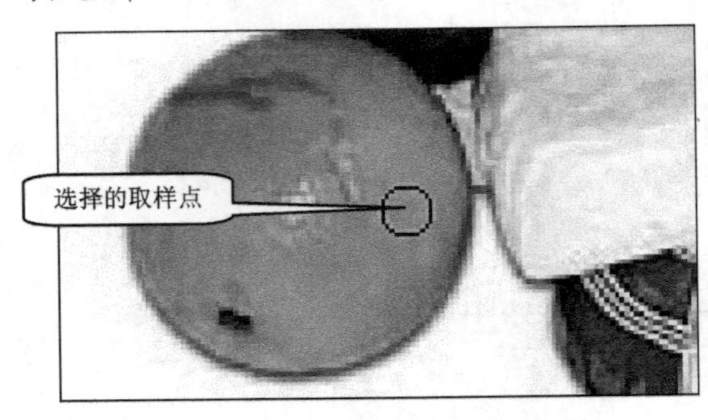

图 2.104　鼠标取样点位置

图 2.105　修复后的脐橙

（4）利用“修补工具”或“污点修复画笔工具”修复图片中有腐烂斑点的香蕉。

① 用鼠标拖动图像窗口的水平和垂直滚动条，或使用“抓手工具”，使图像窗口中显示出香蕉。

② 单击工具箱中的“修补工具”，在香蕉上没有腐烂斑点的区域拖动鼠标绘制封闭选区，如图 2.106 所示。

③ 单击选中工具选项栏中的“目标”单选框，然后将鼠标指针移动到绘制的选区中，将鼠标指针拖动到图片中有腐烂斑点的位置，释放鼠标，即可完成对相应位置的修补操作，效果如图 2.107 所示。

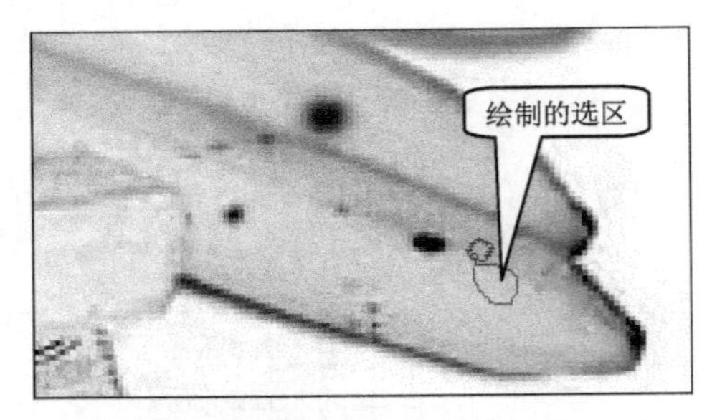

图 2.106　利用鼠标绘制的选区

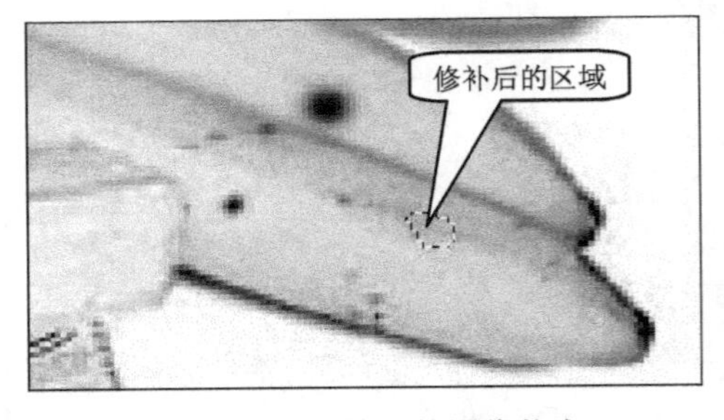

图 2.107　修补后的图像状态

④ 按照上述步骤①～③的相关方法，完成对香蕉上其他位置的腐烂斑点的修补操作，效果如图 2.108 所示。

图 2.108　修补完成的香蕉效果图

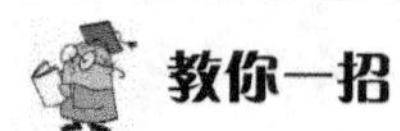

教你一招

上述步骤①～④的操作也可以通过“污点修复画笔工具” 完成，使用此工具时不需要人工取样操作，只需要在选项栏中选择“创建纹理”单选框，然后在香蕉上有杂色或污点的位置单击，系统即可自动在图像中进行像素取样，并消除香蕉上的腐烂斑点。

（5）后期处理及文件保存。

① 选择“文件”/“保存”命令（快捷键为 Ctrl+S），在“存储为”对话框中的“文件名”后输入“水果”，单击“保存”按钮。

② 选择“文件”/“退出”命令（快捷键为 Ctrl+Q），关闭并退出 Photoshop CS4 中文版。

回头看

本案例通过对“水果”图片中的腐烂斑点的修复操作，综合运用了“缩放工具”、“修复画笔工具”、“修补工具”和“污点修复画笔工具”。这其中关键之处在于“修复画笔工具”、“修补工具”和“污点修复画笔工具”的选择，虽然这 3 种工具都可以完成对图像的修复操作，但在实际操作过程中，为了提高工作效率和图像的逼真效果，需要根据不同情况选择合适的工具对图像进行修复。

利用本案例中的相应操作，可以完成对有污渍、破损或污点的图像的修复操作。

2.4　制作“鲜花美酒”图片——图章工具的应用

动手做

完成如图 2.109 所示的“鲜花美酒”图片的处理工作，效果如图 2.110 所示。

图 2.109　“鲜花美酒”原图

图 2.110　处理后的“鲜花美酒”图片效果

指路牌

查阅知识卡片，对案例进行讨论和分析，得出如下解题思路：

（1）打开“鲜花美酒.bmp”原图文件。

（2）新建一个空白图像文件。

（3）利用“仿制图章工具” 将“鲜花美酒.bmp”图像复制到新建的图像窗口中。

（4）利用“横排文字工具”T、“变换”/“斜切”和“定义图案”命令定义“鲜花美酒文字”图案。

（5）利用“图案图章工具”为图像添加“鲜花美酒”文字图案。

（6）利用“横排文字工具”T添加图像底部的文字“鲜花美酒”。

跟我做

根据以上分析，处理“鲜花美酒”图片的具体操作如下：

（1）打开“鲜花美酒.bmp”原图文件。

① 启动 Photoshop CS4 中文版。

② 依次选择“文件”/“打开”命令（快捷键为 Ctrl+O），系统将弹出“打开”对话框，选择需要被打开的文件“鲜花美酒.bmp”，然后单击“打开”按钮，即可打开该文件。

（2）新建一个空白图像文件。

① 依次选择“文件”/“新建”命令，系统将弹出如图 2.111 所示的“新建”对话框。

② 在对话框中输入文件名“鲜花美酒.psd”，并设置“宽度”为“300 像素”，“高度”为“285 像素”，“分辨率”为“72 像素/英寸”，“颜色模式”为“RGB 颜色”，“背景内容”为“白色”，然后单击“确定”按钮，即可新建一个文件名为“鲜花美酒.psd”的空白图像文件。

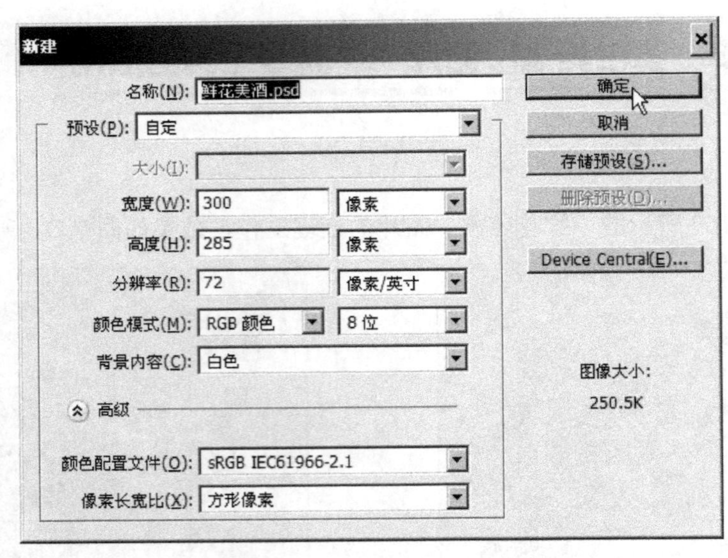

图 2.111　“新建”对话框及其参数设置

（3）利用“仿制图章工具”复制“鲜花美酒.bmp”图像。

① 单击工具箱中的“仿制图章工具”，单击工具选项栏中“画笔”选项后面的下拉按钮，设置画笔的“主直径”为 40 像素，其他选项不变。

② 在原“鲜花美酒.bmp”图像窗口的最左上角位置按下鼠标左键和 Alt 键，鼠标指针将变成⊕形状，此处将作为“仿制图章工具”的取样点。

③ 从新建的“鲜花美酒.psd”图像窗口的对应位置开始拖动鼠标（如图 2.112 所示），即可将“鲜花美酒.bmp”图像复制到新建的图像窗口中，效果如图 2.113 所示。

图 2.112　利用“仿制图章工具”复制图像的过程

图 2.113　被复制到新建的图像窗口中的“鲜花美酒”图像

教你一招

在利用“仿制图章工具”复制图像时，一旦在原图中按下了鼠标左键和 Alt 键，且鼠标指针变成形状后，在拖动鼠标到新位置前，必须一直按住鼠标左键不放，否则，本次复制操作将结束，再次拖动鼠标时将在鼠标单击处开始另一个新的复制操作，如图 2.114 所示。

（4）利用“横排文字工具” T、“变换” / “斜切”和“定义图案”命令定义“鲜花美酒文字”图案。

① 新建一个空白图像文件，在“新建”对话框中设置“宽度”为“100 像素”，“高度”为“60 像素”，“分辨率”为“72 像素/英寸”，“颜色模式”为“RGB 颜色”，“背景内容”为“透明”。

② 单击工具箱中的“横排文字工具” T，在选项栏中设置“字体”选项为“华文新魏”，“字号”选项为“18 点”，颜色为紫色（其 R，G，B 参数分别为 158，91，248），输入文字“鲜花美酒”。

图 2.114　利用“仿制图章工具”开始新的复制操作的效果

③ 依次选择“编辑” / “变换” / “斜切”命令，在文字周围将显示一个控制框，如图 2.115 所示，通过鼠标拖动各控制点可将文字变换成如图 2.116 所示的效果。

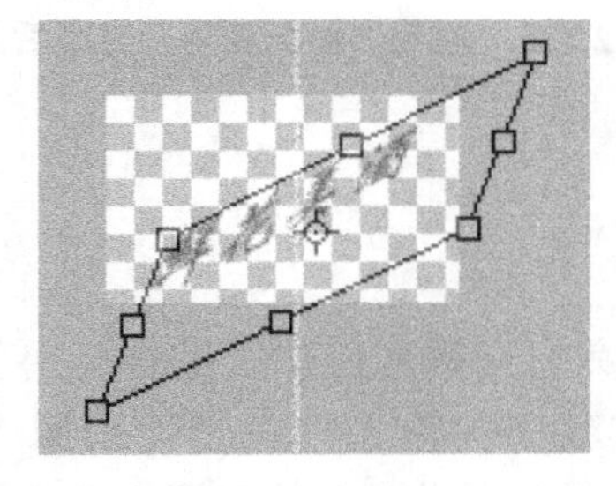

图 2.115　文字周围将显示一个控制框

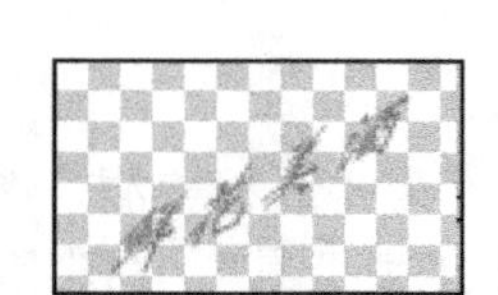

图 2.116　经过“斜切”变换后的“鲜花美酒”文字效果

④ 将图像存储为“鲜花美酒文字”。

⑤ 依次选择“编辑”/“定义图案”命令，系统将弹出如图 2.117 所示的“图案名称”对话框，在“名称”后输入“鲜花美酒文字”，并单击“确定”按钮，新定义的图案即可显示在相应的控制面板中，如图 2.118 所示。

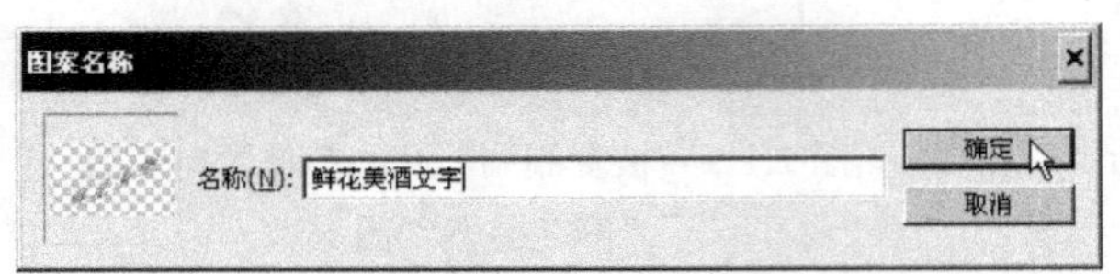

图 2.117 “图案名称”对话框

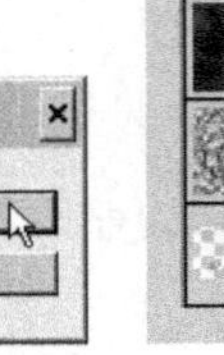

图 2.118 被添加到图案控制面板中的“鲜花美酒文字”图案效果

（5）利用“图案图章工具” 为图像添加“鲜花美酒”文字图案。

单击工具箱中的“图案图章工具”，在“鲜花美酒.psd”图像窗口中拖动鼠标，即可将“鲜花美酒文字”图案添加到图像窗口中，得到如图 2.119 所示的效果。

（6）利用“横排文字工具” T 添加图像底部的“鲜花美酒”文字。

① 单击工具箱中的“横排文字工具” T，在选项栏中设置“字体”选项为“华文新魏”，“字号”选项为“30 点”，前景色为梅红色（其 R，G，B 参数分别为 249，4，160）。

② 在图像窗口底部拖动鼠标，绘制文本框，输入文字“鲜花美酒”，效果如图 2.120 所示。

图 2.119 添加“鲜花美酒文字”图案后的效果

图 2.120 输入“鲜花美酒”文字后的效果

（7）后期处理及文件保存。

回头看

本案例通过为“鲜花美酒”图片添加文字图案的一系列操作，综合运用了“仿制图章工具”、“横排文字工具”、“图案图章工具”。这其中关键之处在于，利用“横排文字工具”、“变换”/“斜切”和“编辑”/“定义图案”命令定义“鲜花美酒文字”图案，并通过“图案图章工具”将新定义的图案添加到“鲜花美酒”图像窗口中。应注意的是，为了使图像效果更具有整体感，在定义图案时，应根据图像的整体色调选择适当的颜色。

利用本案例中的相应操作，可以为图像添加背景图案和文字。

2.5　绘制“燃烧的岁月”火焰效果字——“涂抹工具”的应用

动手做

完成“燃烧的岁月”火焰效果字的绘制工作，效果如图 2.121 所示。

图 2.121　“燃烧的岁月”火焰效果字

指路牌

查阅知识卡片，对案例进行讨论和分析，得出如下解题思路：

（1）利用“油漆桶工具”设置背景色为黑色。

（2）利用“横排文字工具”T添加“燃烧的岁月”文字。

（3）设置文字变形方式。

（4）利用“涂抹工具”绘制燃烧效果。

跟我做

根据以上分析，制作“燃烧的岁月”火焰效果字的具体操作如下：

（1）新建一个空白图像文件。

① 启动 Photoshop CS4 中文版。

② 依次选择“文件”/“新建”命令，系统将弹出“新建”对话框。在对话框中设置文件名为“火焰字.psd”，“宽度”为“12 厘米”，“高度”为“8 厘米”，“分辨率”为“72 像素/英寸”，“颜色模式”为“RGB 颜色”，“背景内容”为“白色”。

（2）利用“油漆桶工具”设置背景色为黑色。

① 设置前景色为黑色（其 R，G，B 参数分别为 0，0，0）。

② 单击工具箱中的“油漆桶工具”，然后在图像窗口中单击鼠标左键，即可将图像窗口的背景色设置为黑色。

（3）利用“横排文字工具”T 添加“燃烧的岁月”文字。

① 前景色为红色（其 R，G，B 参数分别为 255，0，0）。

② 单击工具箱中的“横排文字工具” T，在选项栏中设置“字体”选项为“隶书”，“字号”选项为“60 点”，“设置消除锯齿方式”为“平滑”。

③ 在图像窗口底部输入文字“燃烧的岁月”，如图 2.122 所示。

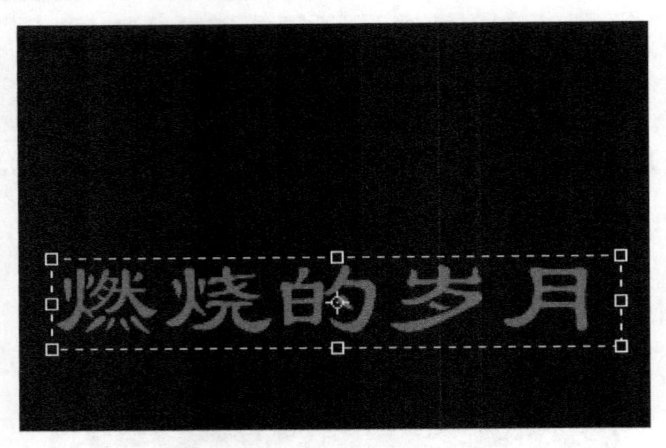

图 2.122 输入文字“燃烧的岁月”

（4）设置文字变形方式。

单击工具选项栏中的“创建变形文字”按钮，系统将弹出“变形文字”对话框，其参数设置如图 2.123 所示，单击“确定”按钮，即可得到如图 2.124 所示的变形文字。

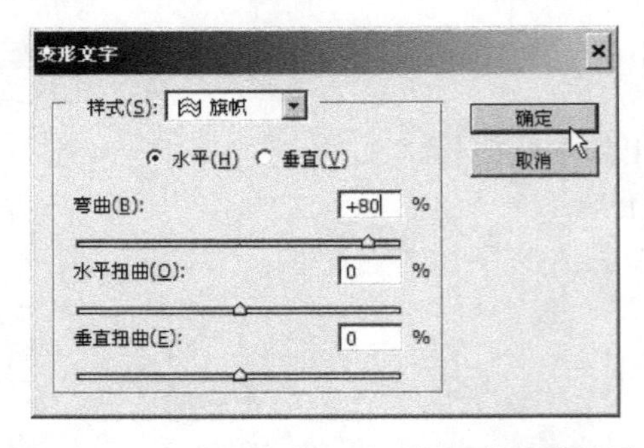

图 2.123 “变形文字”对话框及其参数设置

图 2.124 变形后的文字

（5）利用“涂抹工具”制作燃烧效果。

① 设置前景色为橙黄色（其 R，G，B 参数分别为 250，170，0）。

② 单击工具箱中的“涂抹工具”，在选项栏中选择和设置如图 1.225 所示的笔尖为“柔角 9 px”的“画笔”，设置“硬度”为“70%”，并选中“对所有图层取样”和“手指绘画”复选框。

③ 在“图层”调板中单击选择“背景”图层。

④ 将鼠标指针定位到如图 2.226 所示的位置，并自下向上拖动鼠标，即可得到如图 2.127 所示的“火焰”效果。

⑤ 反复执行步骤④的操作，可以完成所有文字的“火焰”效果的制作，从而得到如图 2.128 所示的效果图。

（6）后期处理及文件保存。

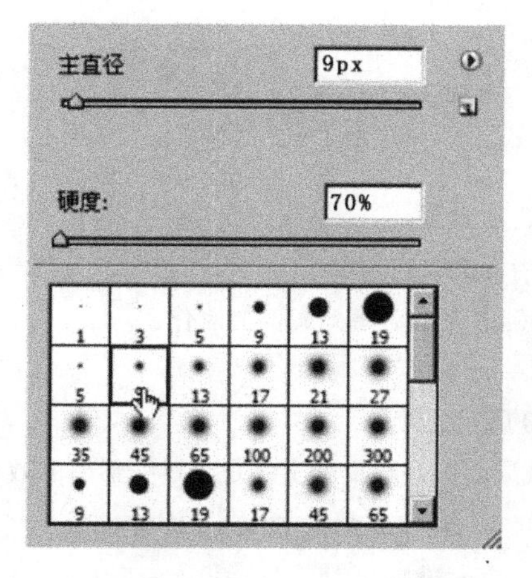

图 2.125　“画笔”选择及其参数设置

图 2.126　鼠标指针位置示意

图 2.127　利用“涂抹工具”绘制的“火焰”效果

图 2.128　制作完成的火焰字效果图

回头看

本案例通过对“燃烧的岁月”文字制作火焰效果的一系列操作，综合运用了“横排文字工具”、“变形文字”和“涂抹工具”。这其中关键之处在于，利用“涂抹工具”为文字绘制“火焰”效果。应注意的是，为了使图像效果更加逼真，在利用“涂抹工具”为文字绘制燃烧效果之前，应先设置前景色为橙黄色。利用本案例中的相应操作，可以为图像或文字制作燃烧效果。当然，火焰效果或燃烧效果也可以利用后面即将学习的滤镜来完成。

本章小结

本章主要介绍了 Photoshop CS4 中提供的最常用、最重要的工具的功能、常见选项、基本使用方法和使用技巧，对于这些工具的灵活运用，直接决定了对 Photoshop 功能的掌握和操作的熟练程度，这些也是利用 Photoshop CS4 对图形图像进行进一步处理的基础。通过本章提供的案例可使读者掌握各种工具的基本功能以及常见选项的设置及其使用技巧。

习题 2

1. 简述 Photoshop CS4 中提供的常用工具的功能和选项设置。

2. 总结 Photoshop CS4 中提供的常用工具的基本使用方法和技巧。

3. 上机完成本章提供的各个案例的制作，并在此基础上完成对下列案例的制作。

（1）绘制“造福人类”邮票，效果如图 2.129 所示。

（2）完成“享受鲜花”图片的处理，得到如图 2.130 所示的效果。

提示：文字图案是利用“涂抹工具”涂抹过的效果。图像底部的文字是经过变形后的效果。

图 2.129 “造福人类”邮票效果

图 2.130 “享受鲜花”图片效果

第3章 路　径

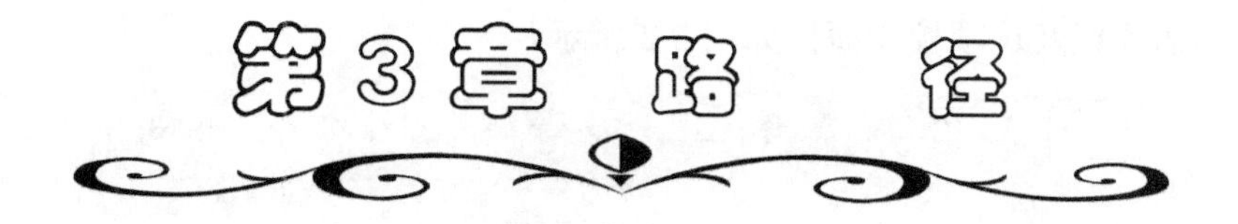

【学习目标】

1. 了解 Photoshop CS4 中提供的形状工具和各种路径工具的功能和常见选项，以及“路径”调板的功能。
2. 熟练掌握形状工具和各种路径工具的基本使用方法和技巧，以及“路径”调板的用法。

3.1 知识卡片

在对图像进行处理的过程中，由于位图具有自身不易编辑的特点，使得通过计算机对其进行矢量处理显得非常困难。路径则是采用绘图工具绘制各种形状的矢量线条，且具有易编辑和灵活性强等特点，因此路径工具被广泛地应用在特殊图像的选取与各种特效图案、文字的制作过程中。

Photoshop CS4 中提供了大量的路径绘制工具（主要包括钢笔工具和形状工具），用于创建各种不同形式的、闭合或不闭合的路径，如图 3.1 所示。下面将详细介绍如何利用路径绘制工具创建路径的有关知识。

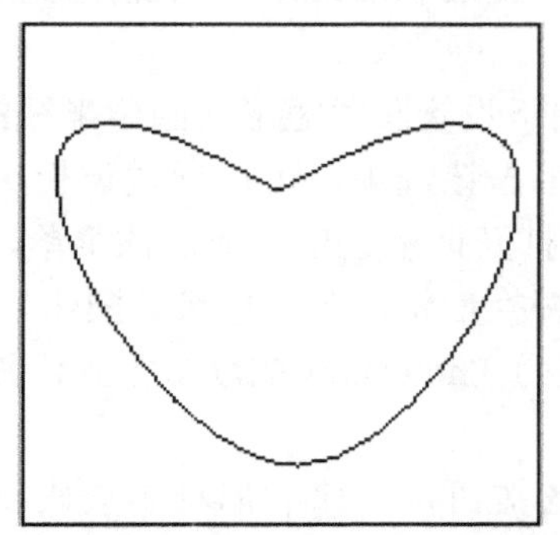
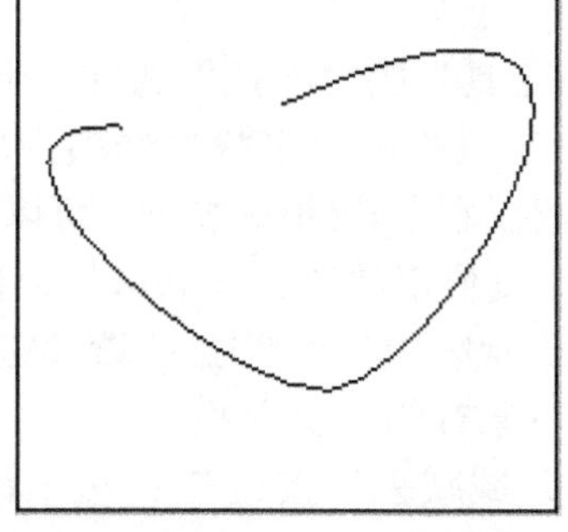

图 3.1　闭合路径和不闭合路径

3.1.1 形状工具

形状工具主要用于在图像中绘制特定形状的图形，Photoshop CS4 中提供的形状工具包括“矩形工具”、“圆角矩形工具”、“椭圆工具”、“多边形工具”、“直线工具”和“自定形状工具”。

各种形状工具的选项各不相同，单击选项栏位于中部的按钮，将打开相应工具的选项控制面板，通过该控制面板可以设置每种工具的具体参数。

1. “矩形工具”、“圆角矩形工具”、“椭圆工具”和“自定形状工具”

“矩形工具”、“圆角矩形工具”、“椭圆工具”和“自定形状工具”的选项基本相同，其选项栏及选项控制面板如图 3.2 所示。

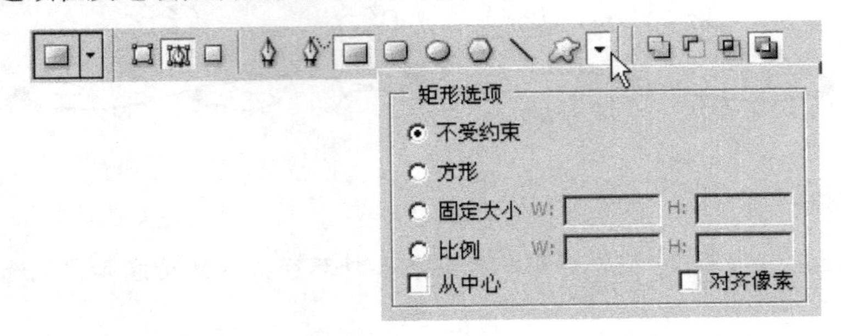

图 3.2 “矩形工具”的选项栏及选项控制面板

- “不受约束”单选框：它是系统默认选项，选中该选项，矩形或椭圆的大小将直接由鼠标的拖动轨迹决定。
- “方形”或“圆形”单选框：选中该选项，拖动鼠标时将绘制正方形或圆形。
- “固定大小”单选框：选中该选项，可以进一步设置长宽尺寸，从而可以绘制出指定大小的矩形或椭圆。
- “比例”单选框：选中该选项，可以进一步设置长宽比例，从而绘制出指定长宽比的矩形或椭圆形。
- “从中心”复选框：选中该选项，将在拖动鼠标时将鼠标拖动的起点作为矩形或椭圆形的中心点。
- “对齐像素”复选框：选中该选项，将使绘制出的矩形或椭圆形的边缘与像素边界对齐。
- “圆角矩形工具”的“半径”选项：用于设置圆角矩形的圆角半径的像素数。
- “自定形状工具”的“形状”选项：单击该选项，可以通过调板选择和设置具体形状。单击调板右上角的按钮，可以打开调板菜单，通过该菜单，可以完成载入指定形状库、复位形状库、存储形状、替换形状、删除形状等操作。

➢ “添加到形状区域”按钮：该按钮为 Photoshop 的默认方式，按下该按钮，新建的形状将与原有的形状合并。

➢ “从形状区域减去”按钮：按下该按钮，新建的形状将从原有的形状中减去，从而得到新的形状。

➢ “交叉形状区域”按钮：按下该按钮，最后的形状将是新建的形状与原有形状重叠的部分。

➢ “重叠形状区域除外”按钮：按下该按钮，最后的形状是新建形状与原来的形状不相重叠的部分。

2. “多边形工具”

“多边形工具”的选项栏及选项控制面板如图 3.3 所示。

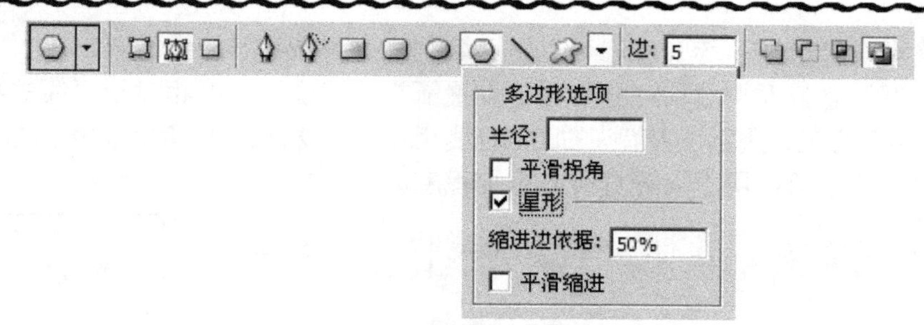

图 3.3 “多边形工具”的选项栏及选项控制面板

- “半径”选项：用于设置从多边形的中心点到各顶点的距离，单位是“厘米”。
- “平滑拐角”复选框：选中该选项，可以绘制出顶点平滑的多边形，如图 3.4 和图 3.5 所示。

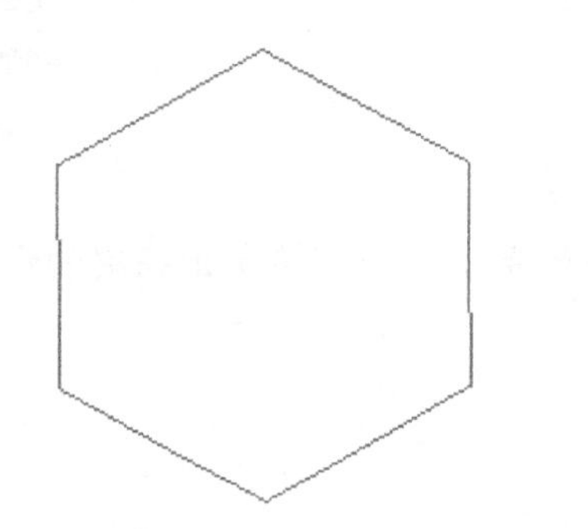

图 3.4 普通 6 边形

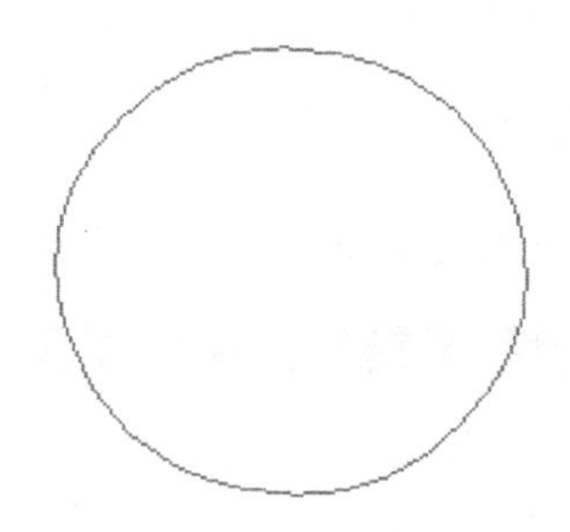

图 3.5 选中“平滑拐角”复选框后绘制的 6 边形

- “星形”复选框：选中该选项，可以绘制出各边向内凹陷的星形多边形，还可以通过“缩进边依据”选项进一步设置星形多边形各边向内凹陷的程度。
- “平滑缩进”复选框：选中该选项，可以绘制出各边平滑凹陷的多边形，如图 3.6 和图 3.7 所示。

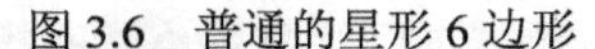

图 3.6 普通的星形 6 边形

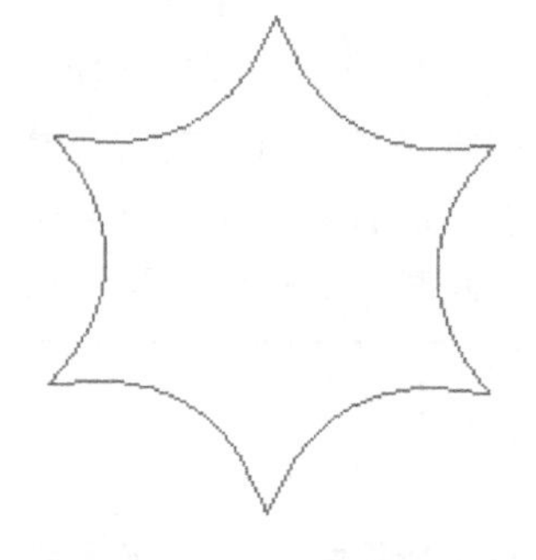

图 3.7 选中“平滑缩进”复选框后绘制的星形 6 边形

- “边”选项：用于设置要绘制的多边形的边数，默认值为 5。

3. “直线工具”

“直线工具” ╲ 用于绘制直线型的闭合轮廓，其选项栏及选项控制面板如图 3.8 所示。

- “起点”复选框：选中该选项，可以绘制起点为箭头状的直线。

- “终点”复选框：选中该选项，可以绘制终点为箭头状的直线。
- “宽度”、“长度”选项：分别用于设置箭头的宽度、长度相对于直线的粗细比例。
- “凹度”选项：用于设置箭头的凹陷程度相对于直线的粗细比例，效果如图 3.9 所示。
- “粗细”选项：用于设置直线的粗细程度。

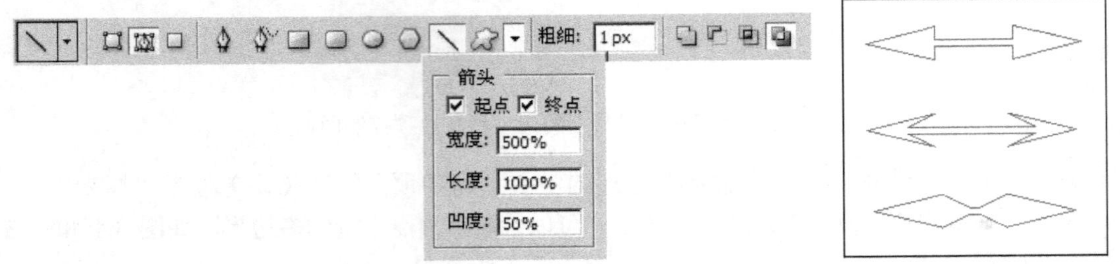

图 3.8　“直线工具”的选项栏及选项控制面板

图 3.9　“凹度”为 0%、50%和–50%的带箭头直线

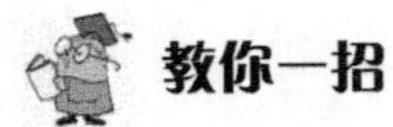

教你一招

单击工具箱中的形状工具，在图像窗口中拖动鼠标，即可绘制出指定的形状。

3.1.2　钢笔工具与自由钢笔工具

1．“钢笔工具”

使用“钢笔工具”可以创建精确的直线和平滑流畅的曲线。“钢笔工具”的选项栏及选项控制面板如图 3.10 所示。

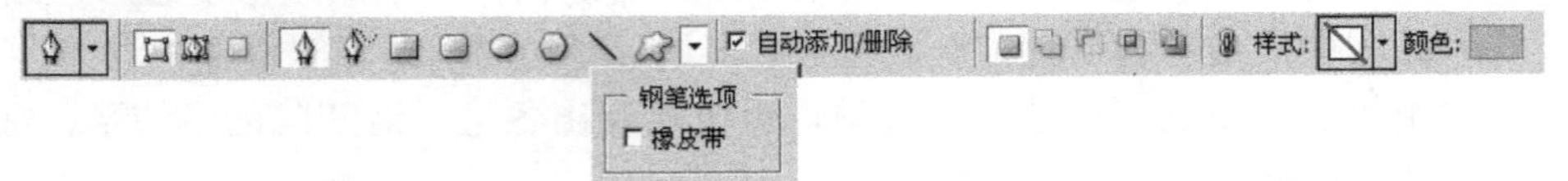

图 3.10　“钢笔工具”的选项栏及选项控制面板

- “创建新的形状图层”按钮：使用“钢笔工具”可以非常方便地创建形状图层，具体操作方法是，首先在选项栏中选中该按钮，然后单击选项栏中的色板选取形状图层的颜色，最后在图像窗口中绘制出形状，并通过按下 Enter 键结束操作，效果如图 3.11 所示。此时，剪贴路径和形状图层将被显示在“图层”调板中，如图 3.12 所示。

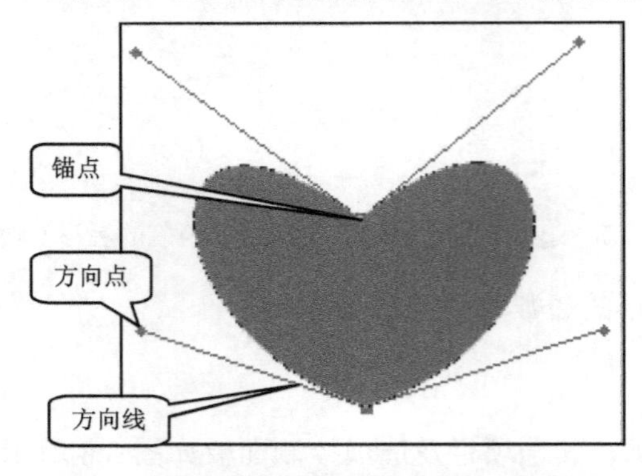

图 3.11　创建的具有颜色填充的形状图层

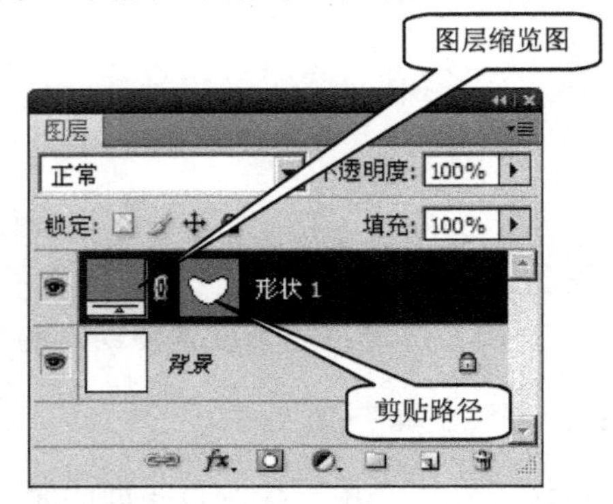

图 3.12　“图层”调板中的形状图层

教你一招

在“图层”调板中，左侧显示的是图层缩览图，双击它系统将弹出“拾色器”对话框，从而可以修改选中图层的填充颜色。

“创建新的工作路径”按钮：按下该按钮，可以利用“钢笔工具”创建无颜色填充的路径（如图 3.13 所示），且“图层”调板未创建新的图层，如图 3.14 所示。

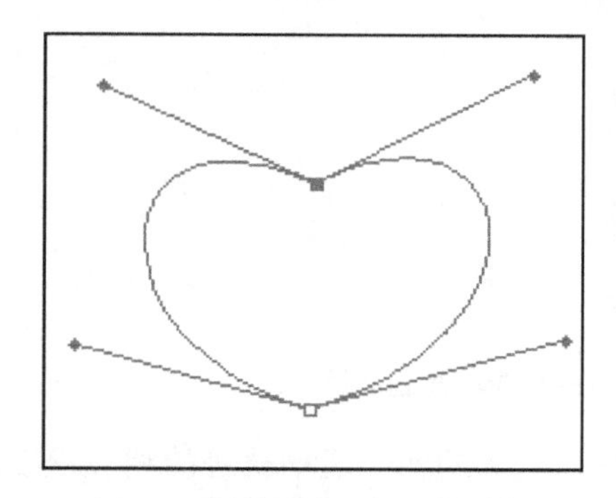

图 3.13 创建无颜色填充的路径

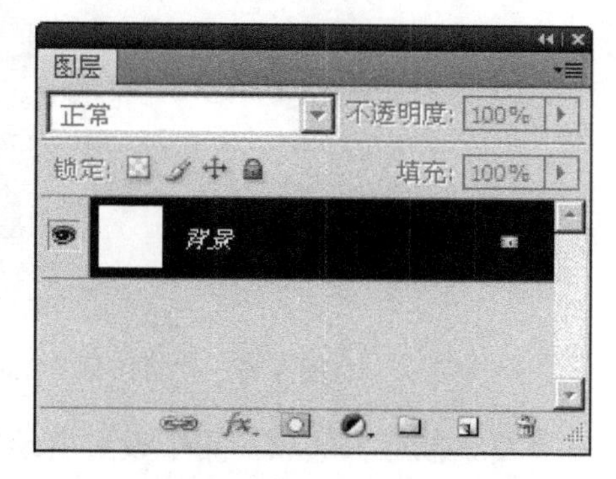

图 3.14 路径未被显示在“图层”调板中

- “橡皮带”复选框：选中该选项，在创建路径的过程中，将显示下一段路径线的走向，如图 3.15 所示；否则，将不显示路径线的走向，如图 3.16 所示。

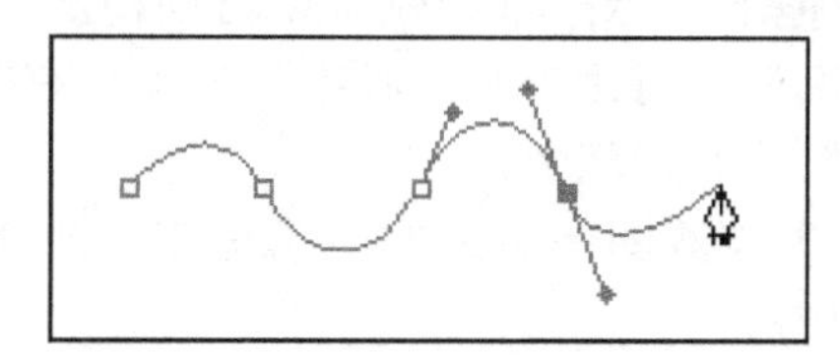

图 3.15 选中“橡皮带”复选框

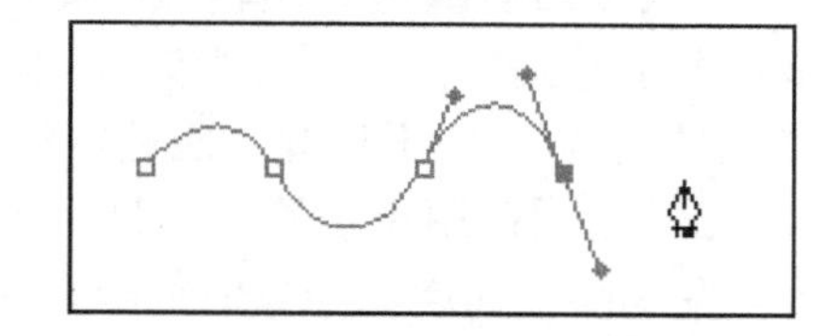

图 3.16 未选中“橡皮带”复选框

- “自动添加/删除”复选框：选中该选项，可以直接利用“钢笔工具”在创建的路径上用单击鼠标的方式添加或删除如图 3.11 所示的矩形小点——锚点。
- “颜色”选项：单击该颜色块，系统将弹出“拾色器”对话框，从而选择“钢笔工具”所创建的图形的填充颜色。

教你一招

单击工具箱中的“钢笔工具”，然后在图像窗口中连续单击鼠标左键，可以创建连接起点和终点的直线段路径。

在图像窗口中拖动鼠标，当鼠标指针回到起点位置时，鼠标指针将变成形状，此时释放鼠标左键，可以创建一个闭合路径。

如果在闭合路径前按住 Ctrl 键的同时单击线段以外的任意位置，或直接按 Esc 键，均可结束操作，从而创建不闭合路径。

如果在闭合路径前按住 Shift 键，则可以使新绘制出的线段与原有曲线段保持 45° 角的整数倍。

如果在拖动鼠标的同时按住 Alt 键，则可以绘制出与原有曲线段无关的路径线段。

2.“自由钢笔工具”

使用“自由钢笔工具”可以利用拖动鼠标的方法绘制与鼠标拖动轨迹一致的路径，并可以通过“磁性的”选项，使其具有与“磁性套索工具”相似的特性。

“自由钢笔工具”的选项栏及选项控制面板如图 3.17 所示。

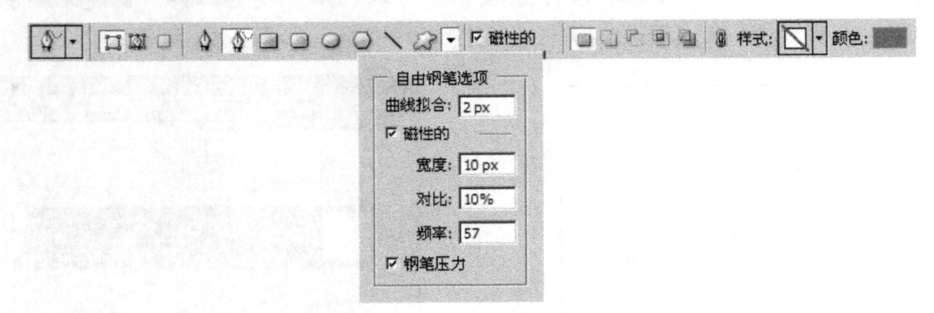

图 3.17 “自由钢笔工具”的选项栏及选项控制面板

- “曲线拟合”选项：用于设置所绘制的路径与鼠标的实际运动轨迹的相似程度，此选项的取值范围为 0.5～10.0 像素。此数值越小，绘制出的路径上的锚点越多，路径形态也就越精确。
- “磁性的”复选框：选中该选项，可以将“自由钢笔工具”转换为“磁性钢笔工具”，只要沿着颜色对比较强的图像边缘拖动鼠标，系统就可以自动检测图像的边缘，并创建路径。只有选中该选项，“宽度”、“对比”和“频率”选项才有效。
  - “宽度”选项：用于设置“磁性钢笔工具”的探测范围。
  - “对比”选项：用于设置“磁性钢笔工具”探测图像边缘的敏感程度。此值越大，敏感度越高。此选项的取值范围为 0～100%。
  - “频率”选项：用于设置在利用“磁性钢笔工具”创建的路径上添加的锚点的数量。此选项的取值范围为 0～100。
- “钢笔压力”复选框：选中此选项，将对钢笔的轨迹产生具有压力感的效果。

教你一招

单击工具箱中的“自由钢笔工具”，然后在图像窗口中按住鼠标左键并拖动鼠标，当鼠标指针回到起点位置时释放鼠标左键，可以创建一个闭合路径。

如果在闭合路径前按住 Ctrl 键并释放鼠标，则可以直接在当前位置与起点之间创建线段闭合路径，如果直接按下 Enter 键，则可以绘制开放的曲线线段。

3.1.3 添加锚点、删除锚点和转换点工具

锚点是控制路径的重要元素，通过添加和删除锚点，可以对路径进行编辑，改变路径的形状，从而得到所需要的路径。

1.“添加锚点工具”

在使用“钢笔工具”绘制路径的过程中，如果未选中“自动添加/删除”复选框，通过与其位于同一按钮组的“添加锚点工具”，也可以在路径中添加新的锚点，以得到更加

复杂的路径。

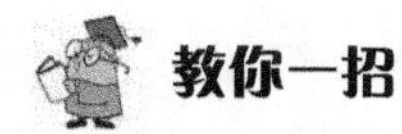

教你一招

单击工具箱中的“添加锚点工具”，然后将鼠标指针移动到需要添加锚点的路径上并单击鼠标左键，可以在鼠标单击处添加一个锚点。

2. “删除锚点工具”

利用与“钢笔工具”位于同一按钮组的“删除锚点工具”可以删除路径上不需要的锚点，从而简化路径。

教你一招

单击工具箱中的“删除锚点工具”，然后将鼠标指针移动到需要删除的锚点上，单击鼠标，即可删除该锚点，同时路径的形状也将随之改变。

选中“删除锚点工具”，如果在路径上拖动鼠标，路径的形状将随鼠标的拖动而改变。

3. “转换点工具”

路径上的锚点分为平滑点与角点两种，两者的区别主要看其两端连接的线段是否平滑，如图 3.18 所示。利用与“钢笔工具”位于同一按钮组中的“转换锚点工具”单击平滑点，可以将平滑点转变为角点。用鼠标拖动角点可以将角点转换为平滑点。

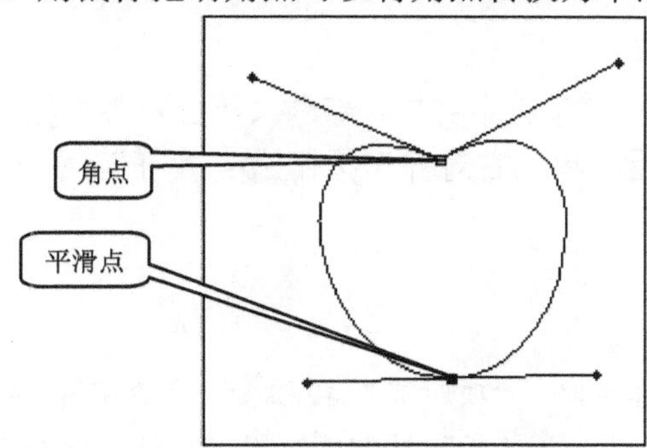

图 3.18 路径上的平滑点和角点

3.1.4 路径编辑工具

一个路径由一个或多个路径组件组成，利用路径编辑工具可以非常容易地选择、编辑和调整单个路径或路径组件。Photoshop CS4 中提供了“路径选择工具”和“直接选择工具”两种路径编辑工具。

1. “路径选择工具”

“路径选择工具”主要用于选择、移动和复制路径或路径组件，并对选择的路径进行组合、排列、分布和变换等操作，其选项栏如图 3.19 所示。

图 3.19 “路径选择工具”的选项栏

➢ “显示定界框”复选框：当选中该选项时，在选择的路径周围将显示一个定界框，从而完成对路径的变形调整，如图 3.20 所示。

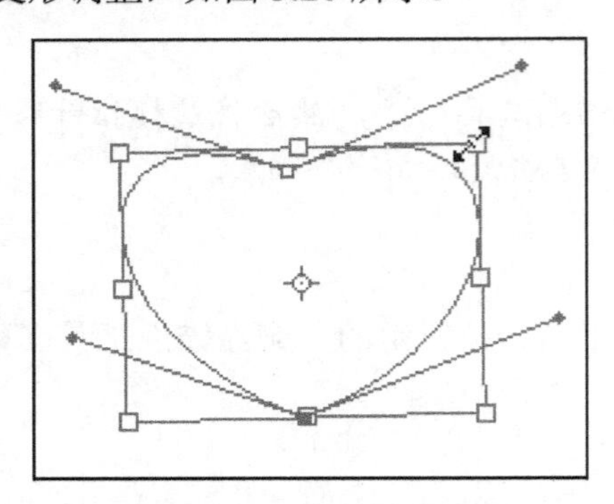

图 3.20　路径周围显示定界框的效果

➢ “添加到形状区域”按钮、“从形状区域减去”按钮、“交叉形状区域”按钮和“重叠形状区域除外”按钮：用于设置多个选中的路径间的组合方式。

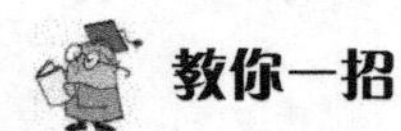

教你一招

首先在图像窗口中选中两个或多个路径，然后按下选项栏中的“添加到形状区域”按钮、“从形状区域减去”按钮、“交叉形状区域”按钮或“重叠形状区域除外”按钮，即可选中该方式，最后单击其后面的“组合”按钮，即可按照指定的关系对选中的路径进行组合。

➢ “顶对齐”按钮、“垂直中齐”按钮、“底对齐”按钮、“左对齐”按钮、“水平中齐”按钮 和“右对齐”按钮：用于设置选中的两个以上的路径的对齐方式。

教你一招

只有选中两个以上的路径时，“顶对齐”按钮、“垂直中齐”按钮、“底对齐”按钮、“左对齐”按钮、“水平中齐”按钮 和“右对齐”按钮才有效。

➢ “按顶分布”按钮、“垂直居中分布”按钮、“按底分布”按钮、“按左分布”按钮、“水平居中分布”按钮 和“按右分布”按钮：用于设置选中的 3 个以上的路径的分布方式。

教你一招

只有选中 3 个以上的路径时，“按顶分布”按钮、“垂直居中分布”按钮、“按底分布”按钮、“按左分布”按钮、“水平居中分布”按钮 和“按右分布”按钮才有效。

单击工具箱中的“路径选择工具”，然后在图像窗口中单击路径，即可选中此路径，此时路径上的锚点的状态显示为黑色的小方块。

如果按住 Shift 键并依次单击各个路径，或用框选的形式框选路径，则可以同时选中多个路径。

在选中的路径上拖动鼠标，可以沿鼠标指针移动的轨迹移动选中的路径。

如果在按住 Alt 键的同时移动被选中的路径，则可以在同一个图像窗口或不同图像窗口之间复制选中的路径。

如果按下 Delete 键，则可以删除选中的路径。

如果按住 Ctrl 键，则可以将“路径选择工具”切换为“直接选择工具”，从而调整被选中的路径上的锚点的位置及其状态。

2. “直接选择工具”

“直接选择工具”主要用于选择和移动路径的锚点或线段，或用来改变锚点的形态。“直接选择工具”没有选项栏。

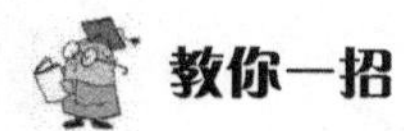

单击工具箱中的“直接选择工具”，然后在图像窗口中单击路径，此时路径上的锚点的状态全部显示为白色的小方块，单击某一白色锚点，即可选中此锚点。

用鼠标拖动状态显示为黑色小方块的锚点，可以调整路径的形状。

如果按住 Shift 键并依次单击各个锚点，或用框选的形式框选锚点，则可以同时选中多个锚点。

如果按住 Alt 键并在路径上单击鼠标，即可将整个路径选中，同时路径上锚点的状态全部显示为黑色的小方块。

如果按下 Delete 键，则可以删除选中的锚点及与其相连的路径段。

用鼠标拖动平滑点两侧的方向点，则可以调整该锚点两侧曲线的形态；如果按住 Alt 键并拖动鼠标，则可以同时调整平滑点两侧的方向点；如果按住 Ctrl 键并拖动鼠标，则可以调整平滑点一侧的方向线；如果按住 Shift 并拖动鼠标，则可以使平滑点一侧的方向线按 45°角的整数倍调整。

如果按住 Ctrl 键，则可以在“直接选择工具”与“路径选择工具”之间切换。

按下快捷键 Ctrl+Alt，则可以临时启动“转换锚点工具”。

3.1.5 “路径”调板

路径的许多操作主要通过“路径”调板来完成，利用“路径”调板可以将在图像窗口中绘制的路径转换为选区，并将其描绘或填充为各种图像，也可以将选区转换为路径，并对其做更进一步的调整。

在利用“钢笔工具”创建路径的过程中，“路径”调板将显示如图 3.21 所示的效果。

图 3.21 “路径”调板

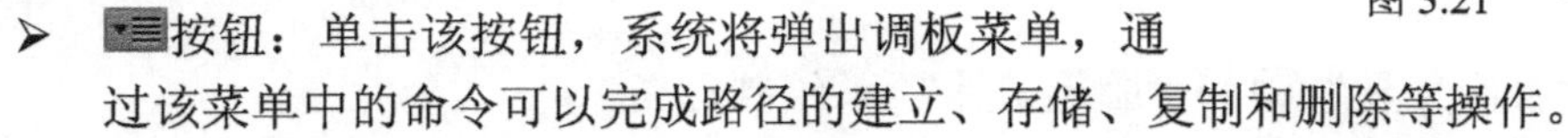

- 按钮：单击该按钮，系统将弹出调板菜单，通过该菜单中的命令可以完成路径的建立、存储、复制和删除等操作。
- “用前景色填充路径”按钮：单击此按钮，可以将选中路径以前景色或画笔进行填充。
- “用画笔描边路径”按钮：单击此按钮，可以以前景色或画笔对选中路径进行描边。

- “将路径作为选区载入”按钮：单击此按钮，可以将选中的路径转换为选区。
- “从选区生成工作路径”按钮：单击此按钮，可以将选区转换为路径，但只有已经在图像窗口中建立了选区时，此按钮才有效。
- “创建新路径”按钮：单击此按钮，可以在当前图像窗口中创建新的路径。
- “删除当前路径”按钮：单击此按钮，可以将当前选中的路径删除。

教你一招

如果在屏幕上没有显示“路径”调板，则依次选择“窗口”/“路径”命令可以将其调出。

将鼠标指针移动到“路径”调板中的灰色区域，鼠标指针将变成形状，此时单击鼠标左键，可以将路径从图像窗口中隐藏；若单击“路径”调板中的路径名称，则可以将其再次显示出来。

3.2 绘制圣诞贺卡——“形状工具”的应用

动手做

完成“圣诞快乐贺卡”的绘制工作，效果如图 3.22 所示。

图 3.22 “圣诞快乐贺卡”的最终效果图

指路牌

查阅知识卡片，对案例进行讨论和分析，得出如下解题思路：

（1）创建一种新的蓝色渐变方案，并利用“渐变工具”以该渐变方案填充图像窗口并作为背景。

（2）利用“椭圆工具”和“画笔工具”绘制月亮。

（3）利用“套索工具”、“多边形套索工具”和“油漆桶工具”绘制雪地。

（4）利用“椭圆工具”和“自定形状工具”绘制雪人。

（5）利用“自定形状工具”绘制灰色的爪印。

（6）利用“多边形工具”绘制白色的星星。

（7）利用“横排文字工具”T和“直排文字工具”T添加文字。

跟我做

根据以上分析，绘制“圣诞快乐贺卡”的具体操作如下：

（1）新建一个空白图像文件。

① 启动Photoshop CS4中文版。

② 依次选择“文件”/“新建”命令，在“新建”对话框中输入文件名“圣诞快乐贺卡”，并设置“宽度”为“20 厘米”，“高度”为“14 厘米”，“分辨率”为“72 像素/厘米”，“颜色模式”为“RGB 颜色”，“背景内容”为“白色”，然后单击“确定”按钮，即可新建一个文件名为“圣诞快乐贺卡.psd”的空白图像文件。

（2）创建一种新的蓝色渐变方案，利用“渐变工具”以该渐变方案填充图像窗口并作为背景。

① 单击工具箱中的“渐变工具”。

② 双击“渐变色彩方案”选项，系统将弹出如图3.23所示的“渐变编辑器”对话框。在“名称”文本框中输入渐变方案名称“蓝色”，单击“色标 1”，然后单击“颜色”选项，通过“拾色器”对话框设置颜色为蓝色（其 R，G，B 参数分别为 0，100，255），用同样的方法将“色标 2”的颜色设置为白色，单击“新建”按钮，即可创建名称为“蓝色”的新的渐变方案，最后单击“确定”按钮，关闭“渐变编辑器”对话框，返回图像编辑窗口。

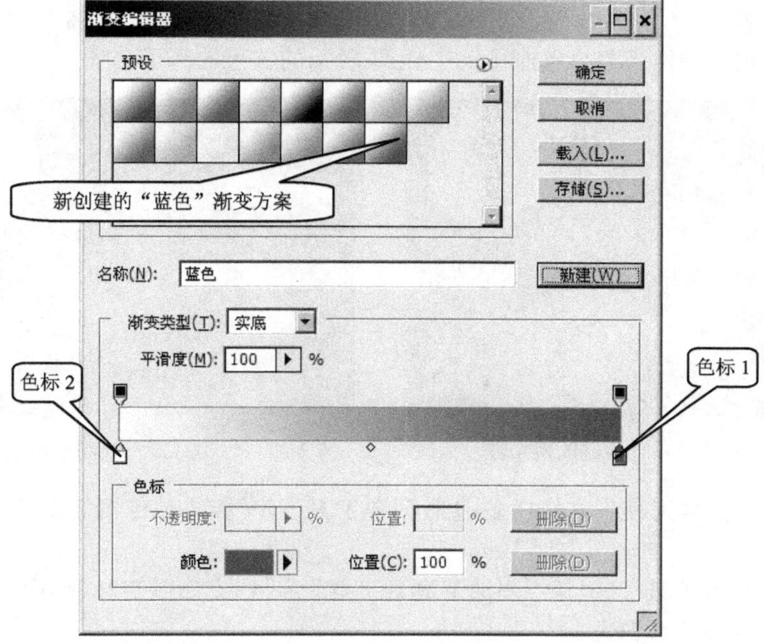

图 3.23 “渐变编辑器”对话框

③ 单击选项栏中的“径向渐变”按钮，其他选项不变，以图像窗口的中下部为中心向外拖动鼠标，即可将图像窗口填充为蓝色，效果如图3.24所示。

（3）利用“椭圆工具”和“画笔工具”绘制月亮。

① 将前景色设置为白色，单击工具箱中的“椭圆工具”，单击选项栏中的“填充像素”按钮，在选项控制面板中选中“圆”单选框，在选项栏中分别设置“模式”选项为“正常”，“不透明度”选项为“100%”，选中“消除锯齿”复选框，在图像窗口右上部拖动鼠标，即可绘制出如图 3.25 所示的白色的圆形的月亮形状。

图 3.24　填充为蓝色渐变效果的背景

图 3.25　绘制的“月亮”形状

② 将前景色设置为红色，在选项控制面板中选中“固定大小”单选框，并设置“宽度”选项为“0.2 厘米”，“高度”选项为“0.4 厘米”，在选项栏中分别设置“模式”选项为“正常”，“不透明度”选项为“50%”，选中“消除锯齿”复选框，为月亮绘制如图 3.26 所示的两个红色的椭圆形的眼睛。

③ 将前景色设置为蓝色，单击工具箱中的“画笔工具”，设置选项栏中的“画笔”选项为“5 像素”，“模式”为“正常”，“不透明度”选项为“50%”，“流量”选项为“100%”，然后利用鼠标为月亮绘制出如图 3.27 所示的蓝色的鼻子和嘴。

图 3.26　为“月亮”绘制的两个红色眼睛

图 3.27　为“月亮”绘制蓝色的鼻子和嘴

（4）利用“套索工具”、“多边形套索工具”和“油漆桶工具”绘制白色的雪地。

① 利用“套索工具”和“多边形套索工具”建立如图 3.28 所示的选区。

② 将前景色设置为白色。

③ 利用“油漆桶工具”对选区内的部分进行填充，取消选区，即可得到如图 3.29 所示的雪地形状。

（5）利用“椭圆工具”和“自定形状工具”绘制雪人。

① 利用类似步骤（3）中①的方法可以绘制出白色的雪人形状，效果如图 3.30 所示。

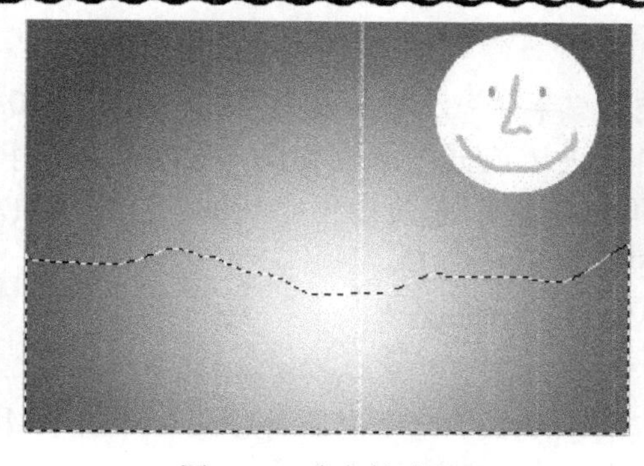

图 3.28 建立的选区

图 3.29 绘制的雪地形状

② 利用类似步骤（3）中②和③的方法，分别设置前景色为灰色和红色，即可为雪人绘制出如图 3.31 所示的灰色的眼睛、红色的嘴和鼻子。

图 3.30 绘制的雪人形状

图 3.31 为雪人绘制的眼睛、嘴和鼻子

③ 将前景色设置为灰色（其 R，G，B 参数分别为 70，70，70），依次选择工具箱中的“自定形状工具”、选项栏中的“形状”选项、调板中的按钮、调板菜单中的“全部”选项、调板中的“皇冠 1”形状，设置“不透明度”选项为“100%”，然后分别在两个雪人的头部拖动鼠标，即可为其绘制如图 3.32 所示的皇冠。

（6）利用“自定形状工具”绘制灰色的爪印。

利用类似步骤（5）中③的方法，选择调板中的“爪印（狗）”形状，即可绘制出如图 3.33 所示的爪印。

图 3.32 为雪人绘制皇冠

图 3.33 绘制的爪印形状

（7）利用“多边形工具”绘制白色的星星。

① 将前景色设置为白色。

② 单击工具箱中的“多边形工具”，设置“半径”选项分别为“0.2 厘米”、“0.4 厘米”和“0.5 厘米”，选中“星形”复选框，“缩进边依据”选项设为“65%”，取消“平滑缩进”复选框，“边数”选项设为“5”，“不透明度”选项设为“100%”，利用鼠标在图像窗口中绘制出如图 3.34 所示的漫天的星星形状。

（8）利用“横排文字工具” T 添加文字“Merry Christmas”。

① 设置前景色为红色。

② 单击工具箱中的“横排文字工具” T，在工具选项栏中设置各相关选项为“Minion Pro”、“40 点”、“平滑”，输入文字“Merry Christmas”，如图 3.35 所示。

图 3.34　绘制完成的星星形状

图 3.35　输入文字

③ 单击选项栏中的“创建变形文字”按钮，系统将弹出“变形文字”对话框，设置的参数如图 3.36 所示，单击“确定”按钮，关闭对话框。

④ 单击工具选项栏中的“提交所有当前编辑”按钮，即可得到如图 3.37 所示的变形文字。

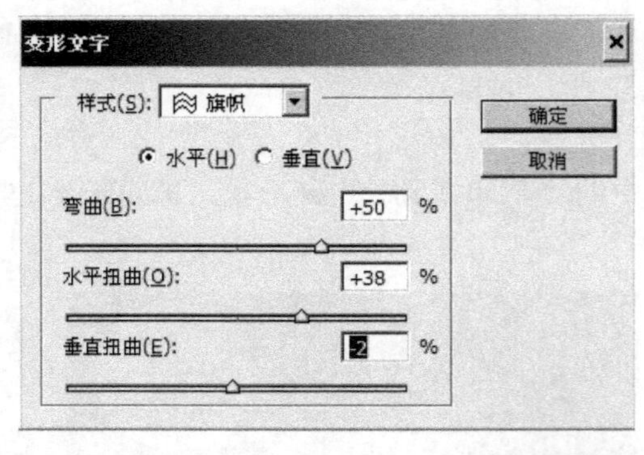

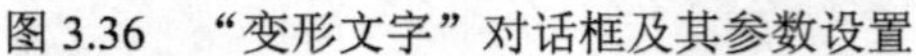

图 3.36　“变形文字”对话框及其参数设置

图 3.37　变形后的文字

（9）利用“直排文字工具” IT 添加文字“圣诞快乐”。

① 设置前景色为梅红色（其 R，G，B 参数分别为 255，0，255）。

② 单击工具箱中的“直排文字工具” IT，在工具选项栏中设置各相关选项为“隶书”、“50 点”、“平滑”，输入文字“圣诞快乐”。

③ 单击选项栏中的“创建变形文字”按钮，系统将弹出“变形文字”对话框，设置的参数如图 3.38 所示，单击“确定”按钮，关闭对话框。

④ 单击工具选项栏中的“提交所有当前编辑”按钮✓，即可得到如图 3.39 所示的变形文字。

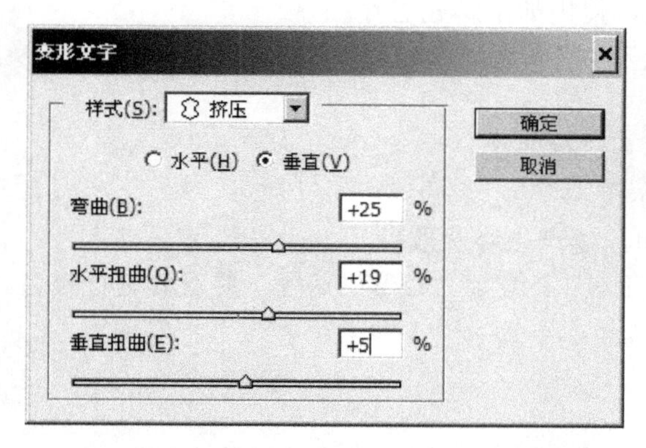

图 3.38 “变形文字”对话框及其参数设置

图 3.39 添加变形文字

（10）后期处理及文件保存。

回头看

本案例通过对“圣诞快乐贺卡”的绘制，综合运用了“渐变工具”、“椭圆工具”、“画笔工具”、“套索工具”、“多边形套索工具”、“油漆桶工具”、“自定形状工具”、“多边形工具”、“横排文字工具”和“直排文字工具”。这其中关键之处在于，利用“椭圆工具”、“自定形状工具”和“多边形工具”，采用“填充像素”的方式绘制贺卡的主要图像元素。应注意的是，为了使得图像效果更加逼真，在利用“椭圆工具”绘制雪人的眼睛和鼻子时，应相应地调整其各个选项的设置。

3.3 制作“祝福贺卡”——路径工具的应用

跟我做

完成“祝福贺卡”的制作工作，效果如图 3.40 所示。

图 3.40 “祝福贺卡”的最终效果图

指路牌

查阅知识卡片，对案例进行讨论和分析，得出如下解题思路：

（1）利用“钢笔工具”和“转换锚点工具”为“向日葵”建立路径，并将其转换为选区。

（2）将选区载入新建的图像窗口，并对其进行变换。

（3）利用“自定形状工具”绘制音乐符。

（4）利用“渐变工具”修饰图像窗口，以产生朦胧效果。

（5）利用“钢笔工具”和“转换锚点工具”绘制“心形”路径，并对其进行描边。

（6）利用“横排文字工具”T添加文字。

跟我做

根据以上分析，绘制“祝福贺卡”的具体操作如下：

（1）新建一个空白图像文件。

① 启动 Photoshop CS4 中文版。

② 依次选择“文件”/“新建”命令，在“新建”对话框中输入文件名“祝福贺卡”，并设置“宽度”为“20 厘米”，“高度”为“25 厘米”，“分辨率”为“72 像素/英寸”，“颜色模式”为“RGB 颜色”，“背景内容”为“白色”，然后单击“确定”按钮，即可新建一个文件名为“祝福贺卡.psd”的空白图像文件。

（2）利用“钢笔工具”和“转换锚点工具”为“向日葵”建立路径，并将其转换为选区。

① 依次选择“文件”/“打开”命令（快捷键为 Ctrl+O），系统将弹出“打开”对话框，在素材中选择需要被打开的文件“向日葵 .jpg”，然后单击“打开”按钮，即可打开如图 3.41 所示的图像文件。

② 单击工具箱中的“钢笔工具”，单击选项栏中的“创建新的工作路径”按钮，然后在图像窗口中单击并拖动鼠标建立路径，并配合使用“转换锚点工具”以调整路径形状，最终得到如图 3.42 所示的路径。

图 3.41 打开的“向日葵.jpg”图像文件

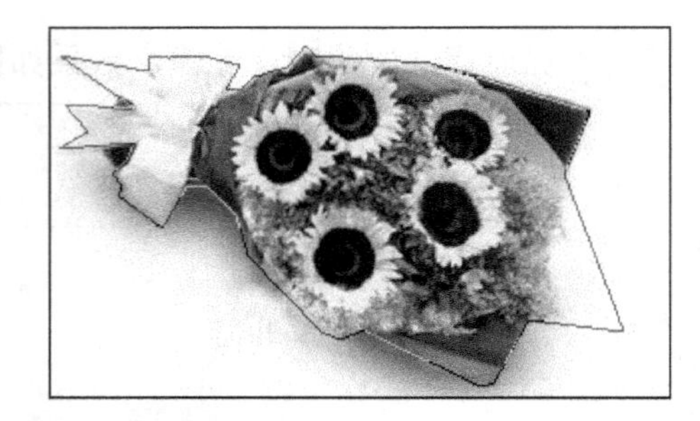

图 3.42 利用“钢笔工具”和“转换锚点工具”建立的路径

③ 单击“路径”调板底部的“将路径作为选区载入”按钮，可以将路径转换为如图 3.43 所示的选区，按下快捷键 Ctrl+C，将选区复制到剪贴板中。

④ 关闭“向日葵 .jpg”图像文件。

（3）将选区载入新建的图像窗口，并对其进行变换。

① 单击“祝福贺卡.psd”图像窗口，按下快捷键 Ctrl+V，将“向日葵”图像从剪贴板中复制到图像窗口中，如图 3.44 所示。

图 3.43　转换后的选区

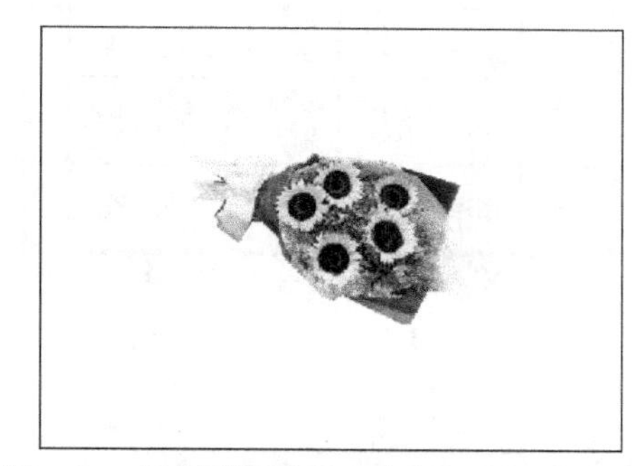
图 3.44　复制到图像窗口中的“向日葵”图像

② 依次选择“编辑”/“自由变换”命令，图像周围将出现一个控制框（如图 3.45 所示），调整各个控制点（关于图像的变换等编辑操作，请参见后面有关章节），对图像进行变换，得到如图 3.46 所示的效果。

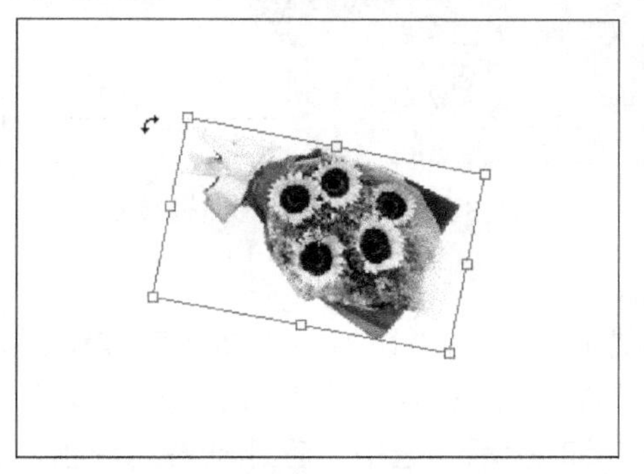
图 3.45　图像周围显示的控制框

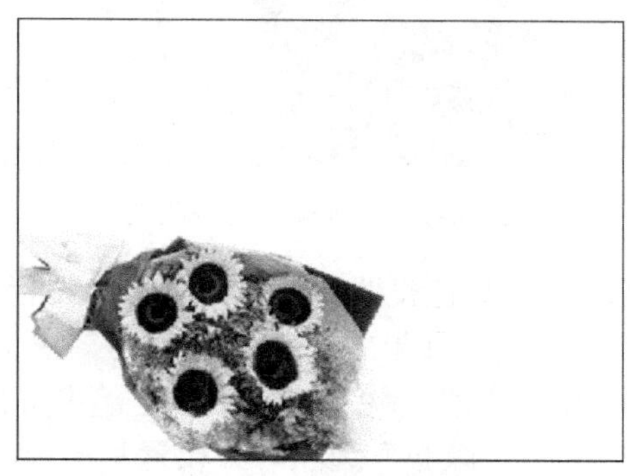
图 3.46　变换后的图像效果

（4）利用“自定形状工具”绘制音乐符。

① 将前景色设置为蓝色（其 R，G，B 参数分别为 0，100，255）。

② 单击工具箱中的“自定形状工具”，选中选项栏中的“填充像素”按钮，然后单击“形状”调板右上角的按钮和调板菜单中的“全部”选项，调板将显示如图 3.47 所示的形状。

③ 分别单击调板中的♩、♩、♪、♫、♪和𝄢形状，在图像窗口中拖动鼠标，即可绘制出如图 3.48 所示的音乐符。

（5）利用“渐变工具”修饰图像窗口，以产生朦胧效果。

① 单击工具箱中的“渐变工具”，选择“蓝色”渐变方案，选中“线性渐变”方式按钮，并设置“不透明度”选项为“30%”。

② 从图像窗口的右上角向左下角拖动鼠标，即可将图像窗口填充为如图 3.49 所示的朦胧效果。

（6）利用“钢笔工具”和“转换锚点工具”绘制心形路径，并对其进行描边。

① 单击工具箱中的“钢笔工具”，在图像窗口的右上部单击鼠标左键，添加两个锚点，然后利用“转换锚点工具”对路径进行调整，绘制出如图 3.50 所示的心形路径。

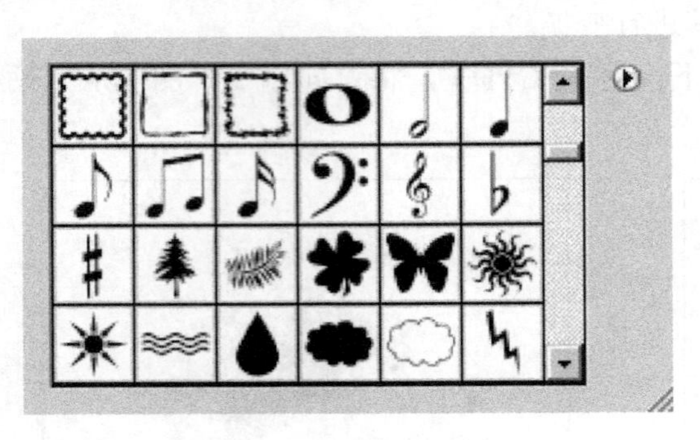

图 3.47　“形状”调板

图 3.48　绘制的音乐符效果

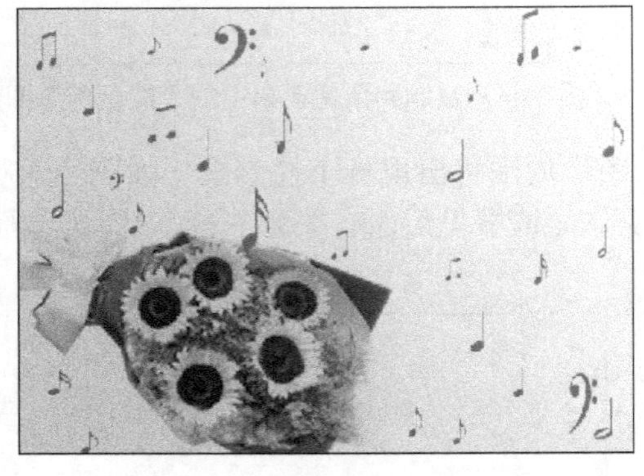

图 3.49　添加渐变的朦胧效果

图 3.50　绘制的心形路径效果

② 将前景色设置为红色，背景色设置为黄色。

③ 单击工具箱中的“画笔工具”，单击选项栏中的“切换画笔调板”按钮，系统将弹出“画笔”调板。选择“画笔笔尖形状”为“Flowing Stars”，并设置其选项，如图 3.51 所示。选中“散布”选项，并设置其选项，如图 3.52 所示。选中“颜色动态”选项，并设置其选项，如图 3.53 所示。

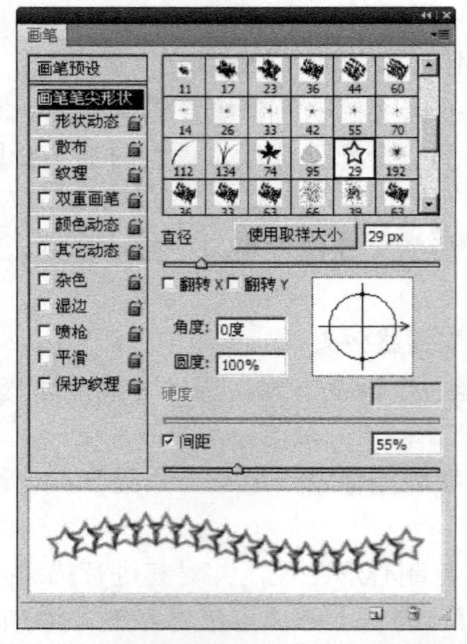

图 3.51　画笔的“画笔笔尖形状”选项及其参数设置

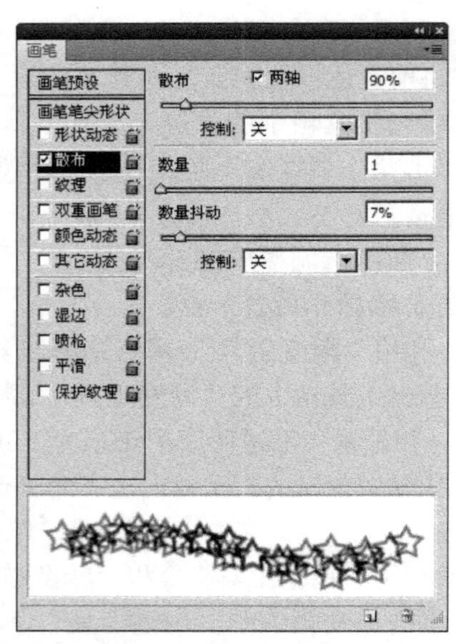

图 3.52　画笔的“散布”选项及其参数设置

④ 单击选择“路径”调板中的“工作路径”，然后单击“路径”调板底部的“用画笔描边路径”按钮○，即可用“流星”描边心形路径，效果如图 3.54 所示。

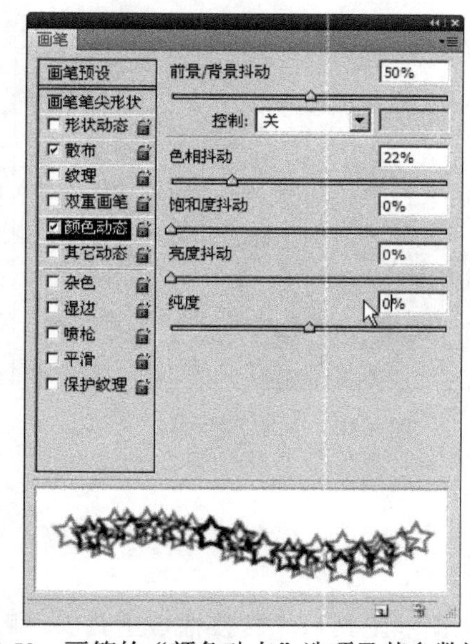

图 3.53 画笔的“颜色动态”选项及其参数设置

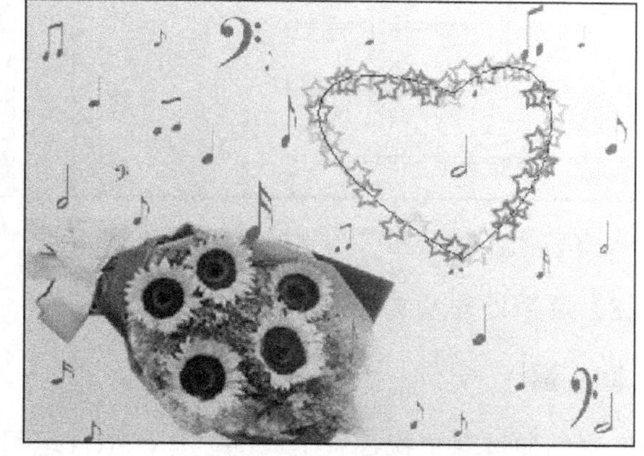

图 3.54 描边后的路径效果

⑤ 单击工具箱中的“删除锚点工具”，然后分别单击心形路径的两个锚点，将心形路径删除，得到如图 3.55 所示的效果。

（7）利用“横排文字工具” T 添加文字。

① 将前景色设置为梅红色。

② 单击工具箱中的“横排文字工具” T，在选项栏中设置“字体”选项为“华文行楷”，“字号”选项为“75 点”，然后在心形内输入文字“祝福”。

③ 依次选择“编辑”/“自由变换”命令，对文字进行调整，得到如图 3.56 所示的效果。

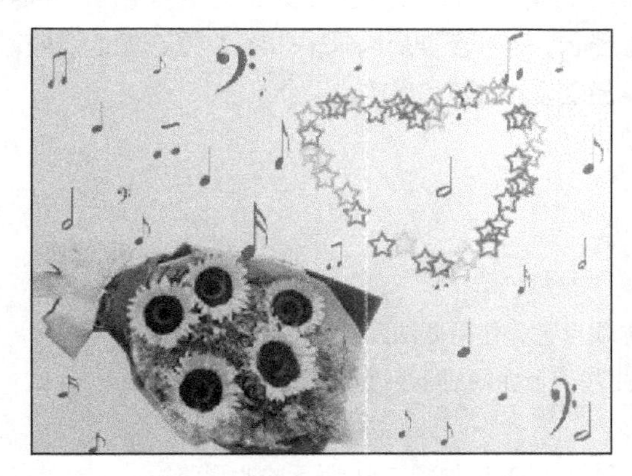

图 3.55 删除路径后的心形形状

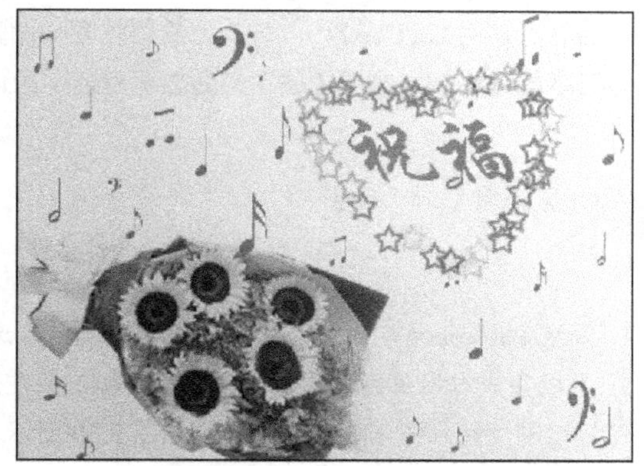

图 3.56 添加的“祝福”文字

④ 将前景色设置为蓝色。

⑤ 单击工具箱中的“横排文字工具” T，在选项栏中设置“字体”选项为“宋体”，“字号”选项为“30 点”，然后在心形下面输入文字“老朋友说声珍重　道声平安”。

⑥ 单击选项栏中的“创建变形文字”按钮，系统将弹出“变形文字”对话框，设置的参数如图 3.57 所示，然后单击“确定”按钮，即可得到如图 3.58 所示的变形文字。

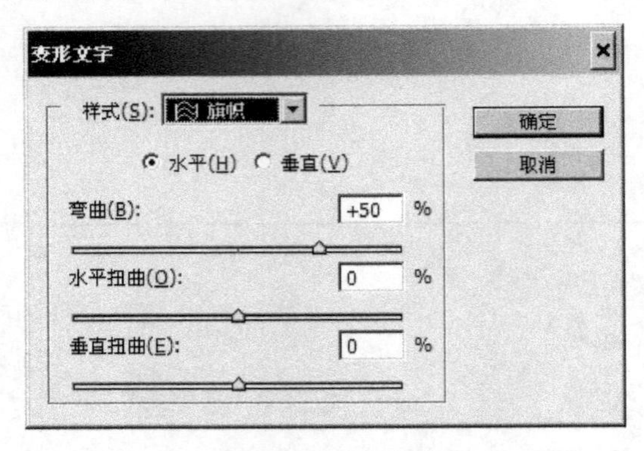

图 3.57 “变形文字”对话框及其参数设置

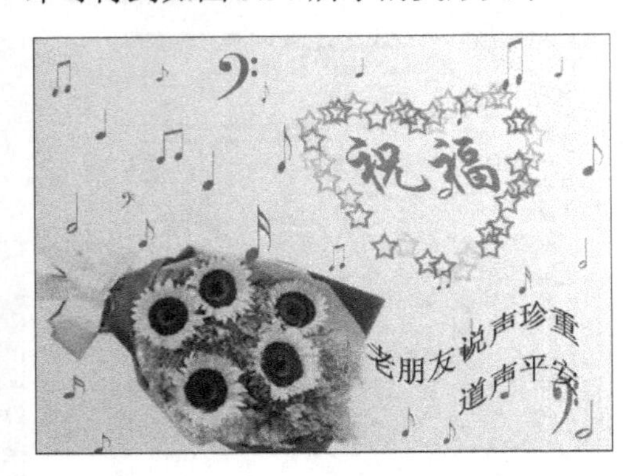

图 3.58 变形后的文字

（8）后期处理及文件保存。

回头看

本案例通过对“祝福贺卡”的制作，综合运用了“钢笔工具”、“转换锚点工具”、“删除锚点工具”等路径工具。这其中关键之处在于，利用“钢笔工具”和“转换锚点工具”绘制心形路径和为“向日葵”建立路径，并将其转换为选区。应注意的是，为了得到想要的路径形状，必须能够灵活地综合地应用“钢笔工具”、“转换锚点工具”和“删除锚点工具”等路径工具对路径形状进行调整。

本章小结

本章主要介绍了 Photoshop CS4 中提供的一个非常重要的概念——路径，它涉及了与路径有关的形状工具和各种路径工具的功能、常见选项、基本使用方法和技巧，以及“路径”调板的功能和用法。熟练掌握路径工具的使用方法和技巧，并根据需要绘制和调整路径，是利用 Photoshop CS4 绘图的基础和关键环节。通过本章提供的案例可使读者灵活地综合运用各路径工具的功能和用法。

习题 3

1. 简述 Photoshop CS4 中各种形状工具的功能、选项设置、使用方法和技巧。

2. 上机完成对本章提供的各个案例的制作，并在此基础上完成对下列案例的制作。

（1）绘制“元旦快乐”贺卡，效果如图 3.59 所示。

（2）利用路径工具选取图 3.60 中的花朵作为基本素材，绘制出如图 3.61 所示的心形路径，并对路径进行描边，效果如图 3.62 所示。绘制如图 3.63 所示的“思念”贺卡。

图 3.59　“元旦快乐”贺卡效果图

图 3.60　选定的花朵

图 3.61　绘制心形路径

图 3.62　描边后的心形路径

图 3.63　绘制的“思念”贺卡效果图

第4章 图　层

【学习目标】

1. 了解图层的基本概念、图层的分类、图层调板的功能，以及各种图层效果和图层样式的作用和效果。

2. 掌握新建图层的方法、图层的基本操作和技巧、图层属性的设置方法，以及对图层应用各种效果和样式的操作和技巧。

4.1　知识卡片

在利用 Photoshop CS4 进行图像处理的过程中，经常会遇到一个非常重要的概念——图层。利用图层，可以将一幅图像的不同部分分别存放到不同图层中，也可以单独处理某一部分图像而不影响整幅图像中的其他部分，还可以将这些图层复合在一起构成一整幅图像。

4.1.1　图层的概念及常用类型

1. 图层的概念

图层是利用 Photoshop 进行图像处理的基础，图层就好像若干叠放在一起的玻璃，这些玻璃有的是透明的，有的是不透明的，有的上面还有图像或文字等，而且这些玻璃的叠放顺序和位置可以根据需要进行调整，这可以通过下面的例子来理解。例如在创作“祝福”贺卡的过程中，首先需要在一块不透明的玻璃上绘制出贺卡的白色背景（称为背景层），然后再在另一块透明的玻璃上绘制出贺卡中的“向日葵”花束、音乐符和心形形状，接下来在第三、第四块透明的玻璃上添加文字，最后将这几块玻璃叠放到一起，从而得到一幅完整的作品——“祝福贺卡”。在创作过程中，每块玻璃实际上就相当于一个图层，具体效果如图 4.1 所示。

有了图层，就可以在不影响图像其他部分的情况下，单独修改某一图层中的内容，或通过鼠标拖动、复制、粘贴和删除该图层中的内容，并对其应用各种效果。当然也可以调整各图层的先后顺序，从而可以大大提高图像处理的效率。

2. 常见的图层类型

常见的图层类型有背景图层、图像图层、调整图层、效果图层、形状图层、文本图层、蒙版图层、智能对象图层、视频图层和 3D 图层等。

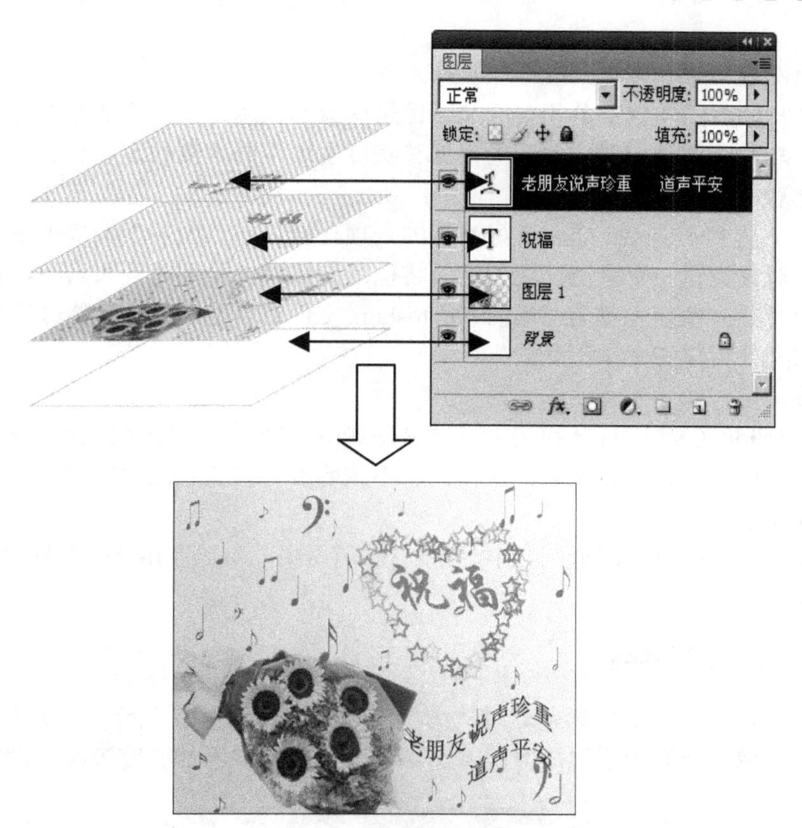

图 4.1 图层效果示意

（1）背景图层

背景图层是位于图像最下层且不透明的一种专门被用做图像背景的特殊图层，一幅图像只能包括一个背景图层，背景图层与普通图层之间可以相互转换。

（2）图像图层

图像图层即普通图层，它是用于存放图像信息的，也是完全透明的，是组成图像最基本的图层。

（3）调整图层

调整图层中只包含一些色彩和色调信息，而不包括任何图像信息。利用调整图层可以在不改变原始图像的前提下，任意调整位于其下方的所有图层的色彩、色调、亮度和饱和度等。

（4）效果图层

效果图层中只包含一些图层样式，而不包括任何图像信息。通过创建效果图层可以为图层添加阴影、投影、发光、斜面、浮雕和描边等图层样式。

（5）形状图层

形状图层是在使用工具箱中的形状工具创建图形后自动创建的一种图层。通过依次选择“图层”/“像素化”/“形状”命令可以将形状图层转换为图像图层。

（6）文本图层

文本图层是在使用工具箱中的文字工具为图像添加文字时自动创建的一种图层。可以对文本图层进行移动、堆叠、复制等操作，但除此之外的大多数编辑命令都无法使用，只有通过“图层”/“像素化”/“文字”命令将其转换为图像图层后，才能对其进一步实施其他操作。

（7）蒙版图层

该图层中与蒙版的黑色部分相对应的图像呈现透明状态，与白色部分相对应的图像呈现不透明状态，与灰色部分相对应的图像根据其灰度呈现不同程度的透明状态。

（8）智能对象图层

智能对象是从 Photoshop CS3 开始新增的一项功能，在“图层”调板中表现为一个图层的形式。智能对象类似一个容器，我们可以将位图图像或矢量图像置入其中，在智能对象中的文件具有相对独立性，当我们对当前 Photoshop 文件或智能对象进行修改或变换操作时，智能对象中的文件将保持大小不变。

（9）视频图层

当在 Photoshop CS4 中打开或编辑视频文件或图像序列时，帧将包含在视频图层中，视频图层与常规图层类似，可以调整混合模式、不透明度、位置和图层样式等。

（10）3D 图层

Photoshop CS4 将 3D 模型放置到单独的 3D 图层中，可以利用 3D 工具对 3D 模型进行编辑和调整操作。

4.1.2　“图层”调板

图层的大多数功能和操作都是通过“图层”调板（如图 4.2 所示）实现的，“图层”调板显示了当前图像的所有图层组成情况、图像的混合模式和不透明度等参数设置情况。

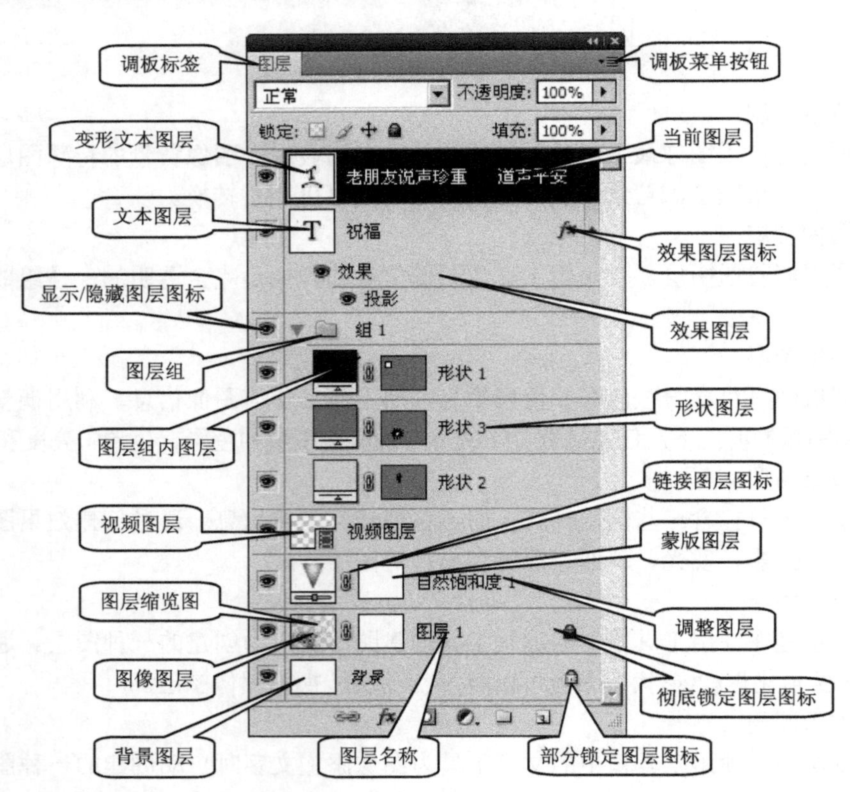

图 4.2　“图层”调板

1．“图层”调板中的选项及按钮

（1）调板标签

Photoshop 中提供了许多控制调板，在使用其他调板时，单击“图层”调板左上角的调板标签，可以显示“图层”调板的当前设置状态，还可以根据需要对调板进行任意组合。

（2）调板菜单按钮

单击位于“图层”调板右上角的调板菜单按钮，系统将弹出“图层”调板菜单，通过该菜单可以完成图层的新建、复制、删除、合并、编组、链接等操作。

（3）“图层混合模式”选项

在 Photoshop 中，图层的混合模式决定图像中上面与下面图层的像素的混合模式，可以创建各种特殊效果，可以设置某个图层与其下层图像的混合模式，也可以设置新绘制的像素与原有图像的混合模式。单击“图层”调板中的“图层混合模式” 正常 按钮，可以选择设置当前图层与其下面图层的像素的混合模式。

（4）“不透明度”选项

图层的不透明度决定当前图层显示其下层图层的不透明程度。该选项的数值越小，图像的透明程度越高。用鼠标拖动“不透明度”的弹出式滑块，或直接在“不透明度”文本框中输入范围在1%～100%之间的数值，均可完成对图层不透明度的设置操作。

（5）锁定当前图层按钮

锁定当前图层操作包括锁定透明像素、锁定图像像素、锁定位置和锁定全部。其中，单击“锁定透明像素”按钮，可以将编辑操作限定在图层的不透明部分，以保护图像的透明区域；单击“锁定图像像素”按钮，可以锁定和保护选中图层中的图像像素；单击“锁定位置”按钮，可以锁定选中图层的位置，以防止图像被移动；单击“锁定全部”按钮，可以将当前图层全部锁定，此时将无法对选中图层进行任何修改操作。当再次单击相应的按钮时，可以解除对选中图层的锁定设置。

（6）图层缩览图

在“图层”调板中，每个图层都有一个缩览图，用于显示图层的大致情况。缩览图的大小可以通过“图层”调板菜单中的“调板选项”命令，根据实际需要进行设置。

（7）图层名称

在“图层”调板中，图层缩览图的右边显示了图层名称，双击图层名称或通过“图层”调板菜单中的“图层属性”命令，可以对图层进行重命名操作。

（8）“链接图层”按钮

在“图层”调板中按住 Shift 键的同时，单击图层名称，可以同时选中多个图层，此时单击“图层”调板底部的“链接图层”按钮，可以将选中的多个图层链接在一起，同时“图层”调板中将出现一个链接图标。将多个图层链接在一起，可以在保持其相对位置不变的情况下，同时对这些图层进行移动、缩放等操作。再次单击“链接图层”按钮，可以删除其链接关系。

（9）“添加图层样式”按钮 fx.

图层样式是指被预先定义好的图层效果的集合，利用图层样式可以更加容易地和方便地使用图层效果。单击位于“图层”调板底部的“添加图层样式”按钮 fx.，系统将弹出下拉菜单，通过该菜单可以选择应用于当前图层的样式，并可设置其具体参数。

（10）“添加图层蒙版”按钮

图层蒙版是覆盖在某一特定图层或图层组上，用于控制图层或图层组中的不同区域如何隐藏和显示的蒙版。单击位于“图层”调板底部的“添加图层蒙版”按钮可以用蒙版遮盖住选区外的图像，而只显示选区内的图像。

（11）“创建新的填充或调整图层”按钮

在 Photoshop 中，通过创建色阶、曲线、色彩平衡、亮度 / 对比度、色相 / 饱和度等多种类型的调整图层或填充图层，可以得到一些特殊效果。单击位于“图层”调板底部的“创建新的填充或调整图层”按钮，系统将弹出一个菜单，通过该菜单可以选择图层类型和设置各选项。

（12）“创建新组”按钮

图层组由至少两个相关的图层组合在一起，同时对位于同一组的图层可以执行某一操作或设置。通过使用图层组可以对图层进行有序的组织和管理，同时也可以节省“图层”调板的空间。单击位于“图层”调板底部的“创建新组”按钮，或通过“图层”调板菜单中的“新图层组”命令，可以非常方便地创建一个空的图层组，还可以进一步将其他图层添加到该组中。单击表示“展开”/“折叠”状态的图层组名称左边的或图标，可以调整图层组折叠 / 展开的状态。在“图层”调板中，用鼠标将某图层拖动到需要加入的图层组的名称处，即可将该图层添加到相应的图层组中，并使其位于组内其他图层的下方。

教你一招

当“图层”调板中的图层组展开时，将某图层拖动到图层组中的某个图层上方，调板中将出现一条指示插入位置的插入线，当插入线出现在需要的位置时，释放鼠标左键，即可将该图层加入到图层组中相应的位置；用鼠标将某图层拖动到图层组外的某个位置，即可将该图层从图层组中退出，并被放在插入线所指示的位置。

（13）“创建新的图层”按钮

单击位于“图层”调板底部的“创建新的图层”按钮，可以在当前图层上方创建一个新图层。

（14）“删除图层”按钮

单击位于“图层”调板底部的“删除图层”按钮，可以删除不再需要的图层，以减小图像文件的大小，并释放系统资源。

2.“图层”调板中的图层图标

“图层”调板中显示了表示图层状态的各种图标。

（1）“显示/隐藏图层”图标

“图层”调板中的图标用于表示该图层是否可见。单击该图标使图标消失，可以隐藏该图层的图像，再次单击该位置，图标将再次出现，该图层的内容也将重新被显示出来。

教你一招

按住 Alt 键的同时单击“图层”调板中某图层前的“显示/隐藏图层”图标，即可只显示该图层，而将其他所有图层隐藏。再次执行此操作，则可重新显示刚才被隐藏的图层。

（2）“链接图层”图标

在“图层”调板中，如果图层后显示“链接图层”图标，表示该图层与选中图层具有链接关系。

4.1.3　图层样式和效果

Photoshop CS4 提供的图层样式主要包括投影、内阴影、外发光、内发光、斜面和浮雕、光泽、颜色叠加、渐变叠加、图案叠加和描边等，可以用于快速地为图层添加和设置相应的修饰效果，以改变图像的外观。各类图层样式都集成于一个对话框中，而且其参数结构基本相似，我们以“投影”图层样式为例，对“图层样式”对话框进行讲解。

依次选择“图层”/“图层样式”命令，或单击“图层”调板底部的“添加图层样式”按钮，并从菜单中选择“投影”命令，即可打开“图层样式”对话框（如图 4.4 所示）。“图层样式”对话框主要分为 3 个区域：

- 图层样式列表区：该区域位于对话框的左侧，其中列出了所有的图层样式。直接单击某图层样式的名称，其参数将自动显示在对话框中间的参数控制区域，我们可以根据需要对其参数进行编辑和调整。
- 参数控制区：该区域位于对话框的中部，其中的参数会随着选择不同的图层样式而有所不同。
- 预览区：该区域位于对话框的右侧，通过该区域可以对当前设置的所有图层样式叠加后的效果进行预览。

1.“投影”效果

“投影”效果是指为选中图层中的内容添加投影效果（原图和效果图分别如图 4.3 和图 4.5 所示）。

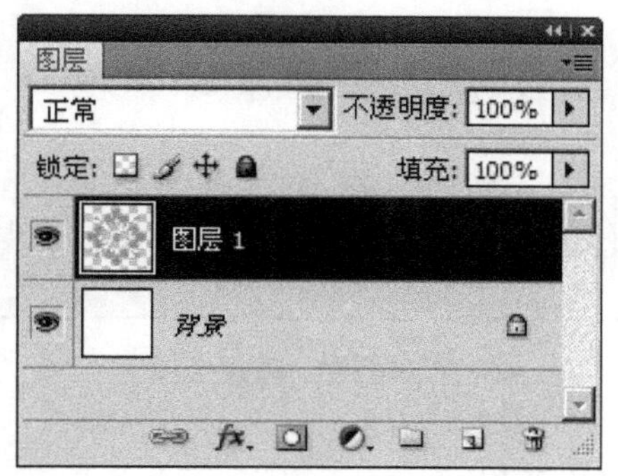

图 4.3　应用图层效果前的图像及其“图层”调板

依次选择“图层”/“图层样式”/“投影”命令，或单击“图层”调板底部的“添加图层样式”按钮，并从菜单中选择“投影”命令，即可打开如图 4.4 所示的“图层样式”对话框，其参数主要包括“混合模式”、“不透明度”、“角度”、“距离”、“大小”等。

2.“内阴影”效果

“内阴影”效果是指为选中的图层添加位于图层内容内边缘的阴影，以产生凹陷的视觉效果。

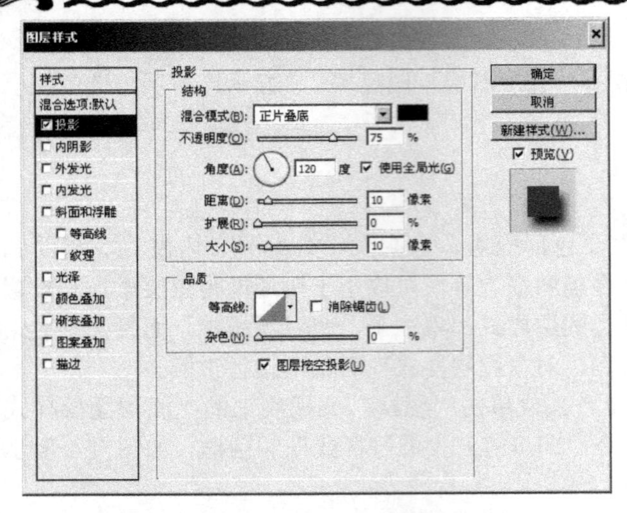

图 4.4 “图层样式”对话框（“投影”效果选项卡）

图 4.5 “投影”效果应用示例

依次选择“图层”/“图层样式”/“内阴影”命令，或单击“图层”调板底部的“添加图层样式”按钮 fx，并从菜单中选择“内阴影”命令，即可打开 “图层样式”对话框，其选项卡和应用效果分别如图 4.6 和图 4.7 所示。

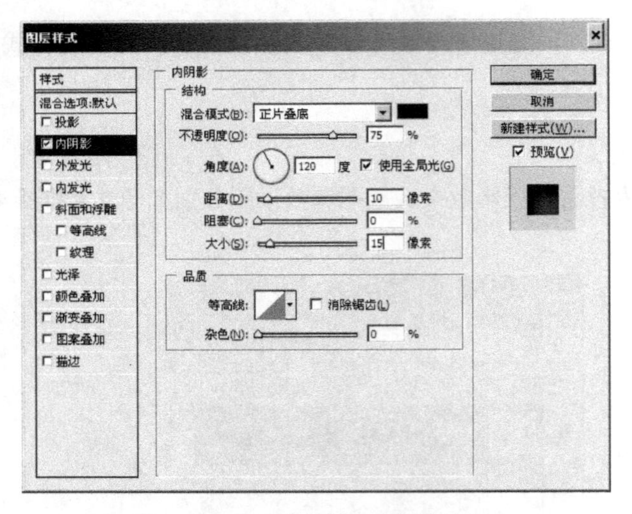

图 4.6 “内阴影”效果选项卡

图 4.7 “内阴影”效果应用示例

3．“外发光”效果

“外发光”效果是指在选中的图层内容的边缘以外添加发光效果。

依次选择“图层”/“图层样式”/“外发光”命令，或单击“图层”调板底部的“添加图层样式”按钮 fx，并从菜单中选择“外发光”命令，即可打开 “图层样式”对话框，其选项卡和应用效果分别如图 4.8 和图 4.9 所示。

4．“内发光”效果

“内发光”效果是指在选中的图层内容的边缘以内添加发光效果。

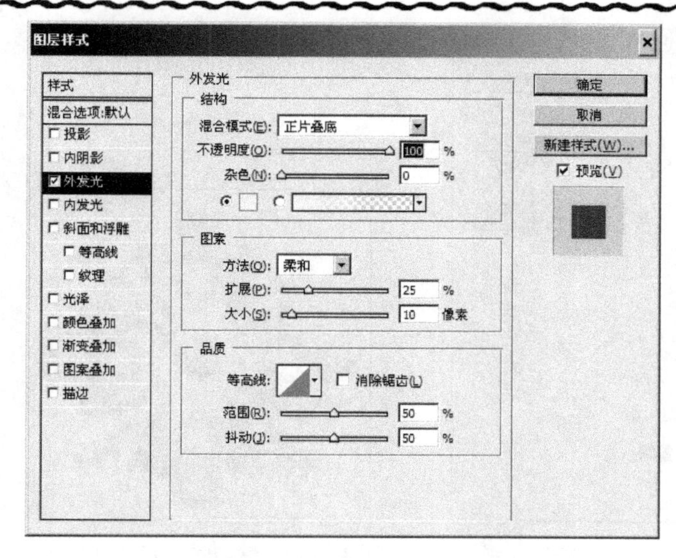

图 4.8　“外发光”效果选项卡

图 4.9　“外发光”效果应用示例

依次选择“图层”/“图层样式”/“内发光”命令，或单击“图层”调板底部的“添加图层样式”按钮 fx ，并从菜单中选择“内发光”命令，即可打开 “图层样式”对话框，其选项卡和应用效果分别如图 4.10 和图 4.11 所示。

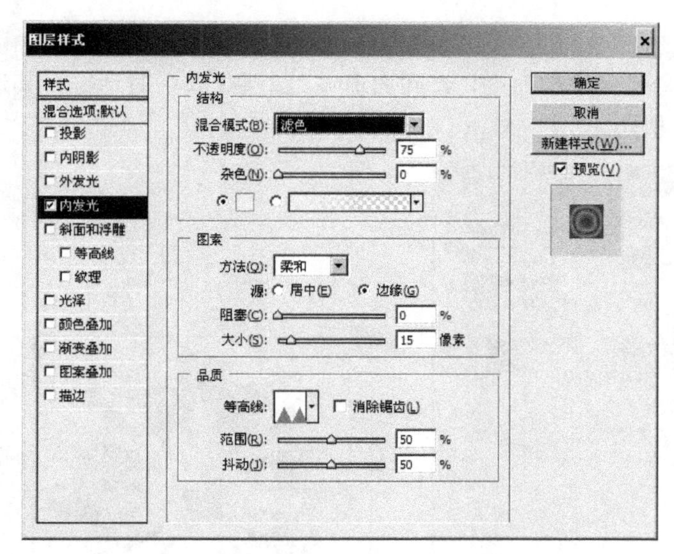

图 4.10　“内发光”效果选项卡

图 4.11　“内发光”效果应用示例

5．“斜面和浮雕”效果

“斜面和浮雕”效果是指在选中的图层内容边缘产生立体的斜面或浮雕效果。

依次选择“图层”/“图层样式”/“斜面和浮雕”命令，或单击“图层”调板底部的“添加图层样式”按钮 fx ，并从菜单中选择“斜面和浮雕”命令，即可打开 “图层样式”对话框，其选项卡和应用效果分别如图 4.12 和图 4.13 所示。

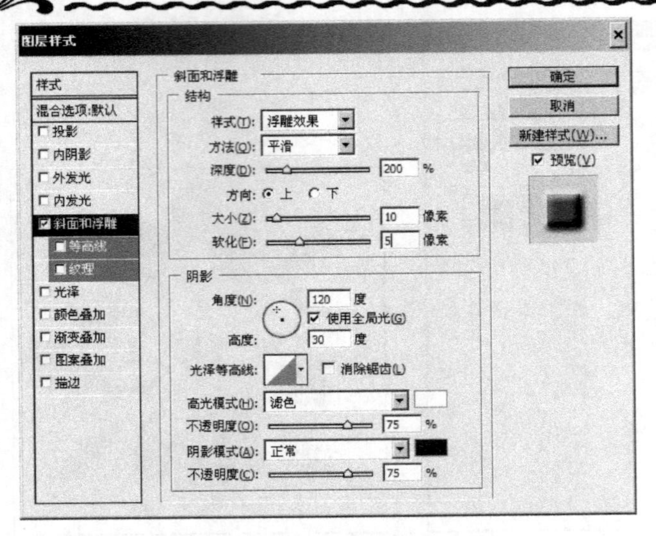

图 4.12 “斜面和浮雕”效果选项卡

图 4.13 “浮雕”效果应用示例

6.“光泽”效果

“光泽”效果是指在选中的图层内部根据图层的形状应用阴影，从而得到光滑的磨光效果。

依次选择“图层”/“图层样式”/“光泽”命令，或单击“图层”调板底部的“添加图层样式”按钮 *fx*，并从菜单中选择“光泽”命令，即可打开 “图层样式”对话框，其选项卡和效果分别如图 4.14 和图 4.15 所示。

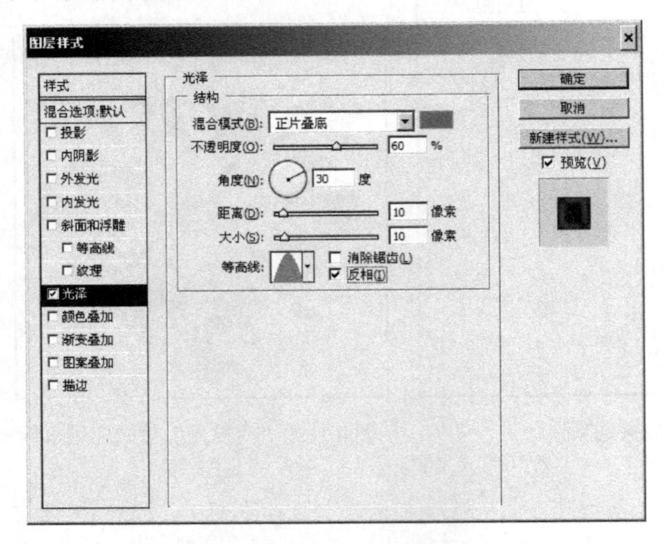

图 4.14 “光泽”效果选项卡

图 4.15 “光泽”效果应用示例

7.“颜色叠加”效果

“颜色叠加”效果是指将指定颜色叠加到选中的图层内容上。

依次选择“图层”/“图层样式”/“颜色叠加”命令，或单击“图层”调板底部的“添加图层样式”按钮 *fx*，并从菜单中选择“颜色叠加”命令，即可打开 “图层样式”对话框，其选项卡和效果分别如图 4.16 和图 4.17 所示。

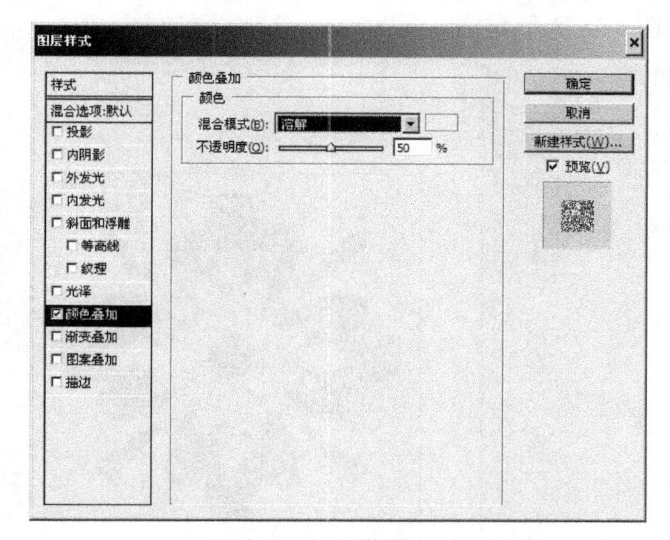

图 4.16　“颜色叠加”效果选项卡

图 4.17　“颜色叠加”效果应用示例

8．“渐变叠加”效果

“渐变叠加”效果是指将指定的渐变色叠加到选中的图层内容上。

依次选择“图层”/“图层样式”/“渐变叠加”命令，或单击“图层”调板底部的“添加图层样式”按钮 fx，并从菜单中选择“渐变叠加”命令，即可打开 “图层样式”对话框，其选项卡和效果分别如图 4.18 和图 4.19 所示。

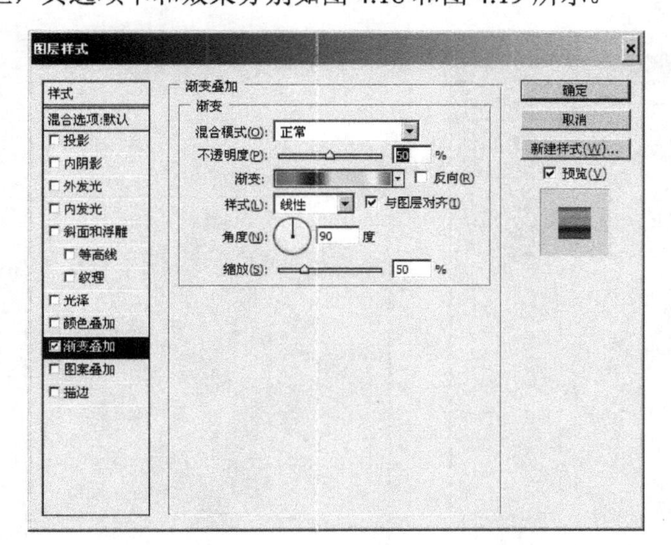

图 4.18　“渐变叠加”效果选项卡

图 4.19　“渐变叠加”效果应用示例

9．“图案叠加”效果

“图案叠加”效果是指将指定的图案叠加到选中的图层内容上。

依次选择“图层”/“图层样式”/“图案叠加”命令，或单击“图层”调板底部的“添加图层样式”按钮 fx ，并从菜单中选择“图案叠加”命令，即可打开“图层样式”对话框，其选项卡和效果分别如图 4.20 和图 4.21 所示。

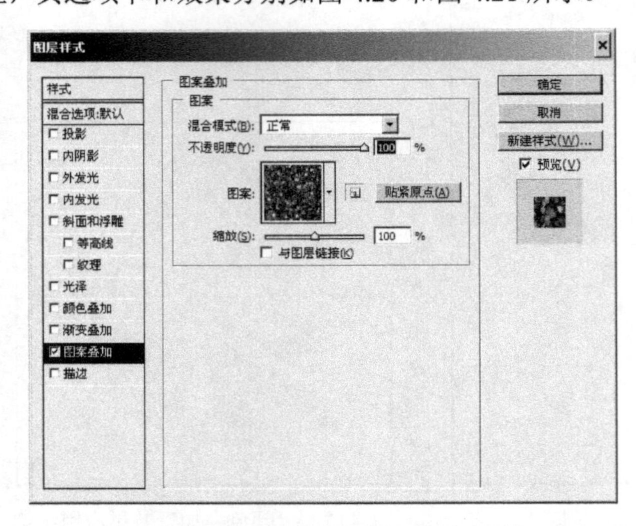

图 4.20　“图案叠加”效果选项卡

图 4.21　“图案叠加”效果应用示例

10．“描边”效果

“描边”效果是指对选中的图层内容使用某种颜色、渐变色或图案描画其边缘轮廓。

依次选择“图层”/“图层样式”/“描边”命令，或单击“图层”调板底部的“添加图层样式”按钮 fx ，并从菜单中选择“描边”命令，即可打开“图层样式”对话框，其选项卡和效果分别如图 4.22 和图 4.23 所示。

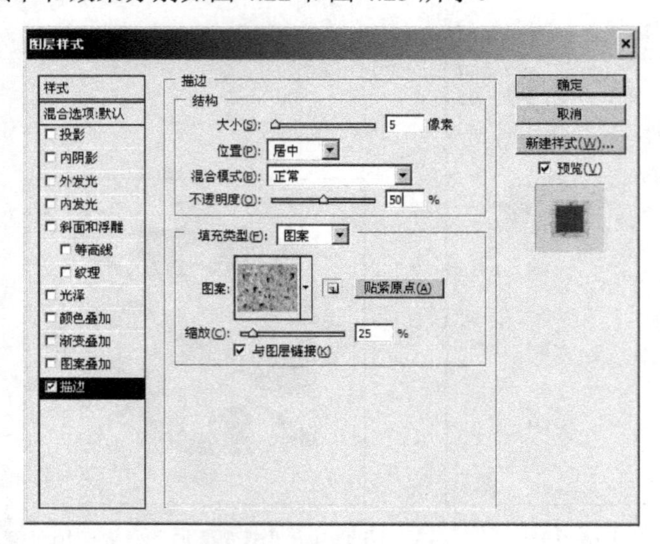

图 4.22　“描边”效果选项卡

图 4.23　“描边”效果应用示例

教你一招

如果需要同时应用多个图层样式，则只要同时选中图层样式名称左侧的复选框即可。

如果要隐藏某一图层样式，则可以在“图层”调板中单击图层样式名称左侧的👁图标，也可以在按住 Alt 键的同时单击添加图层样式按钮 fx. ，并在弹出的快捷菜单中选择需要隐藏的图层样式名称的命令，均可将其隐藏。

如果要删除某一图层样式，可以在“图层”调板中将其拖至调板底部的“删除图层”按钮处，即可将其删除；如果要删除某图层上的所有图层样式，则可以在“图层”调板中选中该图层，并依次选择“图层”/“图层样式”/“清除图层样式”命令；在“图层”调板中，将图层下方的“效果”拖至调板底部的“删除图层”按钮处，也可以将该图层样式删除。

4.1.4　3D 图层及 3D 功能简介

3D 功能是从 Photoshop CS3 版本开始增加的一项亮点功能，通过该功能，我们可以轻松地将 3D 立体模型引入 Photoshop 当前编辑的图像中，并对其进行编辑、修改、贴图、渲染等操作，以得到满意效果。

为了更好地使用 3D 功能，必须首先在 Photoshop CS4 中设置“启用 OpenGL 绘图”选项。OpenGL 是一种软硬件加速标准，可大大提高 Photoshop CS4 打开、编辑、修改 3D 模型的性能。依次选择“编辑”/“首选项”/“性能”命令，并在系统弹出的对话框中选中“启用 OpenGL 绘图”选项，即可开启 OpenGL 功能。

在 Photoshop 当前编辑的图像中，我们可以创建 3D 模型，也可以利用“文件”/“打开”命令直接打开格式为*.3Ds、*.obj、*.u3D 或*.dae 的三维模型文件，将 3D 模型引入图像中。无论哪种方式都将得到包含 3D 模型的 3D 图层。

3D 调板是每个 3D 模型的控制中心，通过该调板我们可以对 3D 模型的位置、场景、材料、光源等进行有效控制。

由于 3D 功能对于硬件和内存等要求都比较高，因此本教材不进行详细讲解，大家在实际工作过程中如果用到，可以参考有关方面的专门教材。

4.2　制作倒影效果——图层的应用

动手做

制作物体在水中呈现出倒影的效果，效果如图 4.24 所示。

图 4.24　水中倒影的最终效果图

指路牌

查阅知识卡片，对案例进行讨论和分析，得出如下解题思路：

（1）利用“多边形套索工具”和“通过拷贝的图层”命令建立倒影区域。

（2）通过“多边形套索工具”和“垂直翻转”选区操作得到倒影图像。

（3）利用“波纹”滤镜和“动感模糊”滤镜对倒影区域的图像进行修饰。

（4）通过对图层透明度的调整得到逼真的效果。

跟我做

根据以上分析，制作水中倒影效果的具体操作步骤如下：

（1）打开素材中的“山水.jpg”原图文件。

① 启动 Photoshop CS4 中文版。

② 依次选择“文件”/“打开”命令，打开一个如图 4.25 所示的 RGB 格式的图像文件“山水.jpg”。

（2）利用“多边形套索工具”和“通过拷贝的图层”命令建立倒影区域。

① 单击工具箱中的“多边形套索工具”，并在图像的下半部分建立如图 4.26 所示的区域作为倒影区域。

图 4.25　打开的 RGB 格式的图像文件原图

图 4.26　建立的选区

② 依次选择“图层”/“新建”/“通过拷贝的图层”命令，建立一个名为“图层 1”的新图层。

③ 单击“图层”调板中的“锁定透明像素”按钮，将编辑操作限制在图层的不透明区域。

④ 将背景色设置为白色。

⑤ 依次选择“编辑”/“填充”命令，系统将弹出“填充”对话框，设置其参数，如图 4.27 所示，然后单击“确定”按钮，即可用白色的背景色对选区进行填充，效果如图 4.28 所示。

（3）通过“多边形套索工具”和“垂直翻转”选区操作得到倒影图像。

① 在“图层”调板中单击 “背景”图层，将其选择为当前图层，并以蓝底显示，如图 4.29 所示。

填充

内容

使用(U): 背景色

自定图案:

确定

取消

混合

模式(M): 正常

不透明度(O): 100 %

保留透明区域(P)

图 4.27　“填充”对话框及其参数设置

图 4.28　用白色的背景色对选区进行填充后的效果

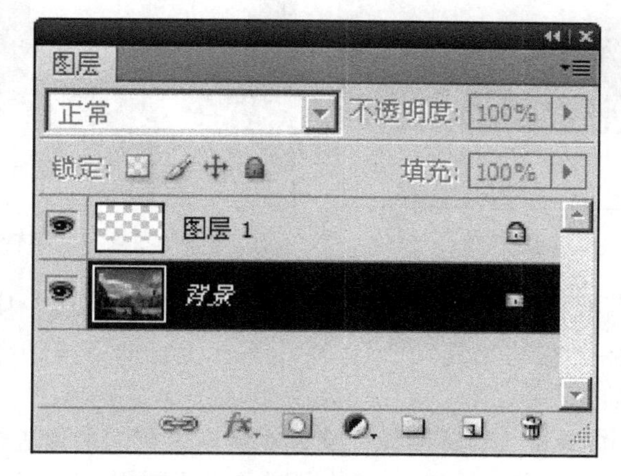

图 4.29　选择“背景”图层为当前图层

教你一招

在“图层”调板中选择一个图层后，按住 Shift 键的同时单击另一个图层的图层名称，即可选择这两个图层间的所有图层，如图 4.30 所示；在“图层”调板中选择一个图层后，在按住 Ctrl 键的同时单击另一个图层的图层名称，即可选择这两个图层，如图 4.31 所示。

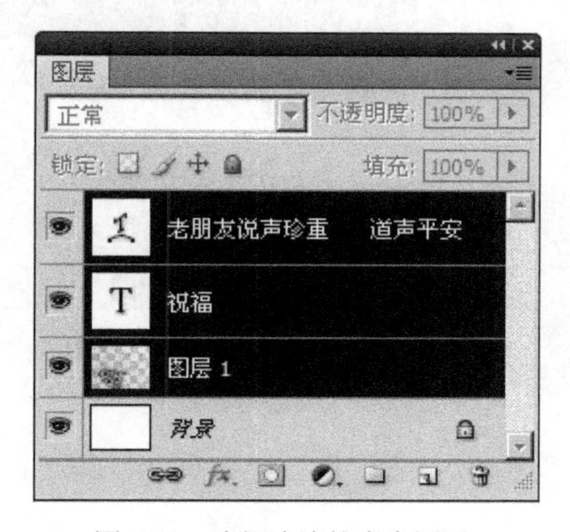

图 4.30　选择连续的多个图层

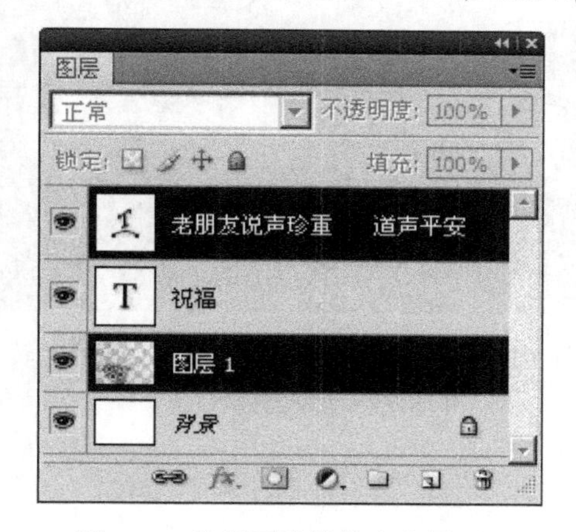

图 4.31　选择不连续的多个图层

② 单击工具箱中的“多边形套索工具”，并在图像的上半部分建立如图 4.32 所示的区域。

③ 依次选择“图层”/“新建”/“通过拷贝的图层”命令，建立名为“图层 2”的第二个新图层。

④ 依次选择“编辑”/“变换”/“垂直翻转”命令，将“图层 2”中的内容进行垂直翻转，效果如图 4.33 所示。

图 4.32　建立的选区

图 4.33　翻转后的图像效果

⑤ 单击“图层”调板中“图层 1”左边的图标，将“图层 1”中的内容隐藏。

⑥ 单击工具箱中的“移动工具”，并用鼠标垂直向下拖动翻转后的图像，得到如图 4.34 所示的效果。

（4）利用“波纹”滤镜和“动感模糊”滤镜对倒影区域的图像进行修饰。

① 在“图层”调板中，在按住 Ctrl 键的同时单击“图层 1”，使得“图层 1”和“图层 2”同时被选中，然后依次选择“图层”/“图层编组”命令，将“图层 2”与“图层 1”编组为“组 1”，如图 4.35 所示。

图 4.34　将“图层 2”中的内容进行垂直翻转并向下移动后的效果图

图 4.35　将“图层 2”与“图层 1”编组为“组 1”

教你一招

当不需要用图层组来管理图像时，可以在“图层”调板中选择该组，然后依次选择“图层”/“取消图层编组”命令，或按下 Ctrl+Shift+G 组合键，即可取消图层的编组，此时该组中的所有图层都会被保留下来，并默认处于被选中状态。

② 在“图层”调板中单击“组 1” 左侧的展开图标▷，使其成为▽状态，如图 4.36 所示。

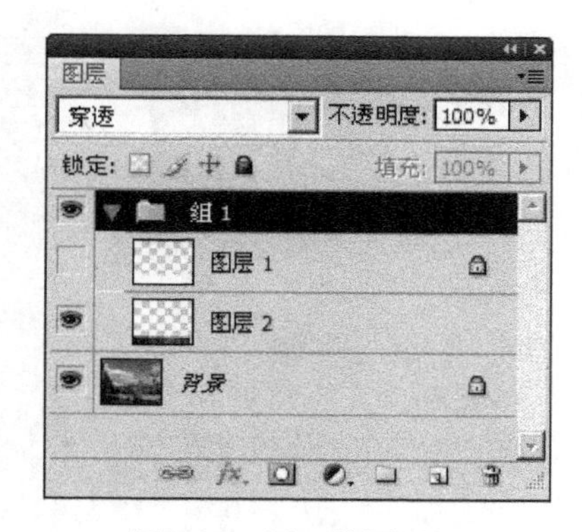

图 4.36 展开的图层组

③ 在“图层”调板中单击选择“图层 1”，然后依次选择“图层”/“图层属性”命令，系统将弹出“图层属性”对话框，将“名称”改为“白色”，如图 4.37 所示，然后单击“确定”按钮，即可将“图层 1”的名称重命名为“白色”，如图 4.38 所示。

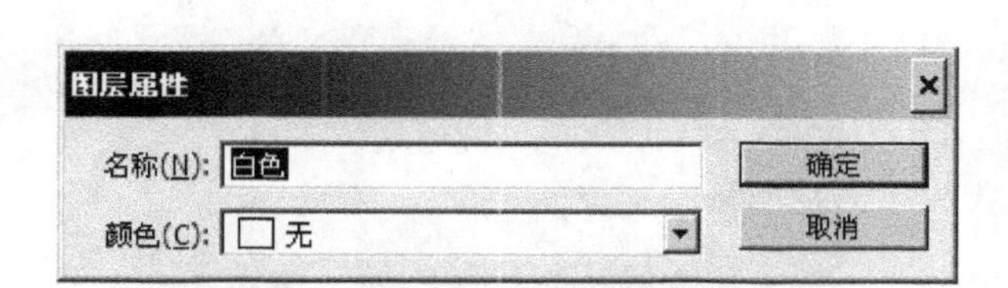

图 4.37 “图层属性”对话框

图 4.38 将“图层 1”的名称重命名为“白色”

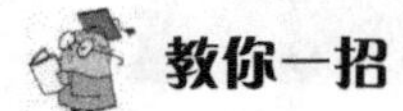

教你一招

在“图层”调板中双击需要进行重命名的图层或组的名称，图层或组的名称将被反白显示，此时直接输入新的名称，然后按下 Enter 键，即可完成图层或组的重命名操作。

④ 将“图层 2”重命名为“倒影”。

⑤ 在“图层”调板中单击选择“倒影”图层。

⑥ 依次选择“滤镜”/“扭曲”/“波纹”命令，系统将弹出“波纹”对话框，设置其参数，如图 4.39 所示，然后单击“确定”按钮，即可得到如图 4.40 所示的效果图。

⑦ 依次选择“滤镜”/“模糊”/“动感模糊”命令，系统将弹出“动感模糊”对话框，设置其参数，如图 4.41 所示，然后单击“确定”按钮，即可得到如图 4.42 所示的效果图。

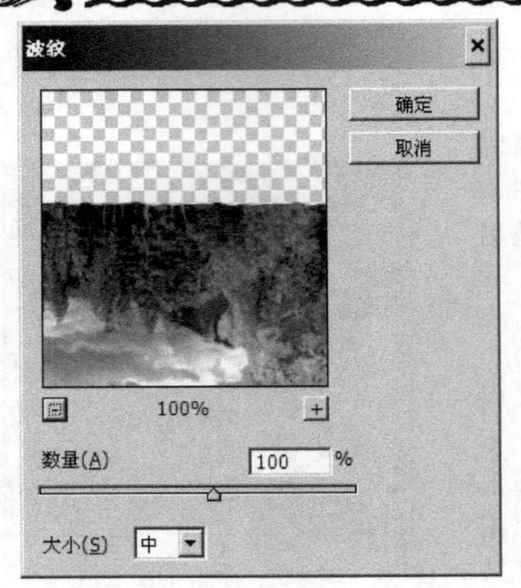

图 4.39 “波纹”对话框及其参数设置

图 4.40 应用“波纹”滤镜后的效果图

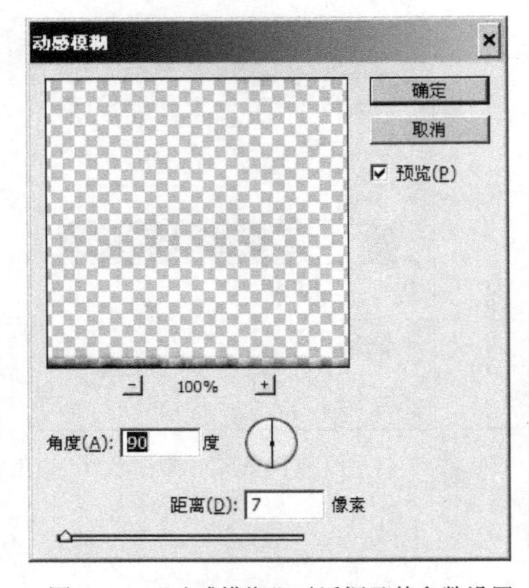

图 4.41 “动感模糊”对话框及其参数设置

图 4.42 应用“动感模糊”滤镜后的效果图

（5）通过对图层透明度的调整得到逼真的效果。

① 在“图层”调板中单击选择“倒影”图层，将其“不透明度”调整为“85%”，得到如图 4.43 所示的效果。

② 依次选择“图层”/“合并可见图层”命令，将所有可见图层合并为一个图层。

③ 在“图层”调板中单击选择“白色”图层，依次选择“图层”/“删除”/“图层”命令，或将其拖至“图层”调板底部的“删除图层”按钮处，将“白色”图层删除。

（6）后期处理及文件保存。

回头看

本案例通过对水中倒影效果的制作，练习了多边形套索工具、选区变换及移动、新建图层、图层编组、重命名图层、重命名组、合并图层、删除图层等操作，以及波纹滤镜、动感模糊滤镜的应用。这其中关键之处在于，通过“多边形套索工具”绘制出倒影区域，并通过“垂直翻转”选区和移动选区操作得到倒影图像，再利用“波纹”滤镜、“动感模糊”滤镜模拟制作出水中倒影效果。

利用本案例的制作方法，可以制作出各种物体在透明物体表面或液体中的倒影效果。

图 4.43 调整“倒影”图层“不透明度”后的效果

4.3 制作“海市蜃楼”效果——图层混合模式和图层样式的应用

动手做

通过图像合成的方式制作如图 4.44 所示的“海市蜃楼”效果。

图 4.44 “海市蜃楼”效果图

指路牌

查阅知识卡片，对案例进行讨论和分析，得出如下解题思路：

（1）利用“多边形套索工具”选中“宫殿”图像，并将其复制到目标图像中。

（2）通过“图层样式”对话框设置图像的混合效果。

（3）利用“横排文字工具”T、“投影”效果与“斜面和浮雕”效果制作特效文字。

（4）利用“矩形选框工具”、“定义图案”命令和“图案叠加”效果为特效文字添加图案。

跟我做

根据以上分析，制作“海市蜃楼”效果的具体操作如下：

（1）打开素材中的“海上日落.jpg”和“宫殿.jpg”原图文件。

① 启动 Photoshop CS4 中文版。

② 依次选择“文件”/“打开”命令，分别打开如图 4.45 所示的“海上日落.jpg”和如图 4.46 所示的“宫殿.jpg”两个 RGB 格式的图像文件。

图 4.45 “海上日落.jpg”图像文件

图 4.46 “宫殿.jpg”图像文件

（2）利用“多边形套索工具”选中“宫殿”图像，并将其复制到目标图像中。

① 单击工具箱中的“多边形套索工具”，并在图像“宫殿.jpg”中选中“宫殿”部分，如图 4.47 所示，按下快捷键 Ctrl+C，将选中的部分复制到剪贴板中。

图 4.47 选中的宫殿

教你一招

在利用“多边形套索工具”建立选区的过程中，我们可以借助“缩放工具”对图像进行放大，以便建立更精确的选区，建立选区后，再恢复图像显示比例。

② 单击选择“海上日出.jpg”图像窗口，按下快捷键 Ctrl+V，将“宫殿”图像粘贴过来，此时在“图层”调板中自动建立了一个名为“图层 1”的新图层。

③ 将“图层 1”重命名为“宫殿”。

④ 依次选择“编辑”/“变换”/“缩放”命令，图像周围将出现调整框，通过调整框调整图像的大小，并通过拖动调整图像的位置，如图 4.48 所示，最后按下 Enter 键，确定变换操作。

图 4.48 将“宫殿”复制到“海上日出”图像窗口中的效果

⑤ 关闭“宫殿.jpg”图像文件窗口。

（3）通过“图层样式”对话框设置图像的混合效果。

① 依次选择“图层”/“图层样式”/“混合选项”命令，系统将弹出“图层样式”对话框。

②“混合选项”的参数设置如图 4.49 所示，然后单击“确定”按钮，即可得到如图 4.50 所示的效果。

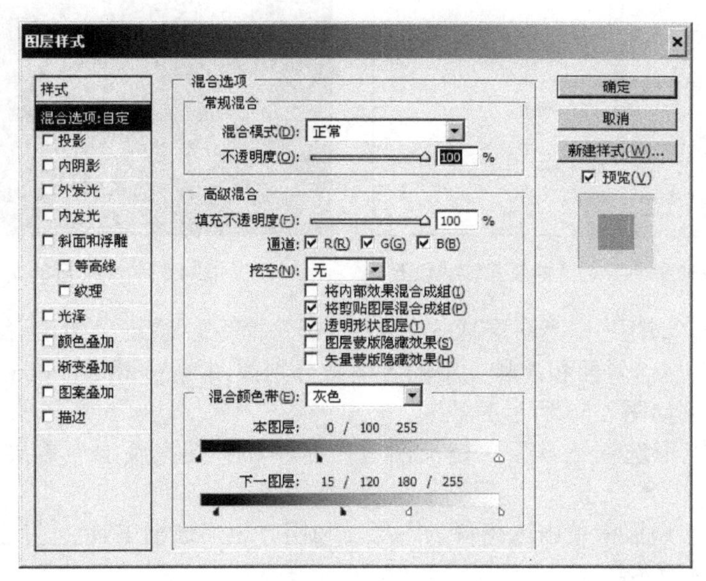

图 4.49 图像的“混合选项”参数设置

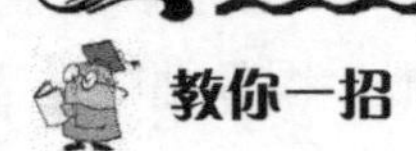

教你一招

在设置“混合颜色带”选项时，在按住 Alt 键的同时用鼠标拖动三角形游标，可以调整其位置，同时也就调整了其参数大小。

（4）利用“横排文字工具” T、“投影”效果与“斜面和浮雕”效果制作特效文字。

① 设置前景色为褐色（其 R，G，B 参数分别为 30，30，30）。

② 单击工具箱中的“横排文字工具” T，在选项栏中设置其“字体”选项为“黑体”，“字号”选项为“100 点”，设置“消除锯齿方式”选项为“平滑”，输入文字“海市蜃楼”，如图 4.51 所示。

③ 单击选项栏中的“创建变形文字”按钮，系统将弹出的“变形文字”对话框，其参数设置如图 4.52 所示，然后单击“确定”按钮，即可得到如图 4.53 所示的文字效果。

图 4.50　图像的混合效果

图 4.51　输入文字

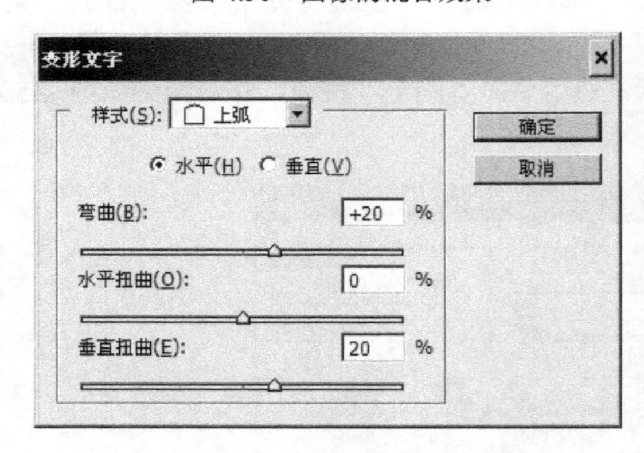

图 4.52　“变形文字”对话框及其参数设置

图 4.53　变形后的文字效果

④ 依次选择“图层”/“图层样式”/“投影”命令，系统将弹出“图层样式”对话框，设置“投影”与“斜面和浮雕”中的各参数分别如图 4.54 和图 4.55 所示，然后单击“确定”按钮，得到如图 4.56 所示的效果。

（5）利用“矩形选框工具”、“定义图案”命令和“图案叠加”效果为特效文字添加图案。

① 在“图层”调板中单击选择背景图层，利用“矩形选框工具”选择部分天空位置的图像，如图 4.57 所示。

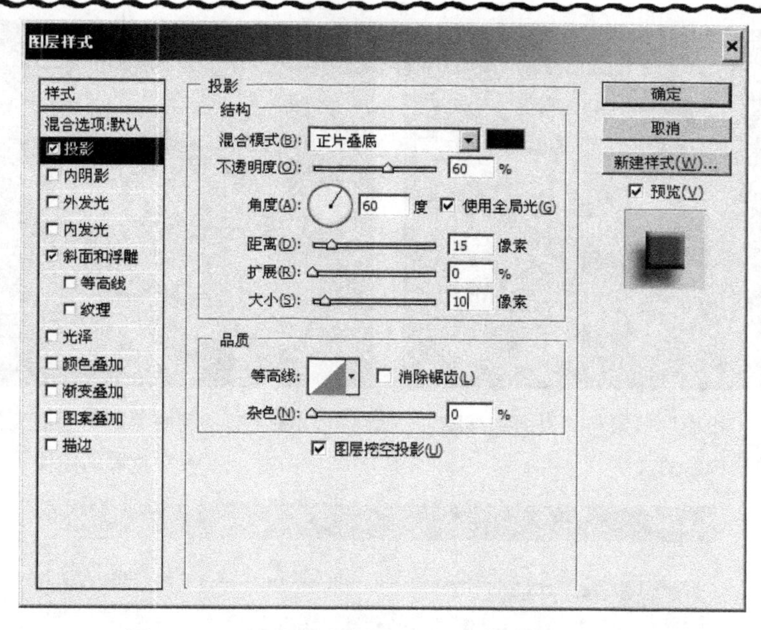

图 4.54　“图层样式/投影”对话框及其参数设置

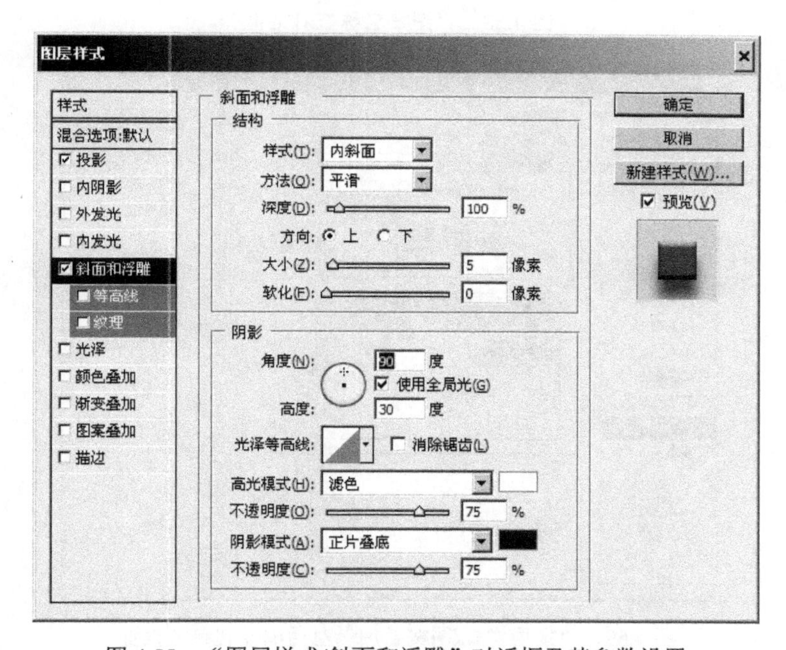

图 4.55　“图层样式/斜面和浮雕”对话框及其参数设置

② 依次选择“编辑”/“定义图案”命令，系统将弹出“图案名称”对话框，输入图案名称，如图 4.58 所示，然后单击“确定”按钮，完成图案的定义，并关闭对话框。

③ 在“图层”调板中选中文字图层，然后依次选择“图层”/“图层样式”/“图案叠加”命令，系统将弹出“图层样式/图案叠加”对话框，其参数设置如图 4.59 所示，最后单击“确定”按钮，关闭对话框，即可得到如图 4.60 所示的特效文字。

图 4.56 经过“投影”效果与“斜面和浮雕”效果修饰后的文字

图 4.57 利用“矩形选框工具”选择部分天空位置的图像

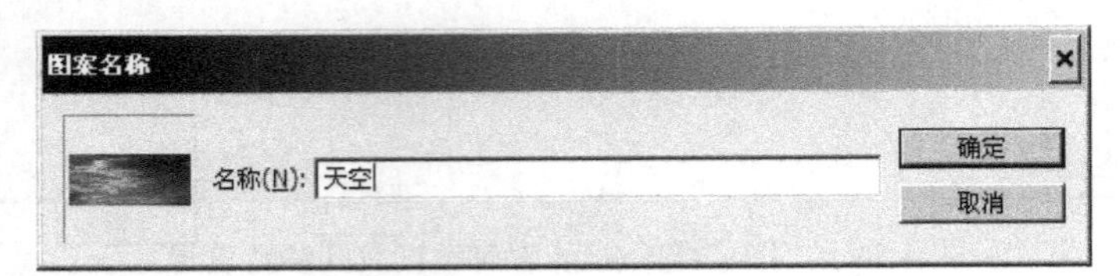

图 4.58 “图案名称”对话框

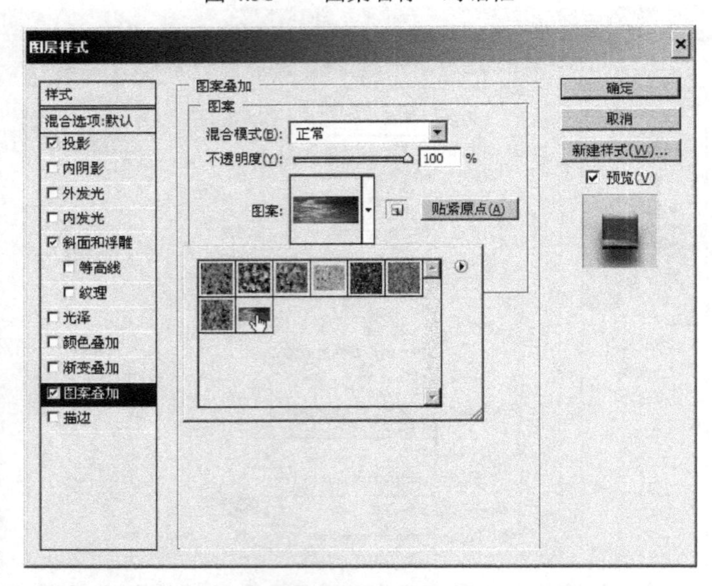

图 4.59 “图层样式/图案叠加”对话框及其参数设置

（6）后期处理及文件保存。

① 依次选择“图层”/“合并可见图层”命令，将所有可见图层合并为一个图层。

② 保存文件并退出 Photoshop CS4 中文版。

回头看

本案例通过“海市蜃楼”效果的制作过程，练习了“多边形套索工具”，“投影”、“斜面和浮雕”和“图案叠加”图层样式，“矩形选框工具”，“定义图案”命令，“横排文字工具”

等的操作。这其中关键之处在于，通过图层的“混合选项”调整和设置图像的混合效果，以及利用“投影”、“斜面和浮雕”、“图案叠加”图层样式创建文字特效。

利用本案例的制作方法，可以制作出各种图像的合成效果。

图 4.60 应用“图案叠加”效果后的特效文字

本章小结

本章详细讲解了 Photoshop CS4 中最重要的一个概念——图层，以及图层的类型、“图层”调板的用法、图层样式和图层效果的功能及其用法。通过本章提供的两个案例可使读者进一步熟悉图层的使用方法和技巧，掌握如何巧妙地利用图层样式制作文字或图像特效。

习题 4

1. 简述图层的概念、作用和种类，以及“图层”调板的用法。
2. 总结各图层样式的效果和区别。
3. 上机完成本章提供的各个案例的制作，并在此基础上完成对下列案例的制作。

利用图层的有关操作、“图层样式”、“文字工具”和“形状工具”绘制如图 4.61 所示的“逐日”效果图。

图 4.61 “逐日”效果图

提示：应用于文字的图层样式的参数设置如图 4.62 和图 4.63 所示，应用于“飞鸟”形状的图层样式的参数设置如图 4.64 所示。

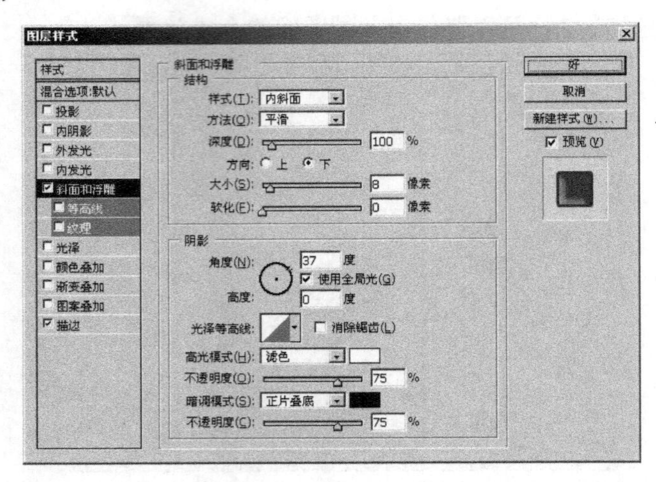

图 4.62　应用于文字的“图层样式/斜面和浮雕”的参数设置

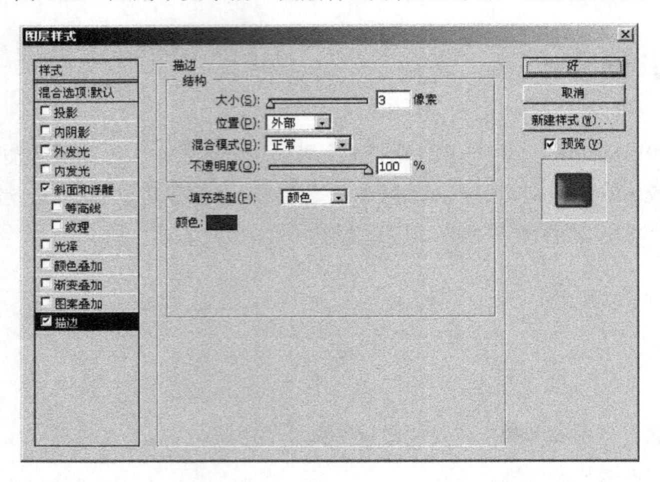

图 4.63　应用于文字的“图层样式/描边”的参数设置

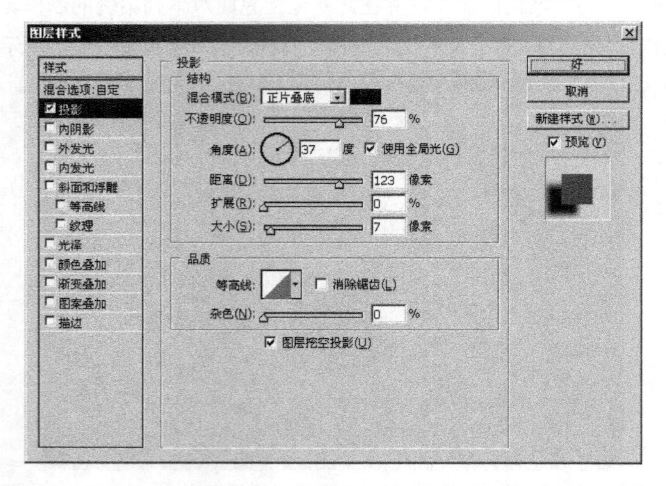

图 4.64　应用于“飞鸟”形状的“图层样式/投影”的参数设置

第5章 通 道

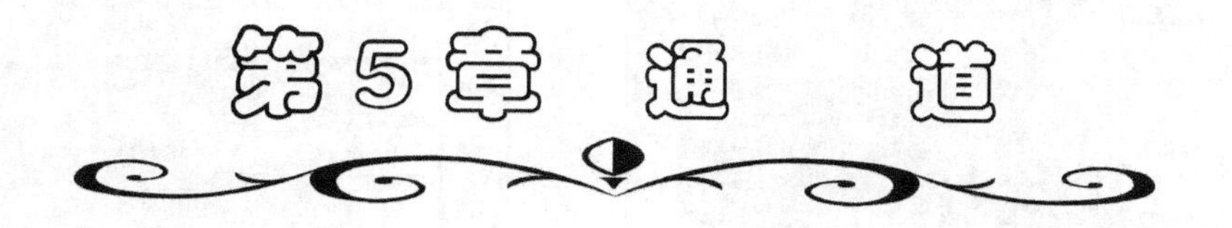

【学习目标】

1. 了解通道的概念、分类。
2. 熟练掌握通道的应用方法和技巧。

5.1 知识卡片

通道是 Photoshop CS4 中非常重要的、应用广泛的图像处理工具，是一种记录图像颜色、选区等信息的载体，也是图像的重要组成部分。通道的特点是以图像形式存在，使得我们可以像编辑图像一样对选区或颜色进行编辑，从而快速制作变化多样、颜色鲜艳的特殊图像效果。

5.1.1 通道的分类

Photoshop 中的通道可分为颜色通道、专色通道和 Alpha 通道 3 类。在 Photoshop 中，对于不同颜色、模式的图像，其通道的数量和模式也不相同。其中，Alpha 通道最为常用，广泛应用于各类设计领域，可完成选取图像、创建异形选区、保存选区、编辑选区等操作。

1. 颜色通道

简单地说，颜色通道是用于保存图像颜色信息的场所。

Photoshop 中的图像一般包括一个或多个通道。用于保存各种单色信息的通道通常被称为单原色通道。默认情况下，位图、灰度和索引模式的图像只有 1 个通道；RGB 模式的图像包括一个原色合成通道和红色、绿色、蓝色 3 个默认的原色通道，如图 5.1 所示；CMYK 模式的图像包括一个原色合成通道和青色、洋红、黄色、黑色 4 个默认的原色通道，如图 5.2 所示。其中，每个原色通道都分别保存与图像颜色相关的信息，所有原色通道中的色彩像素复合在一起便得到图像的最终颜色。而显示在“通道”调板中的每个原色通道都只是通过不同亮度级的灰度来表示颜色的，一般很难通过通道来调整图像的颜色效果。

2. 专色通道

专色是指在印刷时使用的一种预制的油墨，这样可以获得通过使用 CMYK 4 色油墨无法合成的颜色效果，同时也可以降低印刷成本。

用于保存图像的专色信息的通道被称为专色通道。在进行颜色类型较多的特殊印刷时，除了默认的原色通道外，还可以为图像添加一些专色通道作为印刷色（CMYK）油墨的替代色或补充色。在图像中添加专色通道后，需要在印刷输出前将图像转换为多通道模式，这样才能实现专色与 C、M、Y、K 等单色一样被打印到单独的一页上。

图 5.1 RGB 模式的图像通道

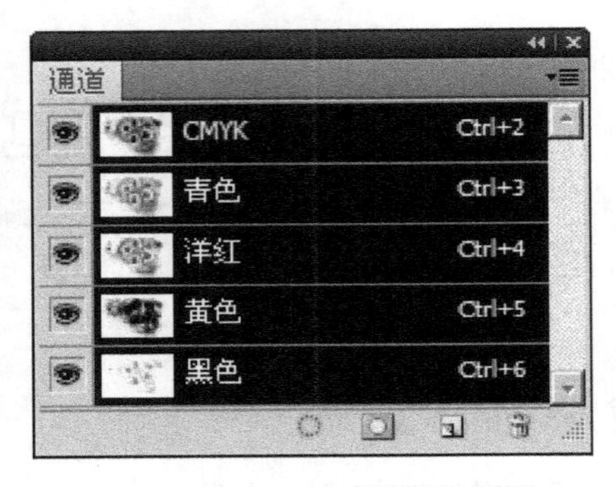

图 5.2 CMYK 模式的图像通道

3．Alpha 通道

Alpha 通道主要用于保存被选中的区域信息，其中包括选区的位置、大小、羽化程度等，使选区不被编辑和修改。在 Alpha 通道中，不能保存图像的颜色信息，选区被作为 8 位的灰度图像保存。默认情况下，白色表示被完全选中的区域，灰色表示被不同程度选中的区域，而黑色则表示未选中的区域。

在图像中建立选区后（如图 5.3 所示），我们可以通过“将选区存储为通道”命令将选区保存为一个新的 Alpha 通道（如图 5.4 所示，其中黑色部分表示未选取的区域），选区及通道的轮廓是完全一致的。

图 5.3 原选区

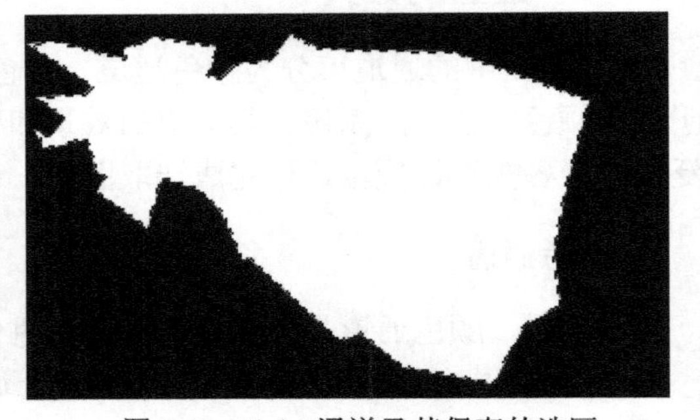

图 5.4 Alpha 通道及其保存的选区

5.1.2 “通道”调板

“通道”调板主要用于完成通道的创建、合并、拆分和删除等操作。下面以 RGB 色彩模式的图像文件的“通道”调板（如图 5.1 所示）为例进行介绍。

1．“通道”调板菜单按钮

单击位于“通道”调板右上角的按钮，系统将弹出“通道”调板菜单，通过该菜单可以完成通道的新建、复制、删除、合并、分离等操作。

2．“显示 / 隐藏通道”图标

“通道”调板中的图标与“图层”调板中的“显示/隐藏图层”图标的功能和操作完全

相同，通过单击该图标可以显示或隐藏各通道。

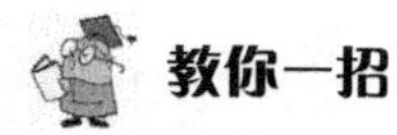

教你一招

当隐藏“通道”调板中的某个原色通道时，显示图像综合颜色信息的复合通道也将自动被隐藏；当显示复合通道时，其所有原色通道也将自动显示。

3．通道缩览图

在“通道”调板中，通道缩览图位于👁图标的右侧，用于显示当前通道的颜色信息。

4．通道名称和通道的快捷键

通道名称用于快速识别各种通道的颜色信息。通道名称不能被更改，它后面显示的是通道快捷键，主要用于快速切换通道。

5．“将通道作为选区载入”按钮

在 Photoshop 中，当对保存在 Alpha 通道中的选区编辑完成后，可以选择“通道”调板中的任一通道，然后单击位于“通道”调板底部的“将通道作为选区载入”按钮◌，即可将选区载入到当前图像的不同图层中。

另外，如果当前图像中已经存在选区，通过下列不同的操作，可以得到不同的结果：

- 在按下 Ctrl 键的同时单击通道缩览图，可以载入通道中保存的选区，而原选区将丢失。
- 在按下 Ctrl+Shift 组合键的同时单击通道缩览图，可以载入原选区与通道中保存的选区相加后得到的新选区。
- 在按下 Ctrl+Alt 组合键的同时单击通道缩览图，可以载入原选区减去通道中保存的选区后得到的新选区。
- 在按下 Ctrl+Shift + Alt 组合键的同时单击通道缩览图，可以载入原选区与通道中保存的选区相交后得到的新选区。

6．“将选区存储为通道”按钮

在当前通道中存在选区时，单击位于“通道”调板底部的“将选区存储为通道”按钮◘，可以将当前选区作为通道存储。当在图像中创建了多个选区且需要对选区进行不同的编辑时，可以利用该命令，分别将不同的选区存储到相应的通道中，以便以后直接载入使用。

7．“创建新通道”按钮

单击位于“通道”调板底部的“创建新通道”按钮◙，可以创建一个新通道。

在 Photoshop 中新创建的通道为 Alpha 通道。在对包含 Alpha 通道的图像文件进行保存时，需要以支持图像颜色格式的文件格式（如 PSD、PDF、PICT、TIFF 等格式）存储图像文件，这样才能同时保存 Alpha 通道。

8．“删除当前通道”按钮

单击位于“通道”调板底部的“删除当前通道”按钮🗑，可以删除当前选中的或正在编辑的通道。

删除图像中不需要的 Alpha 通道，可以减少图像文件的大小，提高图像的处理速度。

教你一招

在“通道”调板中单击某个通道，可以选中该通道。在按住 Shift 键的同时依次单击需要选择的通道，可以同时选中多个通道。

5.2 制作“时光如箭”公益宣传画——通道的应用

动手做

利用通道选取并合成图像的方法来制作“时光如箭”公益宣传画，其效果如图 5.5 所示。

图 5.5 “时光如箭”公益宣传画的最终效果图

指路牌

查阅知识卡片，对案例进行讨论和分析，得出如下解题思路：

（1）利用“通道”调板中的红色通道、“自动对比度”命令和调板底部的“将通道作为选区载入”按钮选取“火箭”图像。

（2）将“火箭”图像复制到“时光隧道”图像窗口中，并利用“自由变换”命令、“橡皮擦工具”和“模糊工具”，进一步调整“火箭”图像与“时光隧道”图像的合成和融合效果。

（3）利用“横排文字工具” T 添加文字，并利用“图层样式”设置和修饰文字效果。

跟我做

根据以上分析，制作“时光如箭”公益宣传画的具体操作如下：

（1）打开“时光隧道.jpg”和“火箭.jpg”文件。

① 启动 Photoshop CS4 中文版。

② 按下快捷键 Ctrl+O，在素材中分别打开如图 5.6 所示的“时光隧道.jpg”和如图 5.7 所示的“火箭.jpg”两个 RGB 格式的图像文件。

图 5.6　“时光隧道.jpg”图像文件

图 5.7　“火箭.jpg”图像文件

（2）利用“通道”调板中的红色通道、“自动对比度”命令和调板底部的“将通道作为选区载入”按钮◌选取“火箭”图像。

① 单击“火箭.jpg”图像窗口，将其置为当前工作窗口，在“通道”调板中单击选择红色通道。

② 选择调板菜单中的“复制通道”命令，或在选中的红色通道上单击鼠标右键，系统将弹出“复制通道”对话框，其参数设置如图 5.8 所示，然后单击“确定”按钮，关闭对话框，即可对红色通道进行复制，如图 5.9 所示。

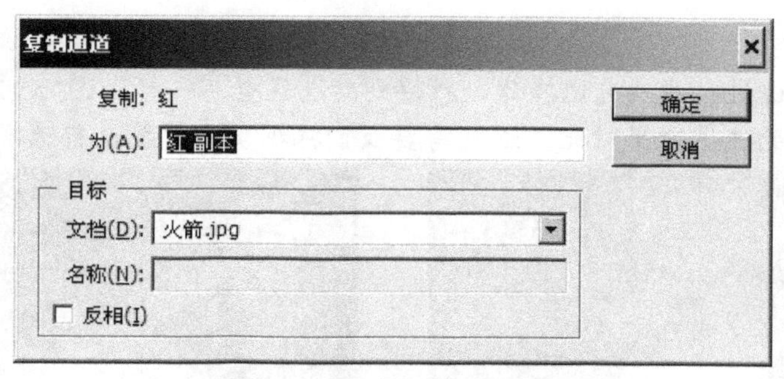

图 5.8　“复制通道”对话框

③ 在“通道”调板中单击“红 副本”通道左侧的方块，使其中显示👁图标，即可使“红 副本”通道处于可见状态，然后单击红色通道左侧的👁图标，使其消失，即可隐藏红色通道，此时只有“红 副本”通道可见，如图 5.10 所示。

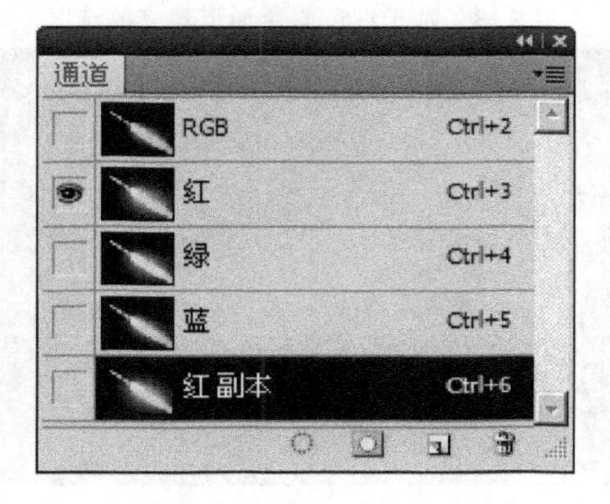

图 5.9　复制通道后的“通道”调板状态

图 5.10　仅使“红 副本”通道处于可见状态

④ 依次选择“图像”/“调整”/“自动对比度”命令，调整图像的对比度。

⑤ 单击位于“通道”调板底部的“将通道作为选区载入”按钮◌，将通道作为选区载入，效果如图 5.11 所示。

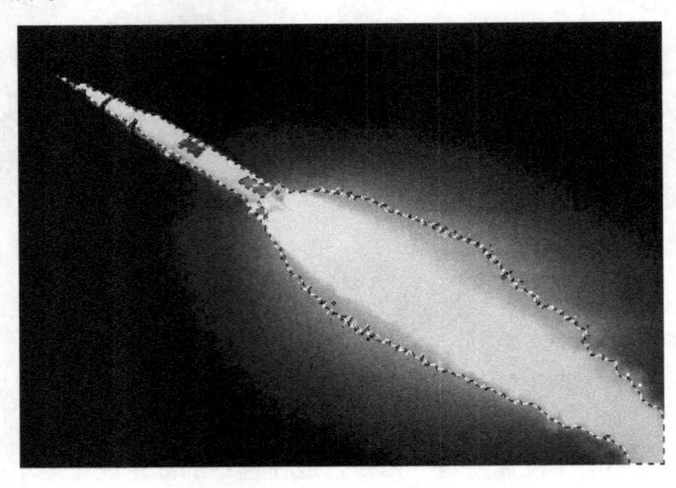

图 5.11 载入选区后的图像效果图

教你一招

基于不同的通道进行载入选区操作，所得到的选区也不一样，图 5.12～图 5.15 分别是基于不同通道建立的选区效果对比，这就需要我们根据实际需要进行选择。

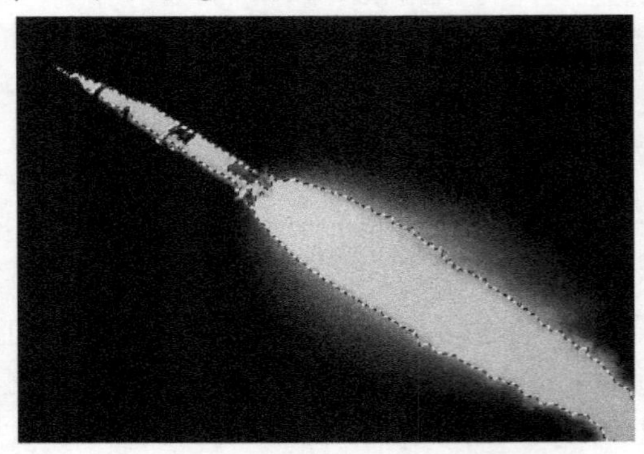

图 5.12 基于 RGB 原色合成通道建立的选区

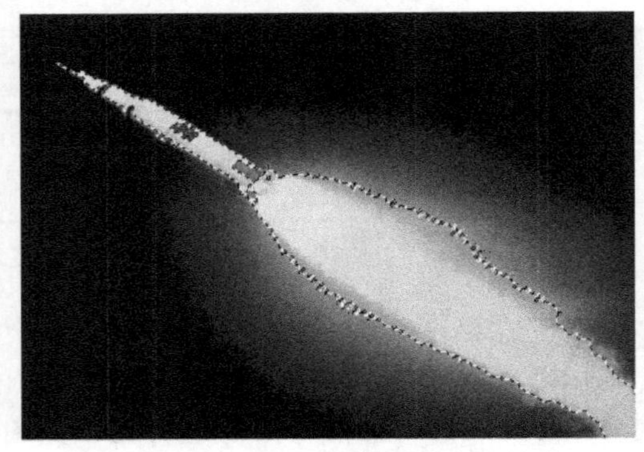

图 5.13 基于红色原色通道建立的选区

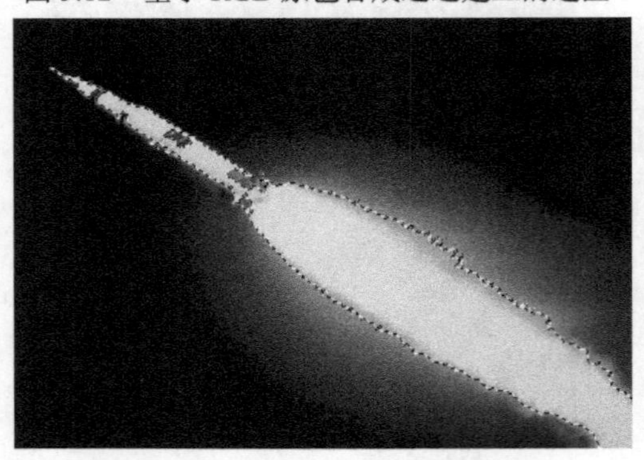

图 5.14 基于绿色原色通道建立的选区

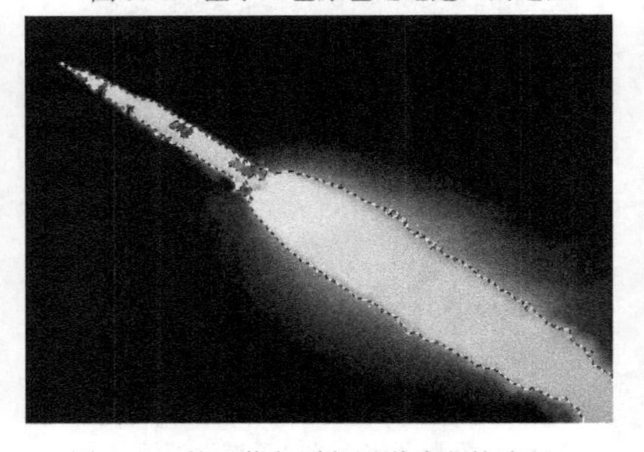

图 5.15 基于蓝色原色通道建立的选区

（3）将“火箭”图像复制到“时光隧道”图像窗口中，并利用“自由变换”命令、“橡皮擦工具”和“模糊工具”，进一步调整“火箭”图像与“时光隧道”图像的合成和融合效果。

① 在“通道”调板中单击选择“红 副本”通道，然后单击调板底部的“删除当前通道”按钮，删除该通道。

教你一招

在“通道”调板中直接将某通道拖至调板底部的“删除当前通道”按钮处，可以直接删除该通道。

在“通道”调板中单击选择某通道，然后在调板菜单中选择“删除通道”命令，也可以删除该通道。

② 按下快捷键 Ctrl+C，将图像复制到剪贴板中。

③ 单击“时光隧道.jpg”图像窗口，将其置为当前工作窗口，按下快捷键 Ctrl+V，将“火箭”图像复制到“时光隧道”图像窗口中，效果如图 5.16 所示。在“图层”调板中将自动生成一个名为“图层 1”的图层，效果如图 5.17 所示。

图 5.16　初步合成后的“火箭”和“时光隧道”图像

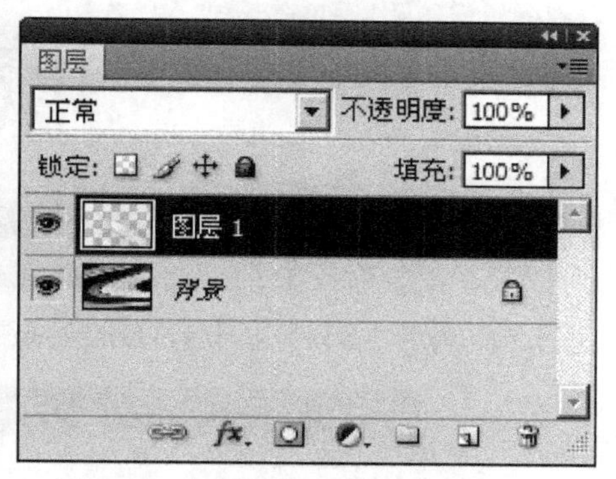

图 5.17　复制图像后自动生成的图层

④ 依次选择“编辑”/“自由变换”命令，对图像的大小、位置及方向进行调整，效果如图 5.18 所示。

⑤ 在工具箱中选择“橡皮擦工具”，设置其“画笔”选项为“柔角 45 像素”、“不透明度”选项为“50%”，对“火箭”图像周围的灰色区域进行擦除，效果如图 5.19 所示。

图 5.18　对“火箭”的大小、位置及方向进行调整后的效果

图 5.19　擦除“火箭”周围灰色区域后的效果

⑥ 单击工具箱中的“模糊工具”，设置其“画笔”选项为“柔角 45 像素”、“硬度”选项为“50%”，在“火箭”图像的边缘位置拖动鼠标，使得“火箭”图像与“时光隧道”图像完全融合在一起，效果如图 5.20 所示。

⑦ 关闭“火箭.jpg”图像窗口，在关闭过程中，应注意不要保存对图像所做的修改，以备日后需要时重复使用该图像文件。

（4）利用“横排文字工具”T添加文字，并利用“图层样式”设置和修饰文字效果。

① 设置前景色为蓝色。

② 单击工具箱中的“横排文字工具”T，并设置“字体”选项为“黑体”，“字号”为“48 点”，在图像窗口中输入文字“时光如箭”，选中文字“箭”，设置其“字号”为“120 点”，效果如图 5.21 所示。

③ 在“图层”调板中单击选择文字图层“时光如箭”，依次选择“图层”/“图层样式”/“斜面和浮雕”命令，系统将弹出“图层样式”对话框，其参数设置如图 5.22 所示，单击“确定”按钮，即可得到如图 5.23 所示的效果。

图 5.20　利用“模糊”工具修饰后的合成图像

图 5.21　输入“时光如箭”文字

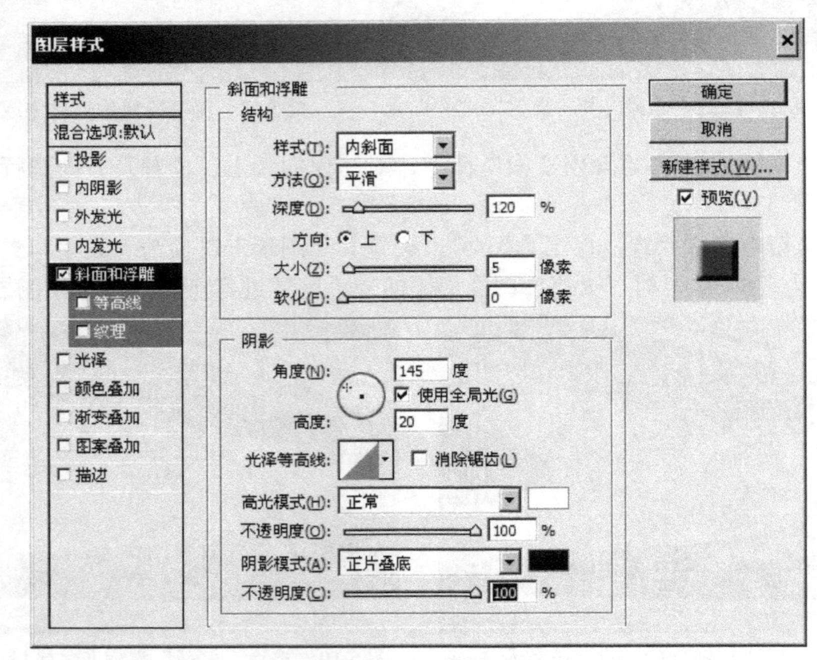

图 5.22　“图层样式/斜面和浮雕”对话框及其参数设置

图 5.23　添加图层样式后的文字效果

④ 设置前景色为白色。

⑤ 单击工具箱中的“横排文字工具” T，在“字符”调板中设置其参数，如图 5.24 所示，然后在图像窗口右下角输入文字“石家庄市社会教育中心宣”，效果如图 5.25 所示。

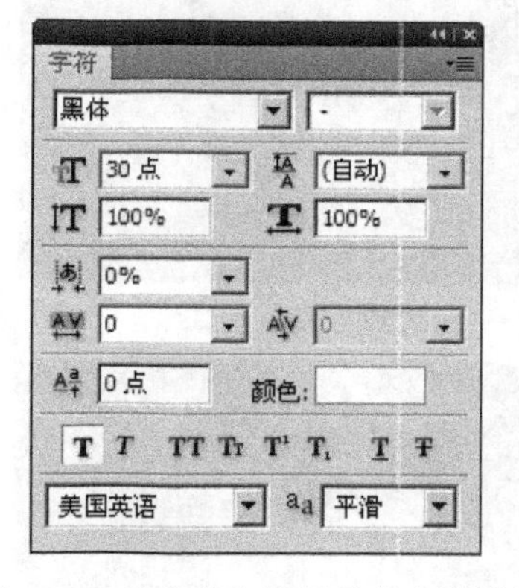

图 5.24　“文字”调板及其参数设置

图 5.25　添加单位名称后的效果

（5）合并图层及保存文件。

回头看

本案例通过对“时光如箭”公益宣传画的制作，练习了利用通道选取图像，通道的复制、删除，“橡皮擦工具”，“模糊工具”和“横排文字工具”的操作，以及“图层样式”的应用和设置。这其中的关键之处在于，利用“通道”调板中的红色通道、“自动对比度”命令和调板底部的“将通道作为选区载入”按钮选取“火箭”图像，并将其与“时光隧道”图像合成并融合在一起。

利用本案例中所讲述的方法，可以完成对各种复杂图像（如头发、火焰等）的选取与合成工作。

本章小结

本章主要介绍了通道的概念、种类和使用方法。通道是 Photoshop CS4 中的重要内容，但比较难以理解，读者可以借助本章提供的案例进一步理解和掌握利用通道选取与合成图像的方法和技巧。

习题 5

1. 总结通道的概念、种类、功能和用法。

2. 上机完成本章提供的各个案例的制作，并在此基础上利用通道以如图 5.26～图 5.30 所示的五幅图像为素材，合成如图 5.31 所示的“与鱼共舞”图像效果。

提示：在本案例中，选取每个图像素材时，利用的均是红色通道。

图 5.26　素材图一

图 5.27　素材图二

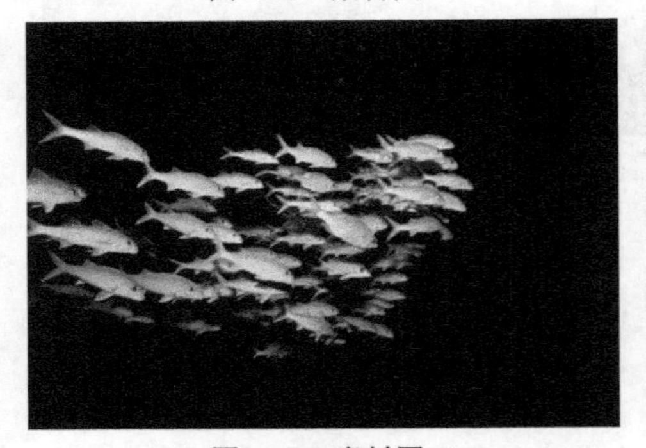

图 5.28　素材图三

图 5.29　素材图四

图 5.30　素材图五

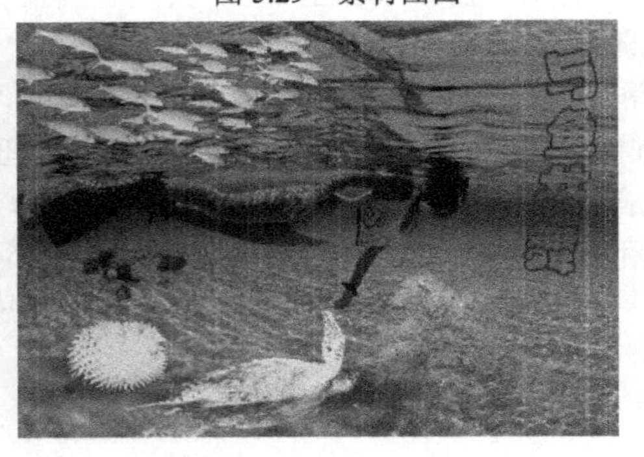

图 5.31　合成后的“与鱼共舞”图像效果

第6章 蒙 版

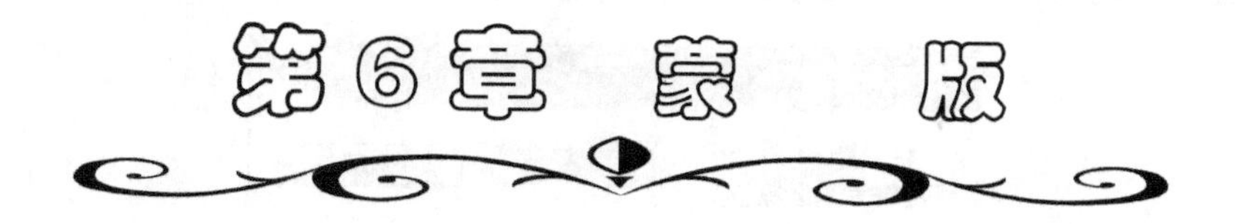

【学习目标】

1. 了解蒙版的概念、分类。
2. 熟练掌握蒙版的应用方法和技巧。

6.1 知识卡片

蒙版是 Photoshop CS4 中的重要技术，被广泛应用于对图像进行隐藏及特效处理的操作中。利用蒙版，可以巧妙地将多幅图像组合在一起，以得到神奇的效果。

6.1.1 蒙版的基本概念

蒙版的概念比较抽象，它就像覆盖在图像上的、颜色深浅不一的玻璃，其中颜色最浅的部分完全透明，可以看到下面的图像；颜色最深的部分完全不透明，下面的图像完全被遮盖住；其他部分则具有不同程度的透明度。

蒙版具有保护被屏蔽的图像区域的功能。当对图像添加蒙版后，对图像的一切操作将只对透明的、未被屏蔽的区域有效。蒙版的作用与选区类似，但利用 Photoshop 中提供的绘画工具和编辑工具可以创建出比一般选区要复杂得多的蒙版。另外，在蒙版中还可以用不同程度的灰色表示被不同程度选中的区域。

在 Photoshop 中，蒙版主要有快速蒙版、剪贴蒙版、图层蒙版和矢量蒙版等类型。

6.1.2 快速蒙版

快速蒙版是一种用于保护图像区域的临时蒙版。默认情况下，蒙版有“以标准模式编辑”和“以快速蒙版模式编辑”两种模式，连续按下键盘中的 Q 键，可以实现这两种模式间的切换。其中位于工具箱中的“以标准模式编辑”按钮是 Photoshop 默认的编辑模式。在“以快速蒙版模式编辑”模式下的各种编辑操作不是针对图像的，而是针对快速蒙版进行的，同时，在“通道”调板中将自动添加一个临时的快速蒙版通道，且在操作结束后，该蒙版将不再继续被保存在“通道”调板中，而是直接生成选区。通过快速蒙版和 Photoshop 中提供的工具或滤镜可以建立非常复杂的特殊选区。

用鼠标双击工具箱中的“以快速蒙版模式编辑”按钮，系统将弹出如图 6.1 所示的“快速蒙版选项”对话框。

➢ “色彩指示”选项：当选中“被蒙版区域”单选框时，快速蒙版中不显示色彩的部分为最终的选区；当选中“所选区域”单选框时，快速蒙版中显示色彩的部分为最终的选区。

➢ “颜色”选项：用于设置新的蒙版颜色。

“不透明度”选项：用于设置蒙版颜色的不透明程度。

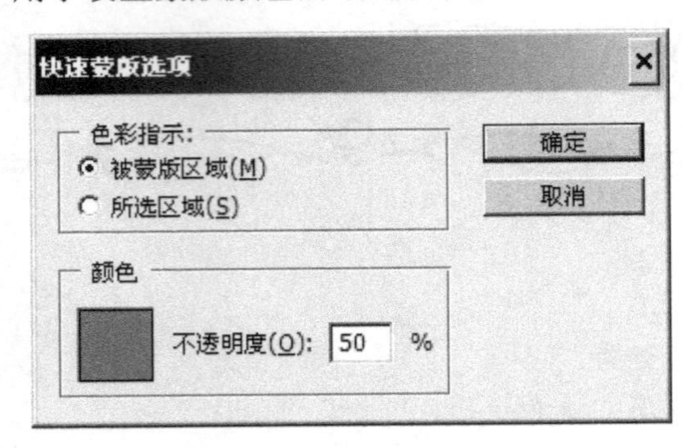

图 6.1 “快速蒙版选项”对话框

6.1.3 剪贴蒙版

剪贴蒙版是一组图层的总称。创建剪贴蒙版必须有上下两个相邻的图层（即剪贴层和蒙版层），它将利用下方图层（剪贴层）中的图像形状对上层（蒙版层）的图像进行剪切，以下方图层（剪贴层）中的图像形状限制和约束上方图层（蒙版层）中图像的显示范围，来创建一种剪贴画的效果。

由此可见，剪贴蒙版图层不只是一个图层，而是两个甚至多个具有特殊关系的图层的总称，其中一个图层的外形将通过剪贴关系控制和约束其他图层的显示状态和效果，如图 6.2～图 6.7 所示。

图 6.2 “背景”层的图像

图 6.3 “图层 1”（剪贴层）的图像

图 6.4 “图层 2”（蒙版层）的图像

图 6.5 组成剪贴蒙版前的“图层”调板

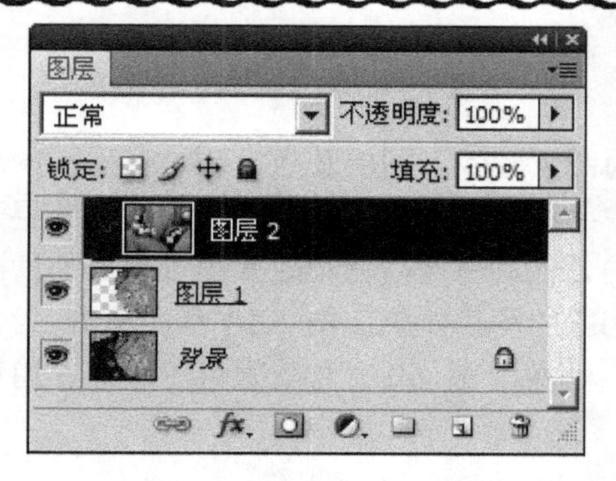

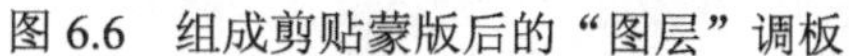
图 6.6　组成剪贴蒙版后的“图层”调板

图 6.7　组成剪贴蒙版后的图像效果

1. 创建剪贴蒙版

创建剪贴蒙版的方法有如下 3 种：

- 在按住 Alt 键的同时，将光标放在“图层”调板中两个图层的分隔线上，当光标变成形状时（如图 6.8 所示），单击鼠标左键即可。
- 在“图层”调板中选择位于上层的图层，然后按下 Ctrl+Alt+ G 组合键，即可快速执行创建剪贴蒙版的操作。
- 在“图层”调板中选择要创建剪贴组的两个图层中的任意一个图层，然后依次选择“图层”/“创建剪贴蒙版”命令即可。

2. 取消剪贴蒙版

取消剪贴蒙版的方法有如下 3 种：

- 在按住 Alt 键的同时，将光标放在“图层”调板中两个图层的分隔线上，当光标变成形状时（如图 6.9 所示），单击鼠标左键即可。
- 在“图层”调板中选择剪贴组中的任意一个图层，然后按下 Ctrl+Alt+ G 组合键，即可快速执行取消剪贴蒙版的操作。
- 在“图层”调板中选择剪贴组中的任意一个图层，然后依次选择“图层”/“释放剪贴蒙版”命令即可。

图 6.8　创建剪贴蒙版时的光标状态

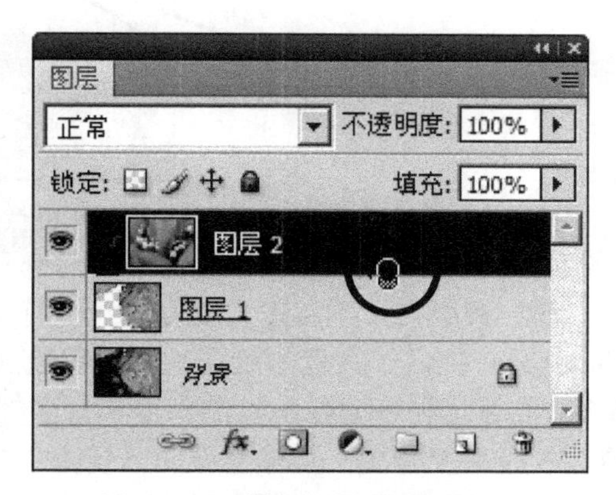

图 6.9　取消剪贴蒙版时的光标状态

6.1.4 图层蒙版

覆盖在某一个特定图层或图层组上的蒙版称为图层蒙版。图层蒙版是 Photoshop 图层的核心技术，是利用 Photoshop 进行图像合成过程中必不可少的技术手段之一。通过图层蒙版可以控制图层或图层组中不同区域的隐藏和显示的方式，还可以在不改变图层本身的情况下直接对图层应用各种特殊效果，从而得到许多梦幻般的图像效果，图 6.10 和图 6.11 为使用图层蒙版所得到的混合效果及与之对应的“图层”调板，图 6.12 为蒙版对图层的作用原理示意图。

图 6.10　应用蒙版后的图层效果

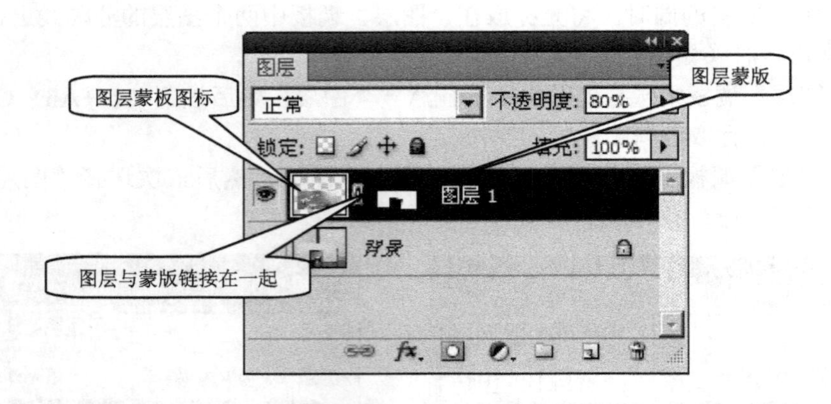

图 6.11　应用蒙版后的“图层”调板

图层蒙版对于图层来说就好像一个特别的遮罩，起到隐藏或显示本层图像的作用。由于 Photoshop 提供了大量的绘图工具和手段（如画笔工具、铅笔工具、渐变工具或各类调色命令等），因此利用蒙版可以制作出丰富多样的图像效果。在图层蒙版中采用介于黑白色之间的 256 级灰度绘图，具体遵循如下规律：

- 如果使用黑色绘图，将隐藏本层图像，从而显示出下一个图层中（被遮盖）的图像；
- 如果使用白色绘图，将显示本层图像，从而隐藏下一个图层中与其重叠的图像；
- 如果使用介于黑色和白色之间的灰色绘图，则使本层图像呈现若隐若现的朦胧效果。

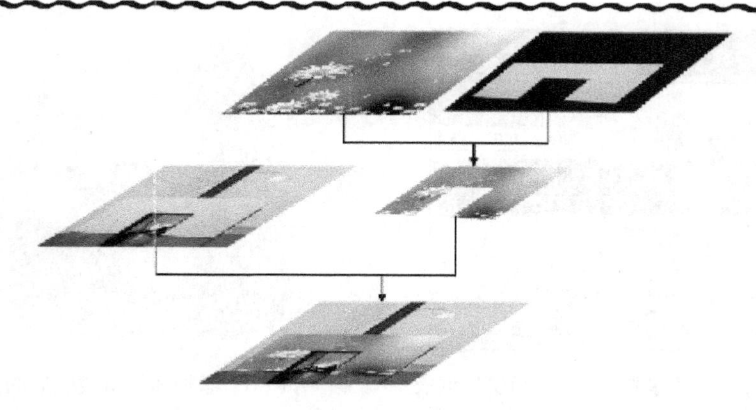

图 6.12　蒙版对图层的作用原理示意图

1. 添加图层蒙版

为图像添加图层蒙版主要有以下几种方法：

- 利用“添加图层蒙版”按钮直接添加和编辑蒙版：首先选取如图 6.13 所示的素材文件，并在“图层”调板中选择要添加蒙版的图层作为当前操作图层，如图 6.14 所示，然后单击位于“图层”调板底部的“添加图层蒙版”按钮，即可在图层缩览图的右侧添加一个空白的图层蒙版缩览图，如图 6.15 所示。

图 6.13　素材文件

图 6.14　“图层”调板

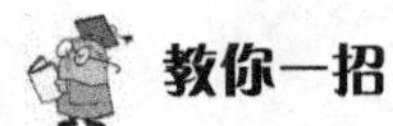

教你一招

当添加空白蒙版后，将前景色设置为白色，选择“画笔工具”，并在图像中“树叶”图片超出相框白色区域部分涂抹，即可将超出的部分隐藏，得到如图 6.16 所示的图像效果，与之对应的“图层”调板如图 6.17 所示。如果此时按住 Alt 键，并单击“图层”调板中的图层蒙版缩览图，则可以观察到如图 6.18 所示的图层蒙版效果。

当蒙版处于激活状态时，“图层”调板中的蒙版缩览图周围将出现一个实线框。涂抹时一定要保证蒙版处于激活状态，否则，将会把颜色涂抹到图像中。

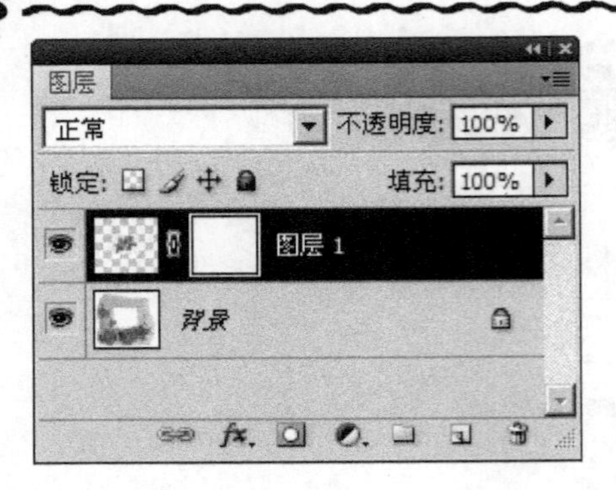

图 6.15　添加空白蒙版后的“图层”调板

图 6.16　添加和编辑蒙版后的图像效果

图 6.17　编辑蒙版后的“图层”调板

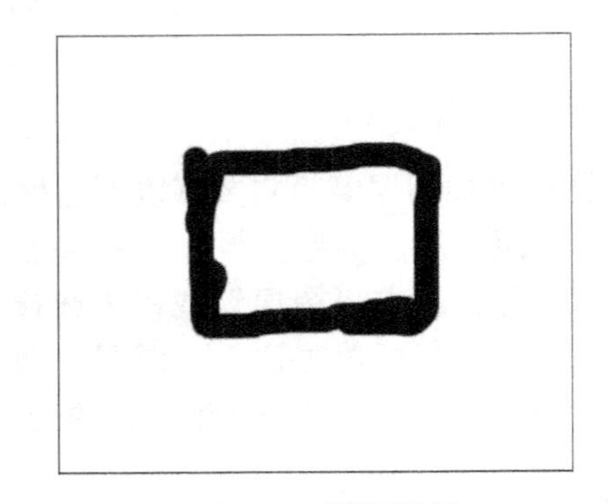

图 6.18　蒙版效果

➢ 利用选区添加蒙版：如果当前图像中存在选区（如图 6.19 所示），单击调板底部的“添加图层蒙版”按钮，可以在选区以外的部分添加蒙版，以便只显示选区内的图像，而隐藏选区以外的图像（如图 6.20 所示），与之对应的“图层”调板如图 6.21 所示。

图 6.19　存在选区的素材文件

图 6.20　利用选区建立图层蒙版后的效果

教你一招

如果当前图像中存在选区，在按住 Alt 键的同时单击调板底部的“添加图层蒙版”按钮，则可以隐藏当前选区内的图像（如图 6.22 所示），与之对应的“图层”调板如图 6.23 所示。

在图像中建立选区后，如果首先利用“选择”/“修改”/“羽化”命令将选区羽化，然后再执行“图层”/“添加图层蒙版”命令为图像添加图层蒙版，则可以得到虚化的图像效果。

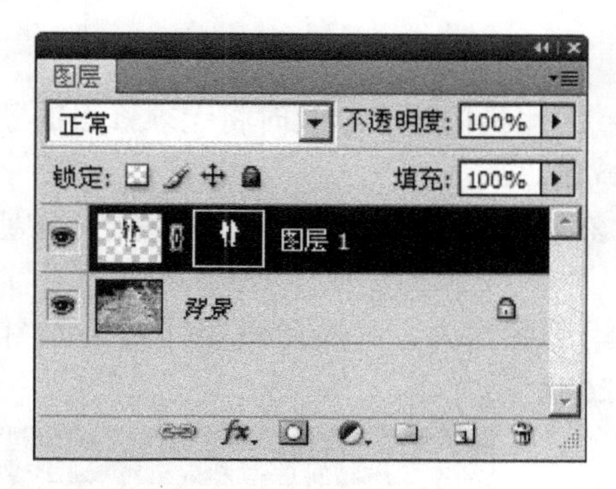

图 6.21　利用选区建立图层蒙版后的“图层”调板

图 6.22　隐藏选区图像后的效果

➢ 蒙版通道：如果图像中已经建立了选区，单击位于“通道”调板底部的“将选区存储为通道”按钮，将建立一个蒙版通道，并将选区保存在该通道中；如果图像中没有选区，单击位于“图层”调板底部的“创建新通道”按钮，创立一个名为“Alpha 1”的新通道，然后进一步利用绘图工具在新建的“Alpha 1”通道中绘制白色，这样，也可以建立一个蒙版通道。

➢ 工具箱中的“以快速蒙版模式编辑”按钮：直接单击工具箱中的“以快速蒙版模式编辑”按钮，可以为图像添加一个快速蒙版；再次单击该按钮，可以退出快速蒙版状态。

2. 屏蔽和恢复图层蒙版

利用下列操作之一，可以屏蔽蒙版效果（如图 6.24 所示）：

➢ 在按住 Shift 键的同时单击“图层”调板中的图层蒙版；

➢ 依次选择“图层”/“图层蒙版”/“停用”命令；

➢ 在“图层”调板中的图层蒙版层单击鼠标右键，然后从快捷菜单中选择“停用图层蒙版”命令。

图 6.23　隐藏选区图像后的“图层”调板

图 6.24　停用图层蒙版后的“图层”调板

停用或屏蔽蒙版效果后，利用下列操作之一，可以恢复蒙版效果：

➢ 当再次按住 Shift 键的同时单击“图层”调板中的图层蒙版缩览图；

- 依次选择“图层”/“图层蒙版”/“启用”命令；
- 在“图层”调板中的图层蒙版层单击鼠标右键，然后从快捷菜单中选择“启用图层蒙版”命令。

3. 应用和删除图层蒙版

图层蒙版的使用将大大增加图像文件的大小，因此我们应注意及时将无须修改的蒙版效果应用到图层中，并将蒙版及蒙版屏蔽的图像区域删除。

在“图层”调板中选中需要删除的图层蒙版，然后单击调板底部的“删除图层”按钮，系统将弹出如图 6.25 所示的操作提示框。

- 单击“应用”按钮，可以将蒙版效果应用到图层中，并删除蒙版（效果如图 6.20 所示），与之对应的“图层”调板如图 6.26 所示；

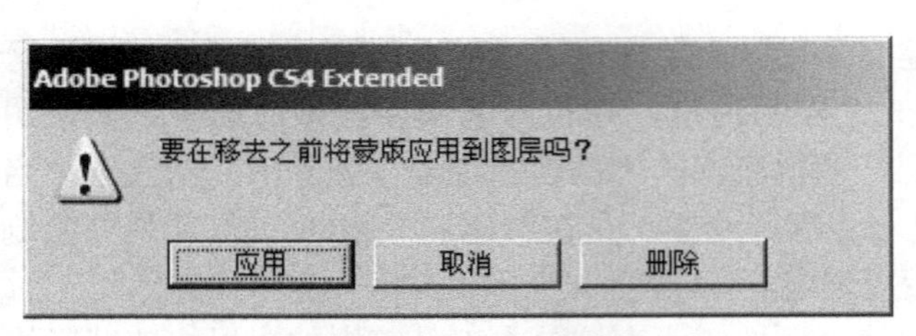

图 6.25 删除蒙版时的操作提示框

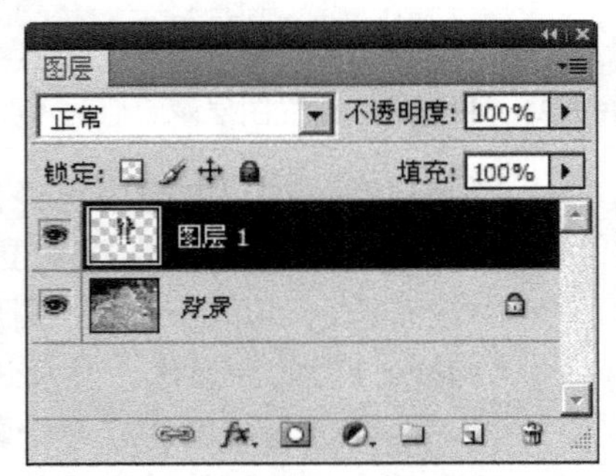

图 6.26 应用蒙版效果并删除蒙版后的“图层”调板

- 单击“取消”按钮，可以取消删除操作；
- 单击“删除”按钮，则会删除图层蒙版且不应用蒙版效果（效果如图 6.27 所示），与之对应的“图层”调板如图 6.28 所示。

图 6.27 删除蒙版后的效果

图 6.28 未应用蒙版效果并删除蒙版后的“图层”调板

教你一招

如果需要给一个背景图层中的图像添加蒙版，则需要先利用“图层”/“复制图层”命令将其转换为普通图层，然后才能为其创建蒙版。

4. 图层与图层蒙版的链接关系

默认情况下，图层与其蒙版是处于链接状态的，在“图层”调板中，图层与其蒙版缩览图之间存在一个链接图标，且图层与图层蒙版中的图像将同时被移动。如果要改变这种链接关系，只需单击链接图标即可；再次单击该位置，即可重新建立两者之间的链接关系。

6.1.5 矢量蒙版

矢量蒙版是由钢笔或形状工具创建、其光滑程度与图像分辨率无关的蒙版。使用矢量蒙版可以创建具有锐利边缘的蒙版。

1. 添加矢量蒙版

为图层添加矢量蒙版也可以得到显示全部和隐藏全部图像两种效果。

在“图层”调板中选中需要添加矢量蒙版的图层，然后依次选择“图层”/“矢量蒙版”/“显示全部”命令，可以为图层添加显示全部的矢量蒙版；依次选择“图层”/“矢量蒙版”/“隐藏全部”命令，可以为图层添加隐藏全部的矢量蒙版。

2. 在矢量蒙版中绘制路径或形状

在矢量蒙版中创建用于屏蔽图层中图像的路径有如下两种方法：

- 如果图像的“路径”调板中已经存在路径，在选中目标路径后，依次选择“图层”/“矢量蒙版”/“当前路径”命令，即可直接将此路径添加到矢量蒙版中；
- 如果图像的“路径”调板中不存在路径，则需要在选中矢量蒙版的状态下，利用工具箱中钢笔工具或形状工具绘制需要的路径。

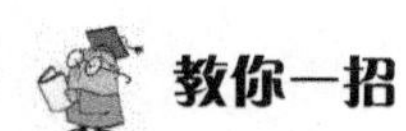

利用形状工具在矢量蒙版中绘制的形状属于路径，为了得到令人满意的效果，我们可以根据需要利用“直接选择工具”和“转换点工具”对路径及其节点进行编辑。

3. 删除矢量蒙版

利用下列方法之一，可以将矢量蒙版删除：

- 依次选择“图层”/“矢量蒙版”/“删除”命令；
- 在“图层”调板中将矢量蒙版拖曳至调板底部的“删除图层”按钮上。

4. 将矢量蒙版转换为图层蒙版

矢量蒙版是基于图像所创建的蒙版，而很多 Photoshop 工具和命令都是基于图像的，无法直接应用于矢量蒙版。为了保证这些基于图像的命令和工具能够充分发挥作用，我们可以依次选择“图层”/“栅格化”/“矢量蒙版”命令，将矢量蒙版转换为图层蒙版。

6.1.6 “蒙版”调板

“蒙版”调板是在 Photoshop CS4 版本中新增加的特色功能之一。依次选择“窗口”/“蒙版”命令，即可显示如图 6.29 所示的“蒙版”调板。

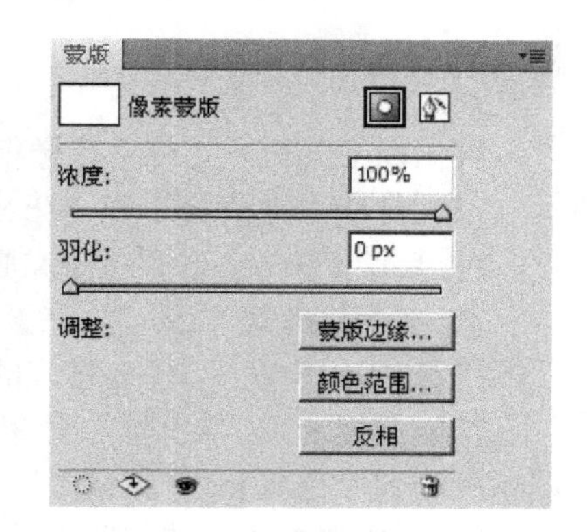

图 6.29 “蒙版”调板

利用“蒙版”调板，我们可以轻松地更改蒙版的透明度、边缘柔化程度等，也可以方便地增加或删除蒙版、反相蒙版或调整蒙版边缘，还可以设置蒙版的浓度、羽化程度、显示/隐藏等。

6.2 “花样年华”图像合成——蒙版的应用

动手做

利用蒙版制作“花样年华”图像合成效果，其效果如图 6.30 所示。

图 6.30 “花样年华”合成图像效果图

指路牌

查阅知识卡片，对案例进行讨论和分析，得出如下解题思路：

（1）利用通道、“色阶”命令、“画笔工具”和“通过拷贝图层”操作，将“女孩”图像复制到“花丛.jpg”图像中。

（2）利用图层蒙版和“渐变工具”调整图像的融合效果。

（3）利用“直排文字工具”IT和“图层样式”添加特效文字“花样年华”。

跟我做

根据以上分析，完成“花样年华”图像合成的具体操作如下：

（1）打开“女孩.tif”和“花丛.jpg”原图文件。

① 启动 Photoshop CS4 中文版。

② 按下快捷键 Ctrl+O，在素材中分别打开如图 6.31 所示的“女孩.tif”和如图 6.32 所示的“花丛.jpg”两个 RGB 格式的图像文件。

（2）利用通道、“色阶”命令、“画笔工具”和“通过拷贝图层”操作，将“女孩”图像复制到“花丛.jpg”图像中。

① 单击选中“女孩.tif”图像窗口，将其置为当前工作窗口，单击工具箱中的“磁性套索工具”，为“女孩”建立选区（如图 6.33 所示），并按下快捷键 Ctrl+C，将图像复制到剪贴板中。

图 6.31　“女孩.tif”图像文件

图 6.32　“花丛.jpg”图像文件

② 单击“花丛.jpg”图像窗口，将其置为当前工作窗口，按下快捷键 Ctrl+V，将“女孩”图像复制到“花丛”图像窗口中，并利用“移动工具”调整其位置，效果如图 6.34 所示，在“图层”调板中将自动增加一个名为“图层 1”的图层。

图 6.33　利用“磁性套索工具”为“女孩”建立的选区

图 6.34　初步合成的“女孩”和“花丛”图像效果图

（3）利用图层蒙版和“渐变工具”调整图像的融合效果。

① 单击位于“图层”调板底部的“添加图层蒙版”按钮，创建图层蒙版，效果如图 6.35 所示。

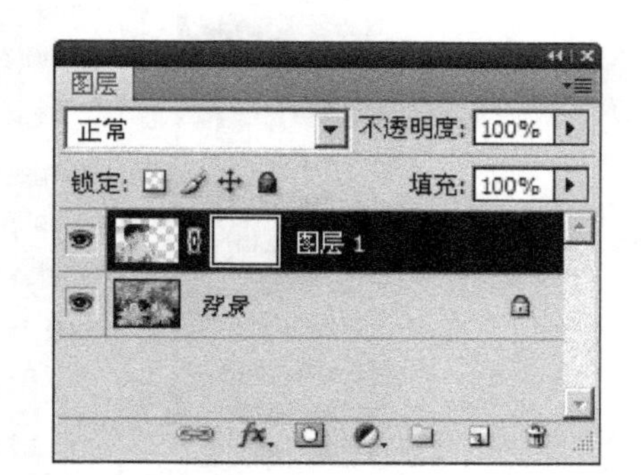

图 6.35　创建图层蒙版

② 设置前景色为黑色。

③ 单击工具箱中的“渐变工具”，单击选项栏中的“渐变色彩方案”选项的下拉按钮，系统将弹出渐变颜色方案调板，单击渐变颜色方案调板右上角的按钮，选择“复位渐变”命令，渐变颜色方案调板将显示如图 6.36 所示的颜色渐变方案组，从中双击选择“从前景到透明”的渐变类型按钮，选择“径向渐变”方式，并设置其“不透明度”选项为“50%”，选中“反向”复选框。

④ 在“图层”调板中单击选中图层蒙版，然后在图像窗口中从左上角向右下角拖曳鼠标添加渐变效果，制作出如图 6.37 所示的“女孩”和“花丛”图像的融合效果，与之对应的“图层”调板中的图层蒙版如图 6.38 所示。

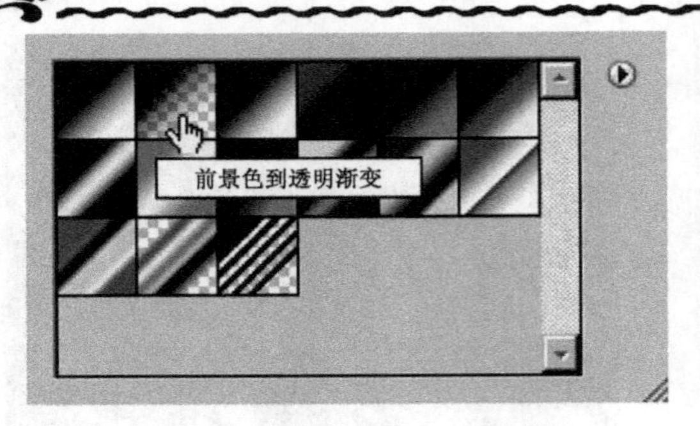

图 6.36 渐变颜色方案调板

图 6.37 女孩”和“花丛”图像的融合效果

图 6.38 利用“渐变工具”填充后的“图层”蒙版

（4）利用“直排文字工具”T 和“图层样式”添加特效文字“花样年华”。

① 选择工具箱中的“直排文字工具”T，输入文字“花样年华”。

② 在“图层”调板中单击选择文字图层“花样年华”，依次选择“图层”/“图层样式”命令，系统将弹出“图层样式”对话框，设置其“投影”、“斜面和浮雕”、“图案叠加”的参数，如图 6.39～图 6.41 所示，得到的特效文字如图 6.42 所示。

（5）合并图层及保存文件。

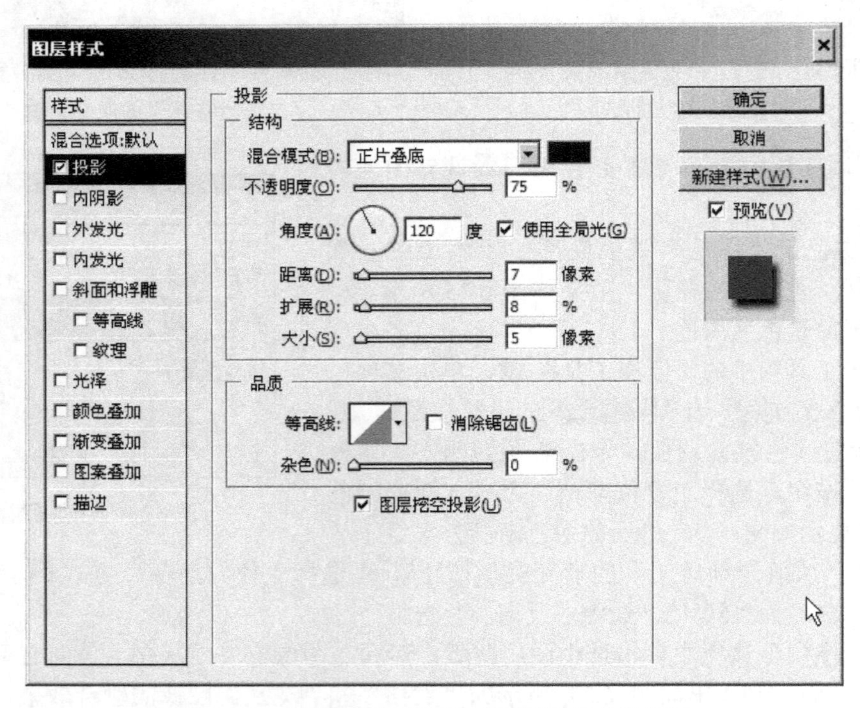

图 6.39 “图层样式/投影”对话框及其参数设置

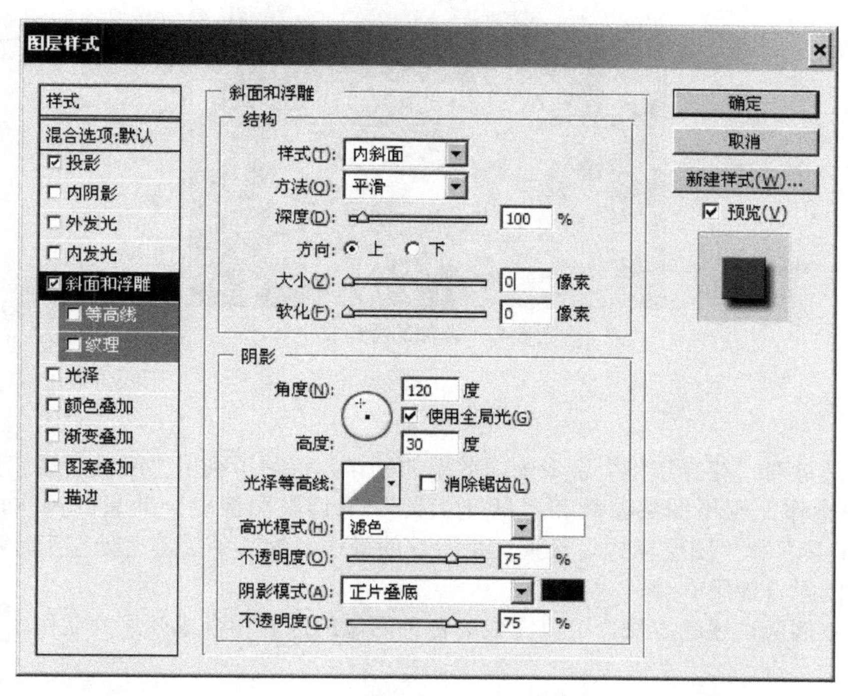

图 6.40　“图层样式/斜面和浮雕”对话框及其参数设置

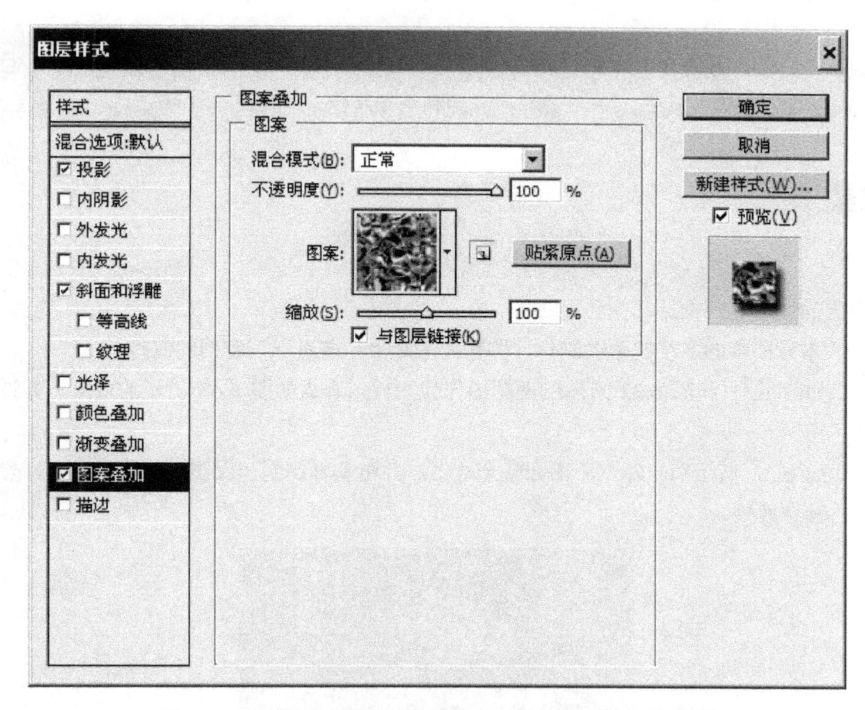

图 6.41　“图层样式/图案叠加”对话框及其参数设置

图 6.42　添加的特效文字

回头看

本案例通过对“花样年华”合成图像效果的制作，练习了利用“磁性套索工具”选取和复制图像的操作，利用图层蒙版和“渐变工具”调整图像融合效果的操作，以及利用“直排文字工具”和“图层样式”设置文字特效的操作。这其中关键之处在于，利用图层蒙版调整图像的融合效果。

利用本案例所讲述的方法，可以完成对各种图像的选取和合成效果的制作。

本章小结

本章主要介绍了蒙版的概念、种类和使用方法。蒙版是 Photoshop CS4 中的重要内容，但比较难以理解，读者可以借助本章提供的案例进一步理解和掌握利用蒙版合成图像的方法和技巧。

习题 6

1. 总结蒙版的概念、种类、功能和用法。

2. 上机完成本章提供的各个案例的制作，并在此基础上完成对下列案例的制作。

利用蒙版以如图 6.31 和图 6.32 所示的两幅图像为素材，合成如图 6.43 所示的效果，并说出与本章案例的效果有何区别。

提示：将如图 6.32 所示的“花丛”图像整个选中，并将其复制到“女孩”图像窗口中，然后利用图层蒙版调整图像的融合效果。

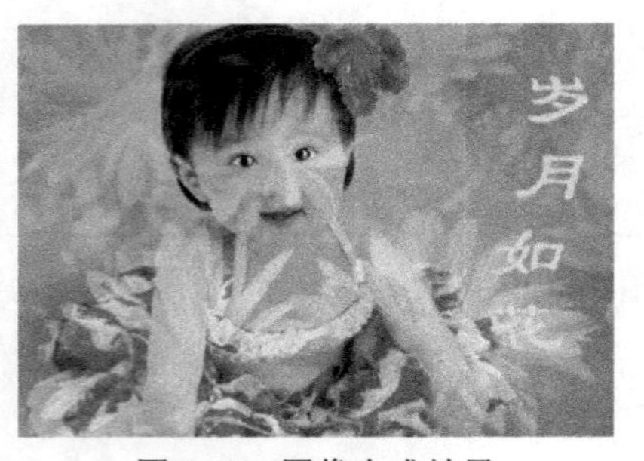

图 6.43　图像合成效果

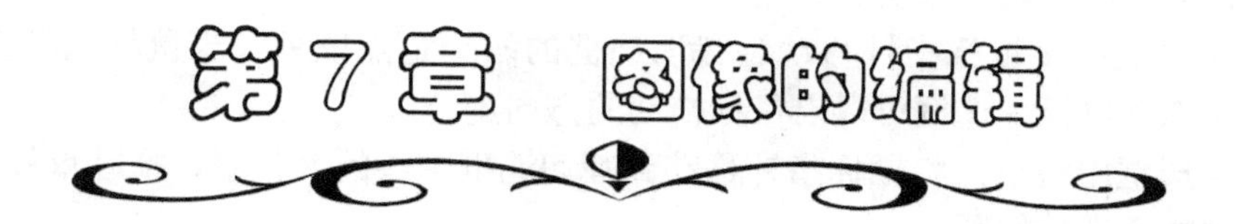

【学习目标】

1. 了解图像、选区的各种编辑和变换工具、命令的基本功能与特点。
2. 熟练掌握对图像的裁切、复制与粘贴、变换等基本操作方法和技巧。

7.1 知识卡片

Photoshop CS4 中提供了大量的工具和命令，可以非常方便地对图像进行裁切、变换等操作，从而得到所需要的图像效果。

7.1.1 图像的裁切

裁切是指将图像周围不需要的部分删除或隐藏。在 Photoshop 中提供了多种裁切图像的方法。利用工具箱中的“裁切工具”和在选项栏（如图 7.1 和图 7.2 所示）中对相应参数的设置，可以设置图像的各种裁切效果。

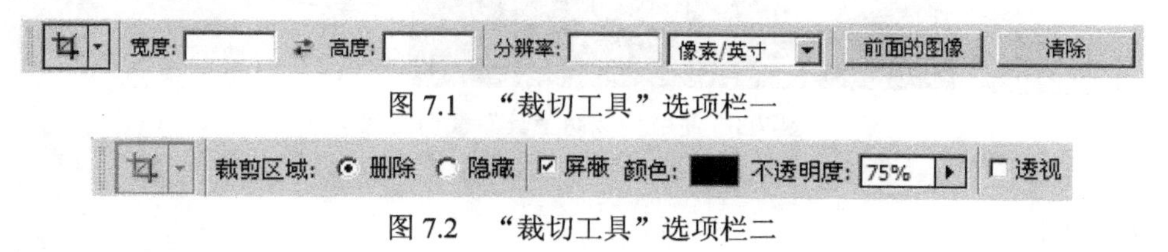

图 7.1 “裁切工具”选项栏一

图 7.2 “裁切工具”选项栏二

“裁切工具”的具体用法如下：

（1）选择工具箱中的“裁切工具”。

（2）通过设置选项栏（如图 7.1 所示）中的参数设置裁切模式。

- 不重新取样裁切模式：是系统默认模式，选项栏中的所有文本框均设置为空。
- 重新取样裁切模式：分别设置选项栏中“高度”、“宽度”和“分辨率”等参数。
- 基于另一图像的尺寸和分辨率重新取样裁切模式：首先打开所依据的图像，并单击工具箱中的“裁切工具”，然后单击选项栏中的“前面的图像”按钮，并使要裁切的图像成为当前图像。

（3）在图像窗口中拖动鼠标绘制一个矩形裁切选框，框内为需要保留的区域，框外的区域将被阴影覆盖，如图 7.3 所示。

（4）拖动矩形框上的控制点，如图 7.3 所示，可以调整裁切选框的大小、位置和形状。

- 移动和调整选框的位置：将鼠标指针移动到裁切选框内，鼠标指针将变成▶形状，拖动鼠标指针即可移动和调整选框的位置。

- 缩放选框：将鼠标指针移动到选框的控制点上，鼠标指针将变成↔、↕或↘形状，直接用鼠标拖动裁切选框上的控制点，即可缩放选框，如果同时按住 Shift 键，可以约束裁切选框的长宽比例。
- 旋转选框：将鼠标指针移动到裁切选框的四个定点以外，当鼠标指针变成↶形状时，拖动鼠标，选框可以沿鼠标拖动的方向旋转。
- 移动选框中心点：将鼠标指针移动到裁切选框中心的⌖位置，拖动鼠标，可以改变选框中心点的位置。

（5）在工具选项栏（如图 7.2 所示）中设置裁切方式。

- 删除裁切选框外的图像：选中“删除”单选框。
- 隐藏裁切选框外的图像：选中“隐藏”单选框。在 Photoshop 中，该方式不适用于只包含背景图层的图像。
- 使用裁切屏蔽：选中“屏蔽”单选框，通过“颜色”和“不透明度”选项设置裁切屏蔽的颜色和不透明度。
- 变换图像中的透视：选中“透视”选项。

（6）按下 Enter 键或单击选项栏中的“提交”按钮✔，或在裁切选框内双击鼠标，均可以提交裁切操作，按下 Esc 键或用鼠标单击选项栏中的“取消”按钮⊘，将取消裁切操作。

图 7.3　使用“裁切工具”裁切图像

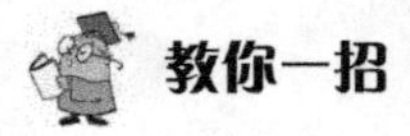

教你一招

首先利用建立选区的工具选中图像中需要保留的区域，然后依次选择“图像”/“裁切”命令，即可删除选区以外的图像。

7.1.2　图像的复制与粘贴

图像的复制与粘贴操作可以在同一图像窗口内进行，也可以在不同图像窗口之间进行，但都需要借助剪贴板完成，即必须先将图像剪切或复制到剪贴板中，然后再将其粘贴到目标位置。

1. 利用“移动工具”复制图像

在利用“移动工具”▸✥复制图像时，通常需要先利用建立选区的工具和命令选取图像，接着选择工具箱中的“移动工具”，并将鼠标指针移动到选区内，然后在按住 Alt 键的同时拖动鼠标，即可将选区中的图像复制到目标位置，如图 7.4 所示。这种复制操作将仅限于在原图层中进行图像复制，而并不创建新图层，如图 7.5 所示。

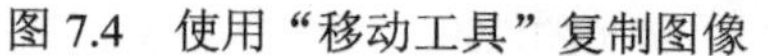

图 7.4　使用“移动工具”复制图像

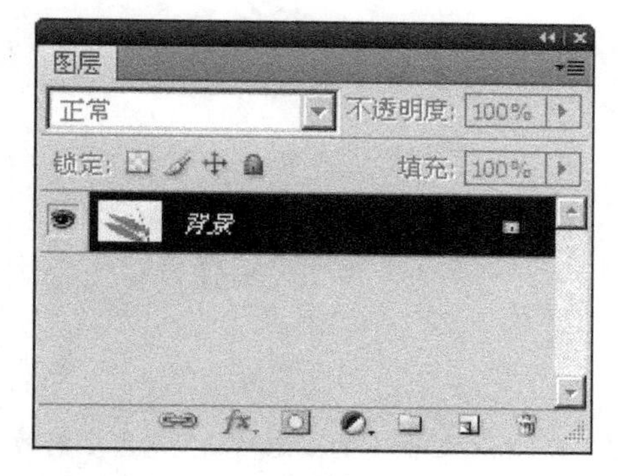

图 7.5　使用“移动工具”复制图像后的“图层”调板

2．利用剪贴板或快捷键剪切、粘贴和复制图像

在 Photoshop 中，剪贴板通常在将图像复制到其他位置时使用，主要的操作包括剪切、复制和粘贴等。

➢ 剪切图像：在图像中建立选区后，依次选择“编辑”/“剪切”命令，或按下快捷键 Ctrl+X。
➢ 复制图像：在图像中建立选区后，依次选择“编辑”/“拷贝”命令，或按下快捷键 Ctrl+C。
➢ 合并复制图像：在图像中建立选区后，依次选择“编辑”/“合并拷贝”命令，或按下组合键 Ctrl+Shift+C。
➢ 粘贴图像：将图像复制或剪切到剪贴板中后，依次选择“编辑”/“粘贴”命令，或按下快捷键 Ctrl+V。这种复制操作将首先自动创建一个新图层，然后再将图像粘贴到新图层中，如图 7.6 所示。
➢ 将图像粘贴到选区：将图像复制或剪切到剪贴板中后，必须首先在图像中建立选区（如图 7.7 所示），然后依次选择“编辑”/“贴入”命令，或按下组合键 Ctrl+Shift+V，即可将剪贴板中的图像粘贴到选区中（如图 7.8 所示），同时将选区转换为图层蒙版，如图 7.9 所示。

图 7.6　利用“复制”/“粘贴”命令复制图像后的“图层”调板

图 7.7　被置入剪贴板的图像

图 7.8 将剪贴板中的图像粘贴到选区后的效果

图 7.9 将剪贴板中的图像粘贴到选区后“图层”调板的效果

教你一招

剪贴板的剪切、复制、合并复制和粘贴等操作有着本质的区别：

- 剪切操作在将选中的图像保存到剪贴板的同时将原图像删除。
- 复制操作在将选中的图像保存到剪贴板的同时原图像继续保留。
- 合并复制实际上也是一种复制方式，这种操作实际上是先将选中的所有可见图层合并为一个图层，然后再将内容保存到剪贴板中。
- 粘贴操作主要用于将保存在剪贴板中的图像粘贴到目标位置。
- 粘贴到选区操作是将保存在剪贴板中的图像作为一个新的图层粘贴到当前选区中，同时将当前选区转换为图层蒙版。

7.1.3 图像的二维变换

在 Photoshop 中，对图像的二维变换的操作主要包括缩放、旋转、斜切、扭曲、透视、变形和翻转等，这些操作可以分别通过“编辑”菜单的“变换”子菜单中的相应命令完成。

教你一招

在执行变换操作之前，应首先选择需要进行变换操作的对象，其操作对象可以是整个图像，也可以是某个图层或选区内的图像等。

1. 缩放变换

利用“缩放”命令可以对控制框内的图像（如图 7.10 所示）进行相应的缩放，效果如图 7.11 所示。

将鼠标指针移动到控制框的某个控制点上，当鼠标指针会变成↔、↕或⤡形状时，拖动鼠标，即可对图像进行缩放。

教你一招

如果在按住 Shift 键的同时拖动鼠标，缩放后图像将保持原图像的长宽比例不变。

如果在按住 Alt 键的同时拖动鼠标，则图像将在保持选区中心点的位置不变的前提下围绕中心点进行缩放。

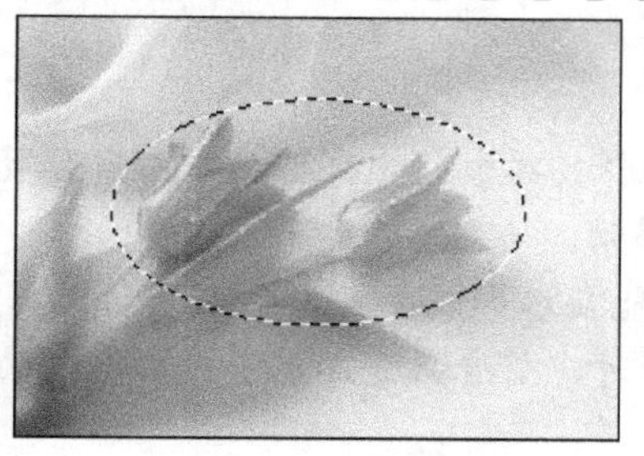

图 7.10　原图效果

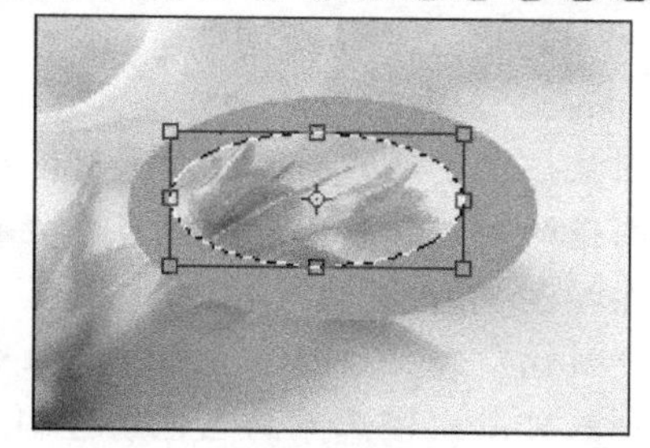

图 7.11　图像的缩放变换效果

2．旋转变换

利用“旋转”命令可以对控制框内的图像进行相应的旋转，效果如图 7.12 所示。

将鼠标指针移动到控制框的某个控制点上，当鼠标指针变成↩状时（指针的形状将随控制点的不同而变化）拖动鼠标，即可对图像进行任意旋转。

教你一招

如果在按住 Shift 键的同时拖动鼠标，可以使图像以角度为 15° 的倍数进行旋转。

将鼠标指针移动到控制框中心的⌖位置，拖动鼠标，可以改变选框中心点的位置。

如果在拖动鼠标前改变中心点的位置，旋转操作将围绕新的中心点位置进行。

3．斜切变换

利用“斜切”命令可以使控制框内的图像发生倾斜，效果如图 7.13 所示。

图 7.12　图像的旋转变换效果

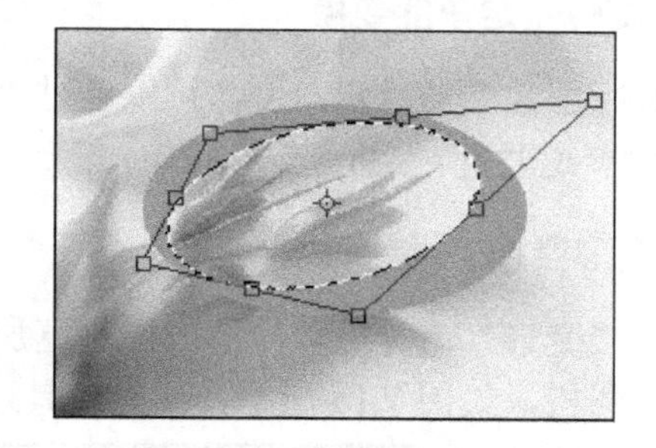

图 7.13　图像的斜切变换效果

将鼠标指针移动到控制框的某个控制点上，当鼠标指针变成▶、▶↕或▶↔状时拖动鼠标，即可调整图像的倾斜度。

教你一招

如果在按住 Alt 键的同时拖动鼠标，可以使控制框的对边在保持控制框内图像的中心点位置不变的前提下同时倾斜。

4．扭曲变换

利用“扭曲”命令可以使控制框内的图像发生任意扭曲，效果如图 7.14 所示。

将鼠标指针移动到控制框的某个控制点上，当鼠标指针变成▶状时拖动鼠标，即可使图像发生任意扭曲。

教你一招

如果在按住 Alt 键的同时拖动鼠标，则可以在保持控制框内图像的中心点位置不变的前提下，使图像的对边和对角的控制点发生相同的移动。

如果在按住 Shift 键的同时拖动鼠标，则将只能在水平或垂直方向上拖动控制点。

当用“斜切”和“扭曲”操作对图像进行变形时，前者只能在水平或垂直方向上拖动控制点，后者则可以在任意方向上拖动控制点。

5. 透视变换

利用“透视”命令可以使控制框内的图像发生透视变换，效果如图 7.15 所示。

将鼠标指针移动到控制框的某个控制点上，当鼠标指针变成▸状时拖动鼠标，即可使图像在水平或垂直方向发生透视变换。

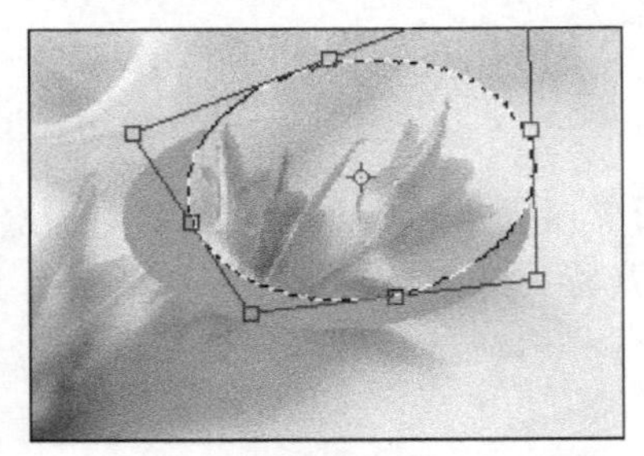

图 7.14 图像的扭曲变换效果

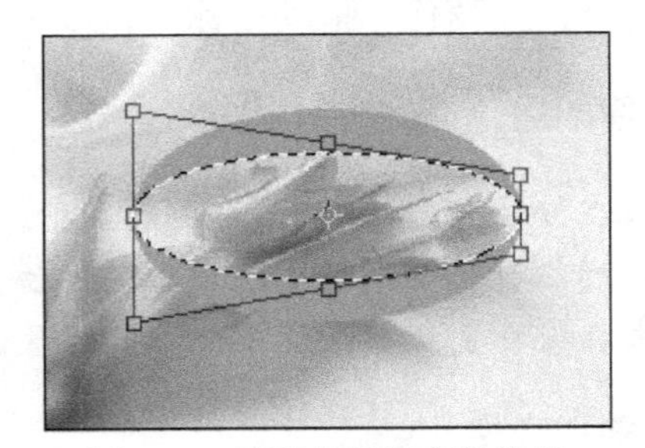

图 7.15 图像的透视变换效果

6. 旋转特定角度变换

将选区图像旋转特定角度，可以通过“旋转 180°”命令、“旋转 90°（顺时针）”命令和“旋转 90°（逆时针）”命令来完成。

7. 变形变换

利用“变形”命令可以对图像进行更加灵活和细致的变形操作。选择“变形”命令可以调出变形网格，如图 7.16 所示，同时工具选项栏也将变为如图 7.17 所示的状态。

图 7.16 显示“变形”控制框的图像

变形: 自定　弯曲: 0.0 %　H: 0.0 %　V: 0.0 %

图 7.17　选择“变形”命令后的工具选项栏状态

当图像窗口中出现变形控制框后，我们可以利用下列方法之一对图像进行变形操作：

➢ 直接在工具选项栏中的“变形”下拉列表中选择适当的变形选项，可以对图像进行快速变形操作。
➢ 直接在图像内部、节点或控制点上拖动鼠标，直至得到满意的图像变形效果（如图 7.18 所示为利用鼠标向左上角拖动变形控制框右下角的控制点，之后便可得到如图 7.19 所示的图像效果）。

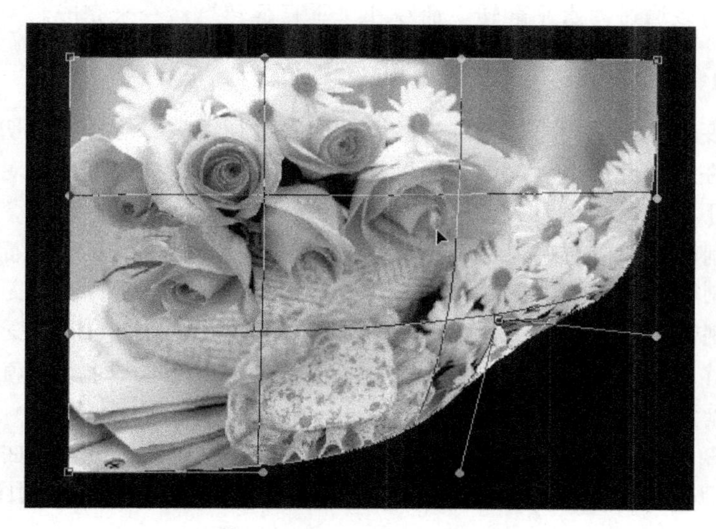

图 7.18　利用鼠标向左上角拖曳右下角的控制点

图 7.19　进行变形后的图像效果

工具栏中选项和参数的含义如下：

➢ “变形”选项：在该下拉列表中共有 15 种预设的变形选项，另外还可以选择“自定”选项，对图像进行任意的变形操作。

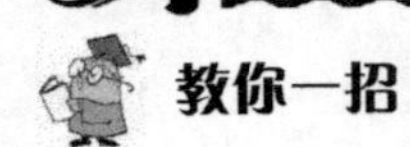

教你一招

如果选择了预设的变形选项，则无法再通过图形控制框对图像进行随意编辑，需要在“变形”下拉列表中选择“自定”选项后，才可以继续对图像进行编辑。

- “更改变形方向”按钮：单击该按钮，可以从不同的方向改变图像。
- “弯曲”选项：用于设置图像的弯曲程度。
- “H”、“V”选项：分别用于控制图像扭曲时在水平和垂直方向上的比例。

8. 翻转变换

将图像翻转可以通过“水平翻转”命令和“垂直翻转”命令来完成。

9. 自由变换

通过“自由变换”命令，可以对选中的图像同时进行缩放、旋转、斜切、扭曲和透视等多种变换操作。在选择此命令后，选择区域的周围将出现变换控制框。在对图像进行变化操作时，具体遵循下列规则：

- 拖动控制框 4 个角的控制点，可以对图像进行水平和垂直方向的缩放变换操作；
- 拖动控制框上、下两个控制点，可以对图像进行垂直方向的缩放变换操作；
- 拖动控制框左、右两个控制点，可以对图像进行水平方向的缩放变换操作；
- 将鼠标移动到边框控制框之外，当鼠标指针变为↶形状时，沿顺时针或逆时针方向拖动鼠标，可以对图像进行旋转变换操作；
- 在按住 Ctrl 键的同时拖动 4 个角上的控制点，可以对图像进行扭曲变换操作；
- 在按住 Ctrl+Shift+Alt 组合键的同时拖动 4 个角上的控制点，可以对图像进行透视变换操作。

7.1.4 选区图像的编辑

建立选区后，可以对选区图像进行“修改”、“扩大选取”、“选取相似”和“变换选区”等各种操作。

1. 修改

通过“修改”命令中相应的子菜单命令可以完成对选区的各种修改操作。

- “边界”命令可以将当前选区向内收缩和向外扩展，从而形成位于内框和外框之间的新选区。
- “平滑”命令可以对选区内外留下的基于颜色的零散像素进行清除。
- “扩展”命令或“收缩”命令可以将选区扩大或缩小。
- “羽化”命令可以在选区图像（如图 7.20 所示）的周围产生一定程度的模糊过渡边缘（如图 7.21 所示），羽化效果由羽化半径来控制。

2. 扩大选取

“扩大选取”命令用于在原选区的基础上，将所有符合魔棒工具选项栏中指定的容差范围的相邻像素添加到选区中。

图 7.20　原图

图 7.21　经过羽化并删除选区外图像的效果

3. 选取相似

“选取相似”命令不仅可以选中相邻像素，还将选中整个图像中位于容差范围内的所有像素。

4. 变换选区

“选区”/“变换选区”命令的操作方法与前面讲的“编辑”/“变换”命令完全相同，但“变换选区”的操作对象是选区边框，而不是选区内的图像。

7.2　制作“梦幻之光”图案特效文字——图像的复制、粘贴与变换的应用

动手做

利用图像的复制、粘贴与变换操作，制作“梦幻之光”图案特效文字，其效果如图 7.22 所示。

指路牌

查阅知识卡片，对案例进行讨论和分析，得出如下解题思路：

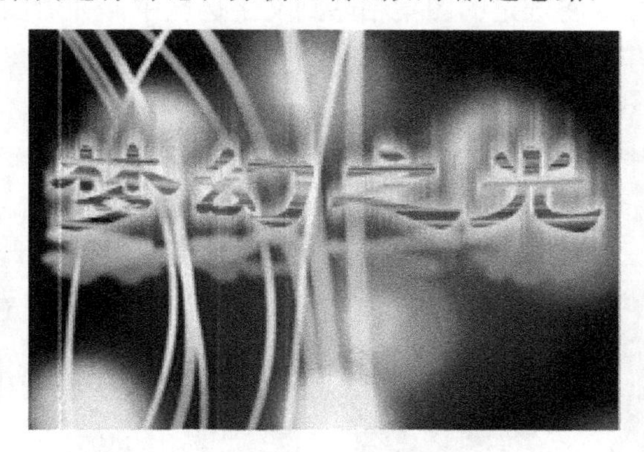

图 7.22　“梦幻之光”图案特效文字

（1）利用“横排文字工具” T 添加文字“梦幻之光”，并将文字图层转换成普通图层。
（2）利用“贴入”命令将选定的图案粘贴到文字选区中，并对图案进行自由变换。

（3）利用“扩展”命令和“描边”命令对文字进行修饰。

（4）通过移动、变换操作及“渐变工具”制作文字的阴影效果。

（5）通过移动、变换操作及“渐变工具”制作文字的投影效果。

（6）利用“高斯模糊”和“动感模糊”滤镜进一步修饰文字。

跟我做

根据以上分析，制作“梦幻之光”图案文字的具体操作如下：

（1）打开“梦幻之光.jpg”和“梦幻彩线.jpg”原图文件。

① 启动 Photoshop CS4 中文版。

② 按下快捷键 Ctrl+O，分别打开素材中的“梦幻之光.jpg”和“梦幻彩线.jpg”两个 RGB 格式的图像文件，如图 7.23 和图 7.24 所示。

图 7.23 “梦幻之光.jpg”图像文件

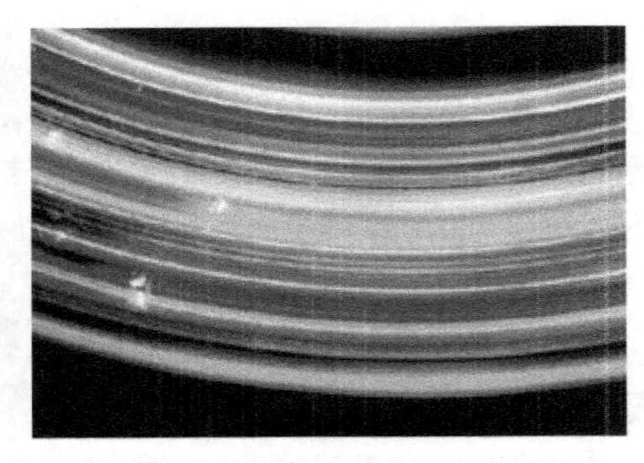

图 7.24 “梦幻彩线.jpg”图像文件

（2）利用“横排文字工具”T添加文字“梦幻之光”，并将文字图层转换成普通图层。

① 单击“梦幻之光.jpg”图像窗口，将其置为当前工作窗口，单击工具箱中的“横排文字工具”T，在工具选项栏将“字体”选项设置为“隶书”、“字号”选项设置为“60点”、“颜色”选项设置为“白色”，然后在图像窗口中输入文字“梦幻之光”，效果如图 7.25 所示。

② 依次选择“图层”/“栅格化”/“文字”命令，将文字图层转换成普通图层。

（3）利用“贴入”命令将选定的图案粘贴到文字选区中，并对图案进行自由变换。

① 按住 Ctrl 键，并单击“图层”调板中的“梦幻之光”文字图层的缩览图，即可将所有文字转换为选区，如图 7.26 所示。

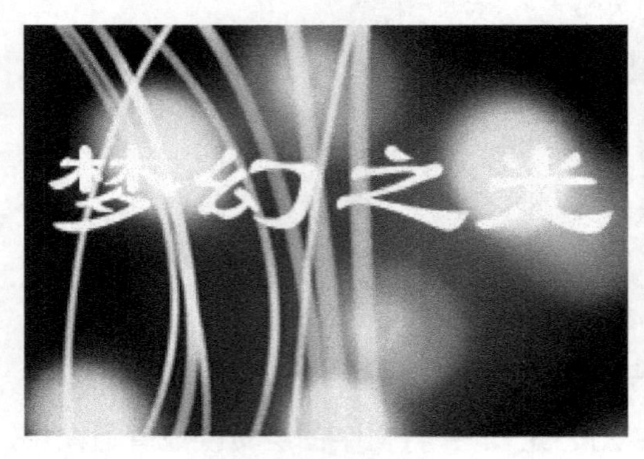

图 7.25 添加的文字

图 7.26 将文字转换为选区

② 单击“梦幻彩线.jpg”图像窗口，将其置为当前工作窗口，单击工具箱中的“矩形选框工具”，在图像窗口中绘制出如图 7.27 所示的选区。

③ 按下快捷键 Ctrl+C，将选区内的图像复制到剪贴板中。

④ 单击“梦幻之光.jpg”图像窗口，将其置为当前工作窗口，并选择文字图层为当前图层，然后依次选择“编辑”/“贴入”命令（快捷键为 Ctrl+Shift+V），将复制的彩线图案粘贴到文字选区中，效果如图 7.28 所示，与之所对应的“图层”调板如图 7.29 所示，可以看到调板中自动添加了一个图层蒙版。

⑤ 依次选择“编辑”/“自由变换”命令（快捷键为 Ctrl+T），为贴入的图案添加自由变形框，然后将鼠标指针移动到变形框的相应控制点上，拖动鼠标，将变形框调整成如图 7.30 所示的效果，并按下 Enter 键，确认图案的变形操作。

图 7.27　在图像窗口中绘制的选区

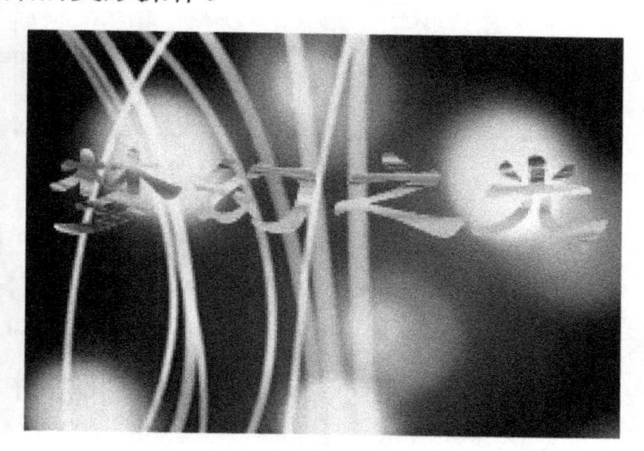

图 7.28　将图案粘贴到文字选区中

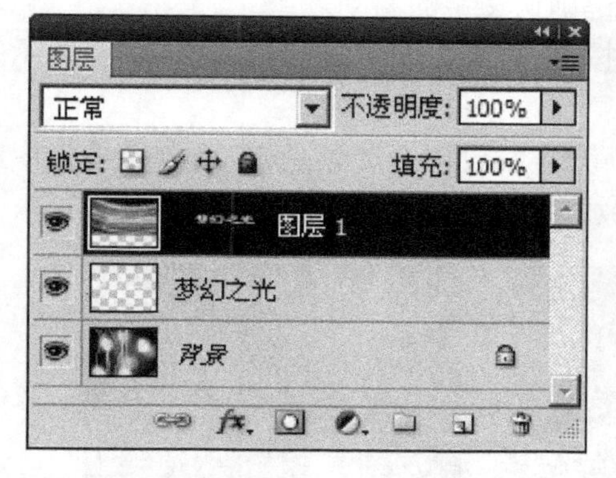

图 7.29　将图案粘贴到文字选区后的“图层”调板

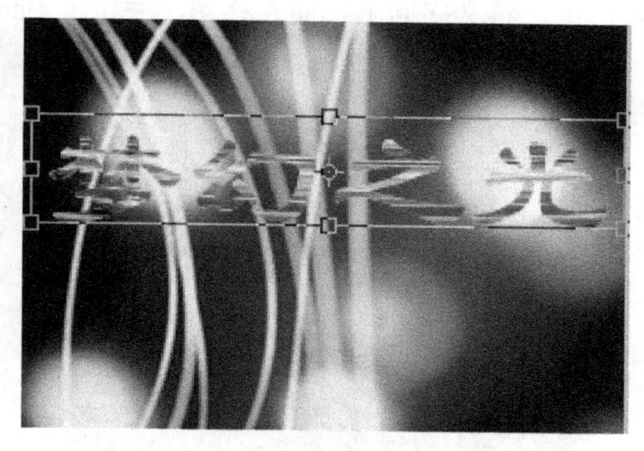

图 7.30　对贴入的图案进行自由变换

（4）利用“扩展”命令和“描边”命令对文字进行修饰。

① 按住 Ctrl 键，并单击“图层”调板中的“梦幻之光”文字图层的缩览图，即可选中所有文字。

② 依次选择“选择”/“修改”/“扩展”命令，系统将弹出“扩展选区”对话框，其参数设置如图 7.31 所示，然后单击“确定”按钮。

图 7.31　“扩展选区”对话框及其参数设置

③ 依次选择“编辑”/“描边”命令，系统将弹出“描边”对话框，设置“颜色”选项为

“白色”，其他参数的设置如图 7.32 所示，然后单击“确定”按钮，将得到如图 7.33 所示的描边后的文字效果。

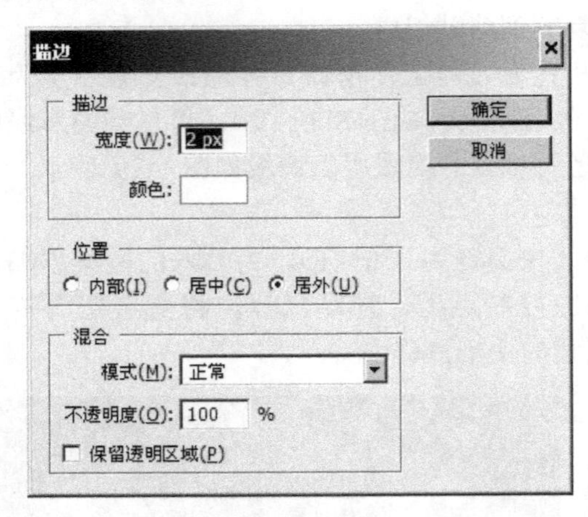

图 7.32 “描边”对话框及其参数设置

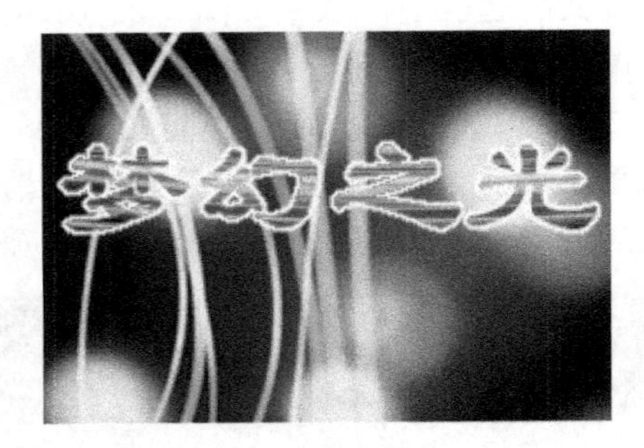

图 7.33 描边后的文字效果

（5）通过移动、变换操作及“渐变工具”制作文字的阴影效果。

① 选中“图层”调板中的“梦幻之光”文字图层，复制文字图层，生成“梦幻之光副本”图层，并在“图层”调板中将其拖动到“梦幻之光”文字图层的下方。

② 按住 Ctrl 键，并单击“图层”调板中的“梦幻之光副本”文字图层的缩览图，为文字添加选区。

③ 按下快捷键 Ctrl+T，为文字选区添加自由变形框，依次按下键盘中的向上键和向左键各一次，将文字向上、向左移动，并按下 Enter 键确认文字的移动。

④ 按下 Ctrl+Shift+Alt 组合键，并连续三次按下 T 键，即可复制出如图 7.34 所示的文字。

⑤ 选择工具箱中的“渐变工具”，并将渐变方案设置为“紫色”，选中属性栏中的“线性渐变”按钮，自上而下为复制出的文字添加渐变效果，效果如图 7.35 所示。

图 7.34 移动和复制出的文字效果

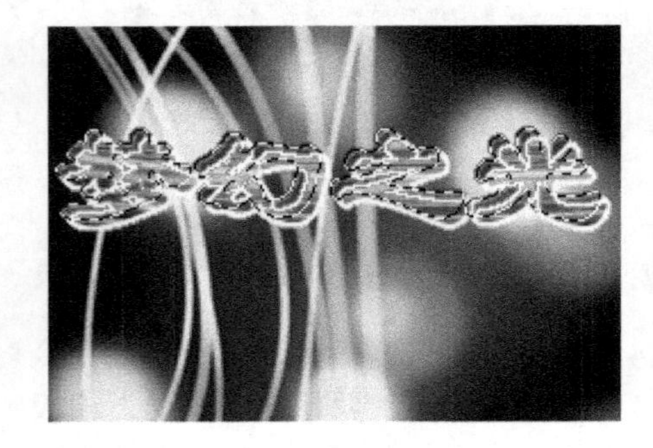

图 7.35 添加渐变色后的文字效果

（6）通过移动、变换操作及“渐变工具”制作文字的投影效果。

① 选中“图层”调板中的“梦幻之光”文字图层，复制生成“梦幻之光副本 2”图层，并在“图层”调板中将其拖动到“梦幻之光副本”图层的下方。

② 选中“图层”调板中的“梦幻之光副本 2”图层，然后依次选择“编辑”/“变形”/“垂直翻转”命令，将其进行垂直翻转，然后利用工具箱中的“移动工具”，将其向下移

动至如图 7.36 所示的位置。

③ 按下快捷键 Ctrl+T，为翻转的文字图案添加自由变形框，并利用鼠标将文字调整成如图 7.37 所示的效果。

图 7.36　垂直翻转并移动后的文字效果

图 7.37　自由变换后的文字效果

④ 按住 Ctrl 键，并单击“图层”调板中的“梦幻之光副本 2”文字图层的缩览图，为文字添加选区。

⑤ 单击工具箱中的“渐变工具”，并将渐变方案设置为“橙色、黄色”，选中属性栏中的“线性渐变”按钮，自上而下为调整后的文字添加渐变色，效果如图 7.38 所示。

（7）利用“高斯模糊”和“动感模糊”滤镜进一步修饰文字。

① 依次选择“滤镜”/“模糊”/“高斯模糊”命令，系统将弹出“高斯模糊”对话框，其参数设置如图 7.39 所示，然后单击“确定”按钮，即可得到如图 7.40 所示的效果。

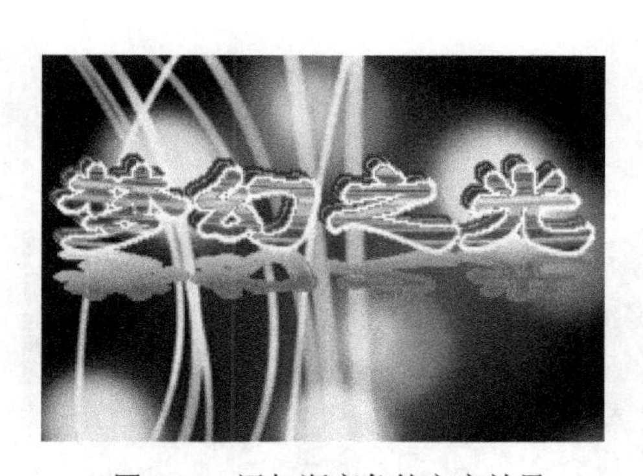

图 7.38　添加渐变色的文字效果

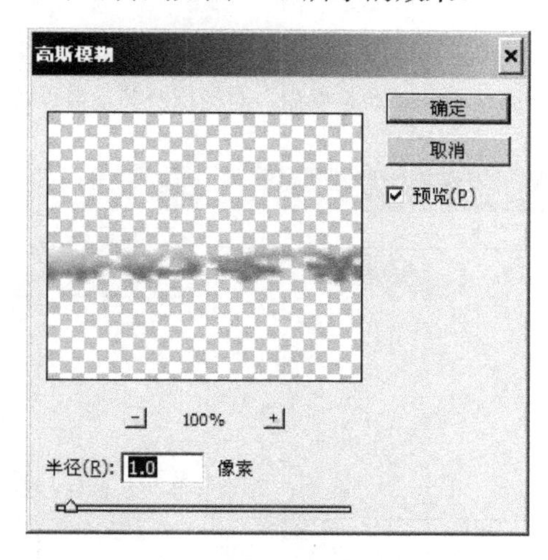

图 7.39　“高斯模糊”对话框及其参数设置

② 在“图层”调板中设置图层“模式”选项为“变亮”，即可得到如图 7.41 所示的效果。

③ 在“图层”调板中单击选择“梦幻之光副本”图层，并依次选择“滤镜”/“模糊”/“动感模糊”命令，系统将弹出“动感模糊”对话框，其参数设置如图 7.42 所示，然后单击“确定”按钮，即可得到如图 7.43 所示的效果。

④ 在“图层”调板中单击选择“梦幻之光”文字图层，应用“动感模糊”滤镜，其参数设置如图 7.44 所示，然后单击“确定”按钮，即可得到如图 7.45 所示的效果。

图 7.40　应用“高斯模糊”滤镜后的文字投影效果

图 7.41　设置“变亮”模式后的效果

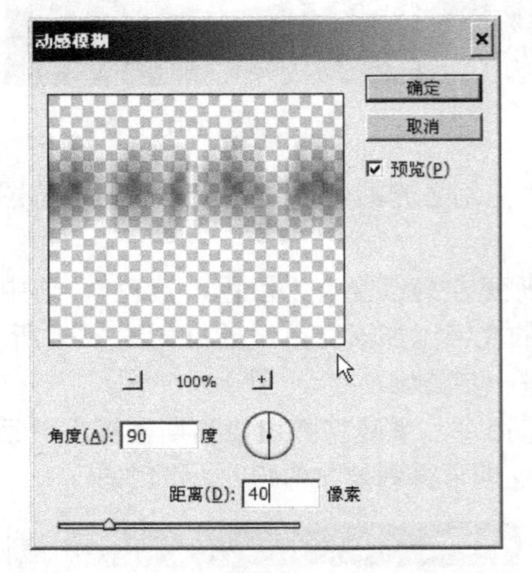

图 7.42　“动感模糊”对话框及其参数设置

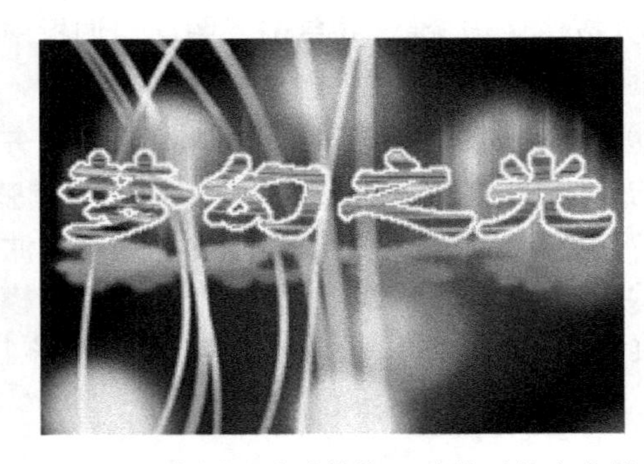

图 7.43　应用“动感模糊”滤镜后的文字效果

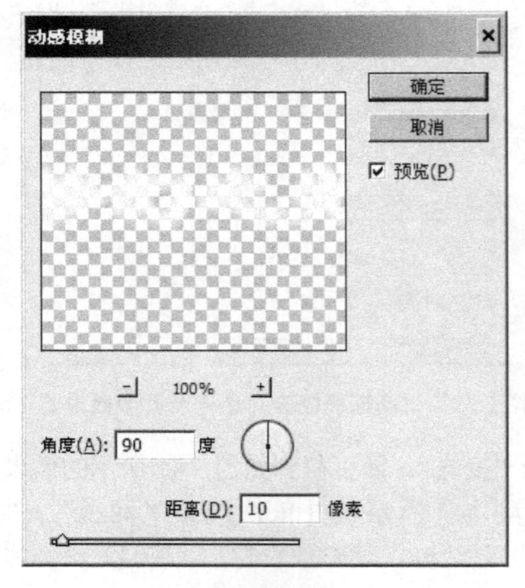

图 7.44　“动感模糊”对话框及其参数设置

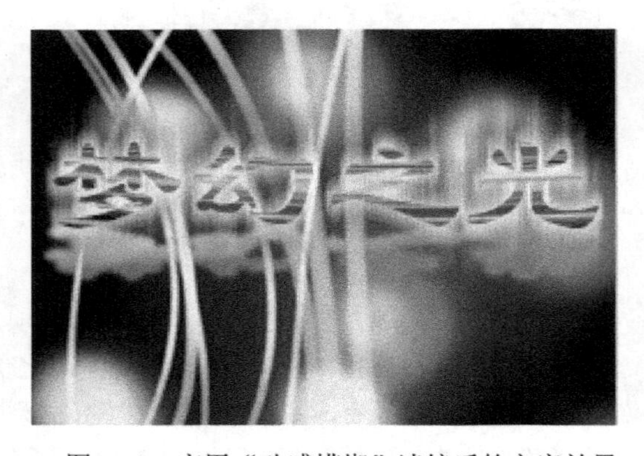

图 7.45　应用“动感模糊”滤镜后的文字效果

（8）合并图层及文件保存。

回头看

本案例通过对“梦幻之光”图案特效文字的制作，练习了“复制”、“贴入”和“变换”命令的使用技巧。这其中关键之处在于对这几个命令的灵活运用。将图案粘贴到选区后，为了使粘贴的图案与选区相适合，可以利用“变换”命令调整图案的位置和大小。另外，灵活运用“图层”调板中的“模式”选项和各种滤镜，可以制作出多种特殊效果。

利用本案例中讲述的方法，可以完成对各种图案文字和特效文字的制作。

7.3　制作“立体牛奶包装箱”效果图——图像编辑的综合应用

动手做

完成“立体牛奶包装箱”的制作，效果如图 7.46 所示。

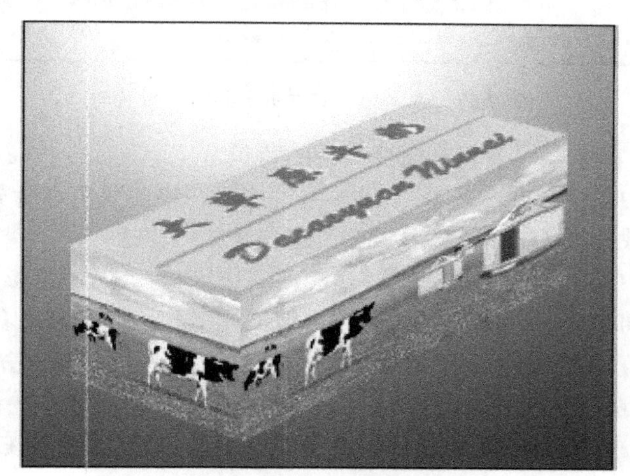

图 7.46　“立体牛奶包装箱”效果图

指路牌

查阅知识卡片，对案例进行讨论和分析，得出如下解题思路：

（1）利用“渐变工具”设置有渐变效果的背景。

（2）利用“矩形选框工具”选择图像，并通过“自由变换”命令对其进行变换，完成牛奶包装箱的两个侧面的制作。

（3）利用“油漆桶工具”、“横排文字工具”T和“自由变换”命令完成牛奶包装箱顶盖的制作。

（4）利用“多边形套索工具”和“油漆桶工具”绘制包装箱的顶盖中线。

（5）通过“光照效果”滤镜对图像进行修饰。

（6）利用“裁切工具”对图像进行裁切。

跟我做

根据以上分析，制作“立体牛奶包装箱”效果图的具体操作如下。

（1）新建一个空白文件。

① 启动 Photoshop CS4 中文版。

② 依次选择“文件”/“新建”命令，系统将弹出“新建”对话框，其参数设置如图 7.47 所示，然后单击“确定”按钮，即可新建一个空白图像。

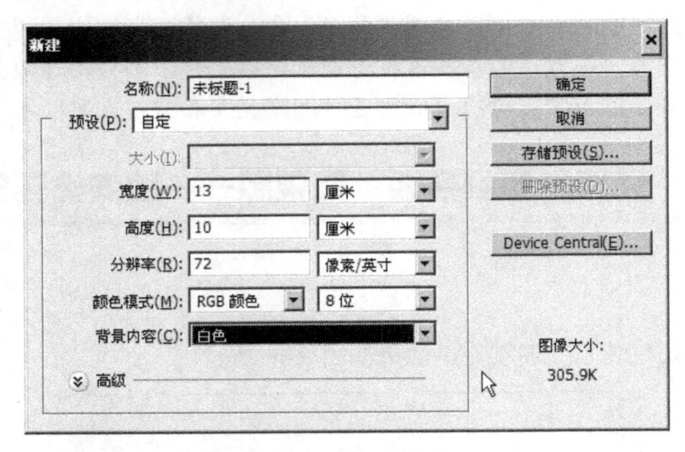

图 7.47 “新建”对话框及其参数设置

（2）利用“渐变工具”设置有渐变效果的背景。

① 单击工具箱中的“前景色”和“背景色”按钮，将前景色和背景色分别设置为淡紫色（其 R，G，B 参数分别为 230，150，255）和白色。

② 单击工具箱中的“渐变工具”，单击选项栏中的“渐变色彩方案”选项的下拉按钮，系统将弹出渐变颜色方案调板，单击渐变颜色方案调板右上角的按钮，选择“复位渐变”命令，渐变颜色方案调板将显示如图 7.48 所示的颜色渐变方案组，从中双击选择“从前景到背景”的渐变类型按钮、“径向渐变”方式，并设置其“不透明度”选项为“100%”，选中“反向”复选框，并从图像窗口的左上角向右下角拖动鼠标，效果如图 7.49 所示。

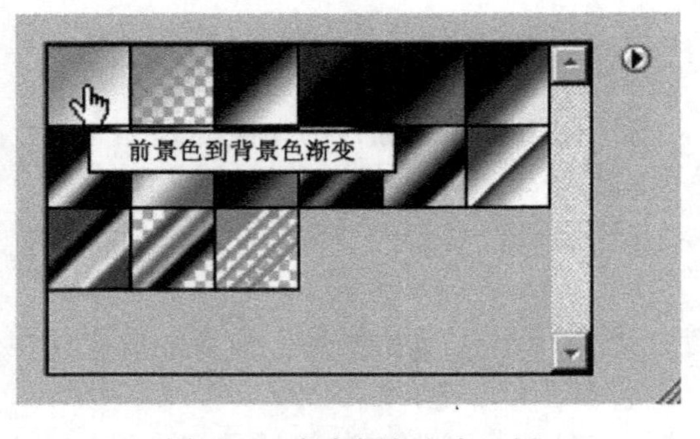

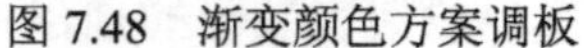

图 7.48 渐变颜色方案调板

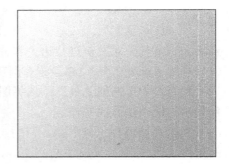

图 7.49 背景效果

（3）利用“矩形选框工具”选择图像，并通过“自由变换”命令对其进行变换，完成牛奶包装箱的两个侧面的制作。

① 依次选择“文件”/“打开”命令，打开“草原奶牛.psd”图像文件。

② 依次选择“视图”/“显示”/“网格”命令，使图像窗口中显示网格，以便于选取图像。

③ 利用“矩形选框工具”⬚，按住 Shift 键，在图像窗口中画出如图 7.50 所示的一个正方形选区边框，按下快捷键 Ctrl+C，复制选区图像。

④ 单击选择步骤（1）新建的图像窗口，然后单击“图层”调板，按下快捷键 Ctrl+V，将所选择的图像粘贴到图像窗口中，该图像将用做箱体短边侧面图案，如图 7.51 所示。

图 7.50　箱体短边侧面图案的选取

图 7.51　粘贴的图像

⑤ 依次选择“编辑”/“自由变换”命令，单击矩形框的左边中点，按下 Ctrl+Shift+Alt 组合键，同时拖动鼠标，将正方形调整为平行四边形，按住 Ctrl 键，同时拖动矩形框的顶点，以调整其位置和透视效果，从而完成对包装箱箱体的短边侧面效果的制作，效果如图 7.52 所示。

⑥ 单击“草原奶牛”图像文件窗口，建立如图 7.53 所示的一个矩形选区，按下快捷键 Ctrl+C，复制选区图像。

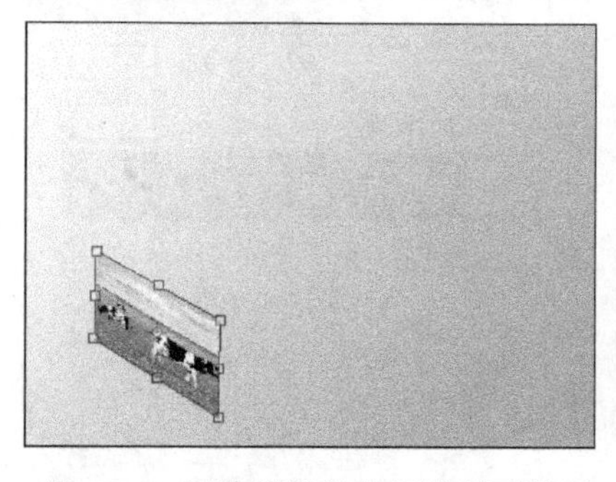

图 7.52　包装箱箱体的短边侧面效果

图 7.53　箱体侧面图像的选区

⑦ 单击选择步骤（1）新建的图像窗口，然后单击“图层”调板，按下快捷键 Ctrl+V，将所选择的图像粘贴到图像窗口中，该图像将用做箱体长边侧面图案，如图 7.54 所示。

⑧ 按照步骤⑤的方法调整其透视效果和位置，从而完成箱体侧面的制作，效果如图 7.55 所示。

（4）利用“油漆桶工具”、“横排文字工具”T和“自由变换”命令完成对牛奶包装箱顶盖的制作。

① 选择在步骤（1）中建立的图像窗口，并单击“图层”调板，建立一个新图层“图层 3”。

② 将前景色设置为灰白色（其 R，G，B 参数分别为 220，220，220）。

图 7.54　粘贴的图像

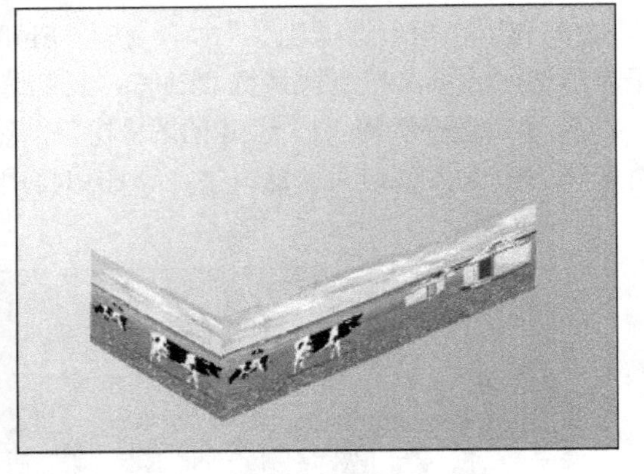

图 7.55　制作完成的箱体侧面

③ 单击工具箱中的“油漆桶工具”，在图像窗口中单击鼠标左键，将图像窗口填充为灰白色。

④ 将前景色设置为红色。

⑤ 单击工具箱中的“横排文字工具”T，在选项栏中设置“字体”选项为“华文行楷”，“字号”选项为“30 点”，在图像窗口中输入文本“大草原牛奶 Dacaoyuan Niunai”，效果如图 7.56 所示。

⑥ 依次选择“图层”调板菜单中的“向下合并”命令，将文字图层与“图层 3”合并为“图层 3”，如图 7.57 所示。

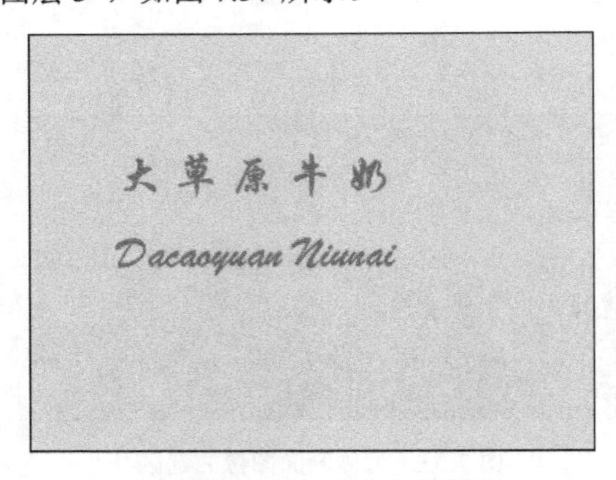

图 7.56　添加的文字效果

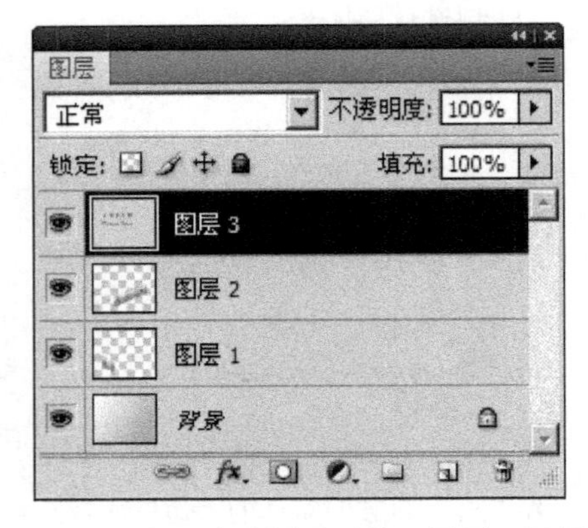

图 7.57　向下合并图层后的“图层”调板

⑦ 利用“矩形选框工具”选中文字（如图 7.58 所示），按下快捷键 Ctrl+C，复制所选择的区域。

⑧ 选择“图层”调板菜单中的“删除图层”命令将“图层 3”删除。

⑨ 单击“图层”调板，按下快捷键 Ctrl+V，将所选择的图像粘贴到图像窗口中，效果如图 7.59 所示。

⑩ 按照步骤（3）中⑤的方法调整文字图像的形状、透视效果和位置，得到如图 7.60 所示的效果。

（5）利用“多边形套索工具”和“油漆桶工具”绘制包装箱顶盖的中线。

① 单击工具箱中的“多边形套索工具”，在图像窗口中两行文字的中间位置拖动鼠标，绘制一个细长的多边形选区，如图 7.61 所示。

图 7.58　选中的文字

图 7.59　粘贴的图像

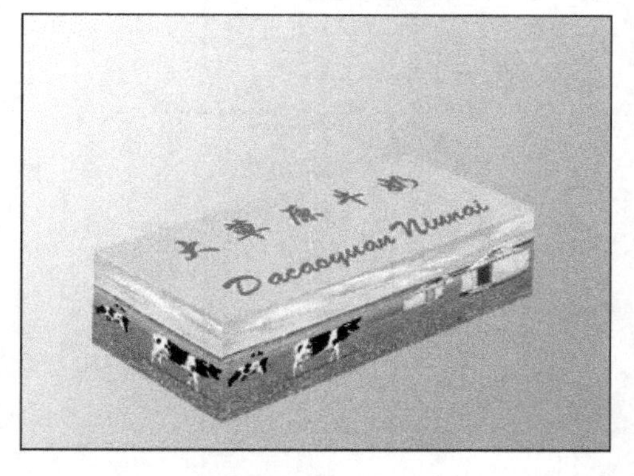

图 7.60　文字图像的形状、透视和位置效果图

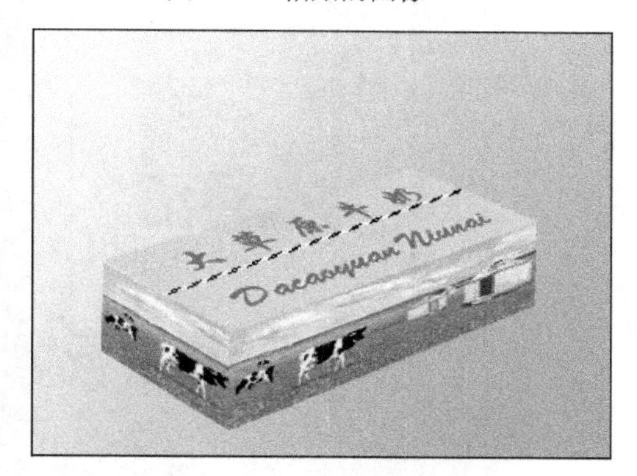

图 7.61　绘制的多边形选区

② 设置前景色为灰色（其 R，G，B 参数分别为 180，180，180）。

③ 单击工具箱中的“油漆桶工具”，并在建立的多边形选区内单击鼠标左键，将选区填充为灰色，取消选区边框，得到如图 7.62 所示的效果。

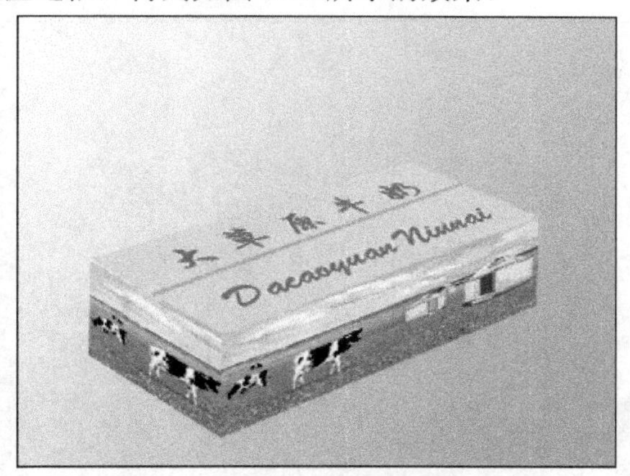

图 7.62　添加顶盖中线后的效果图

教你一招

在利用“多边形工具”建立选区和利用“油漆桶工具”对选区进行填充的过程中，为了便于操作，我们可以先利用“缩放工具”将图像放大到一定比例，待操作完成后再缩小到原比例。

（6）通过“光照效果”滤镜对图像进行修饰。

① 在“图层”调板中单击选择背景层。

② 选择“滤镜”/“渲染”/“光照效果”命令，系统将弹出“光照效果”对话框，其参数设置如图 7.63 所示，然后单击“确定”按钮，即可得到如图 7.64 所示的效果。

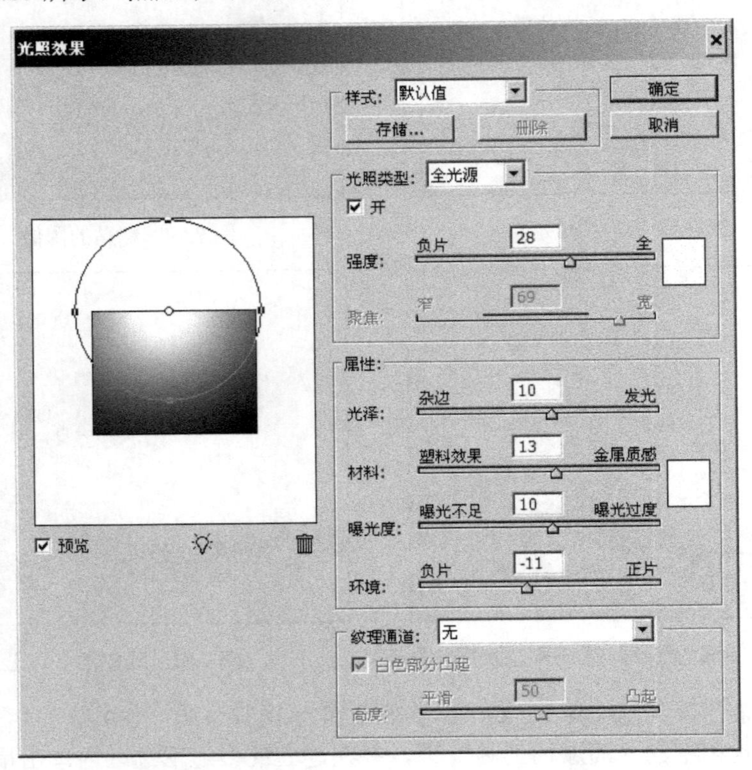

图 7.63 “光照效果”对话框及其参数设置

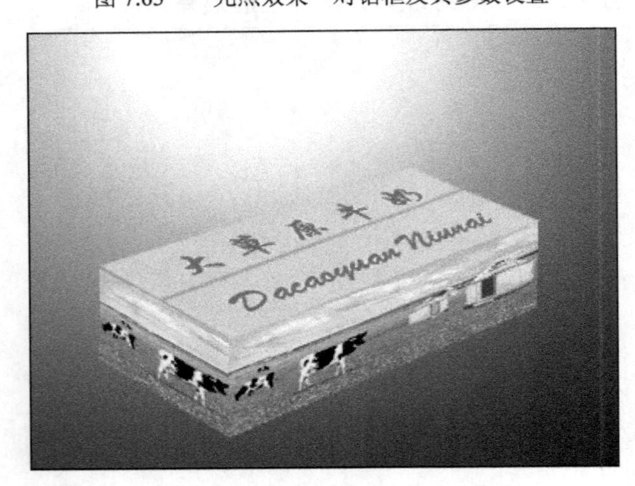

图 7.64 利用“光照效果”滤镜修饰后的图像效果

（7）利用“裁切工具”对图像进行裁切。

① 单击工具箱中的“裁切工具”，并在图像窗口中拖动鼠标，绘制如图 7.65 所示的裁切控制框。

② 按下 Enter 键或单击选项栏中的“提交”按钮✓，或在裁切选框内双击鼠标，提交裁切操作，对图像进行裁切，即可得到如图 7.66 所示的效果。

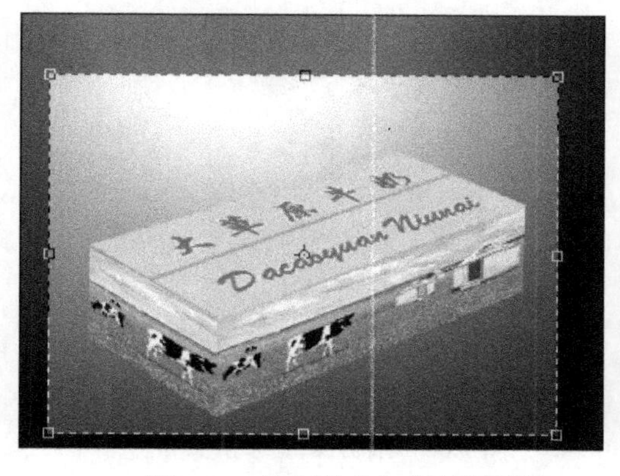
图 7.65　绘制的裁切控制框效果

图 7.66　裁切后的图像效果

（8）合并图层及保存文件。

本案例通过对“立体牛奶包装箱”效果图的制作，综合运用了“渐变工具”、“矩形选框工具”、“油漆桶工具”、“裁切工具”、“自由变换”命令、图层操作、“光照效果”滤镜等。这其中关键之处在于，利用“自由变换”命令和图层的相关操作建立箱体，利用“光照效果”滤镜进一步烘托其立体效果。应注意的是，为了使效果更逼真，在对图像进行自由变换时，应考虑其透视效果。

参考本案例的制作过程，可以完成对各种立方体包装箱效果图的制作。

本章小结

本章主要介绍了有关图像和选区的各种编辑工具和变换工具，以及其命令的基本功能、特点、操作方法和使用技巧等知识。图像的编辑是利用 Photoshop CS4 进行图像处理的基本操作之一，应当熟练掌握，并能灵活运用。

习题 7

1. 总结对图像进行裁切的方法和操作。
2. 总结各种图像变换命令的区别和用法。
3. 简述编辑图像的基本操作方法和使用技巧。
4. 上机完成本章提供的各个案例的制作，并在此基础上完成对下列案例的制作。

以如图 7.67 和图 7.68 所示的两幅图为素材（在素材中提供），制作如图 7.69 所示的“花瓶包装盒”效果图。

提示：文字的二维变换与图像的二维变换操作方法基本相同。另外，本案例综合运用了与本章提供的两个案例相关的操作方法和技巧。

图 7.67 素材图一

图 7.68 素材图二

图 7.69 “花瓶包装盒”效果图

第 8 章　图像的色调、色彩与效果调整

【学习目标】

1. 了解各种调整图像色调、色彩和滤镜效果、智能滤镜的命令。

2. 熟练掌握各种调整图像色调、色彩和滤镜效果、智能滤镜的命令及其基本用法和使用技巧，并能利用这些命令对图像效果进行综合调整。

8.1　知识卡片

Photoshop 提供了许多调整图像的色调和色彩的方法，这主要通过"图像"/"调整"命令下的各级子菜单中的命令来完成。当在图像窗口中建立选区后，可以通过这些菜单命令对其进行层次、颜色、亮度、饱和度和对比度等的调整，从而调整图像的色彩、色调。Photoshop 还提供了多种滤镜和智能滤镜，用于修饰图像。

8.1.1　查看与调整图像的色调

Photoshop CS4 中提供了多种查看和调整图像色调的方法，下面介绍几个常用命令。

1. 利用"直方图"查看图像像素分布情况

"直方图"窗口中的图像形象地反映了图像中高光、暗调和中间色像素的分布情况。依次选择"窗口"/"直方图"命令，系统将弹出如图 8.1 所示的"直方图"对话框。

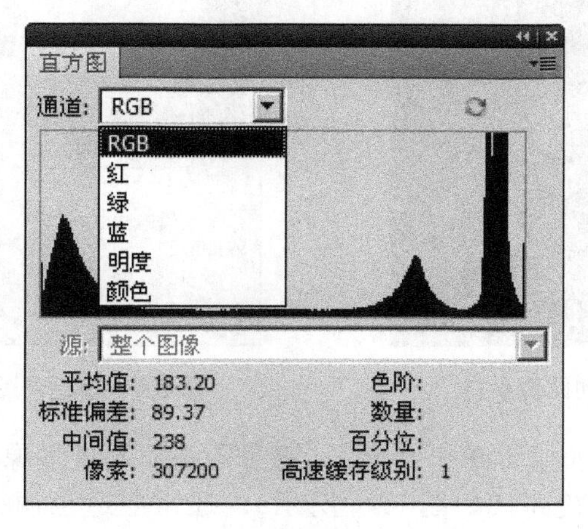

图 8.1　"直方图"对话框

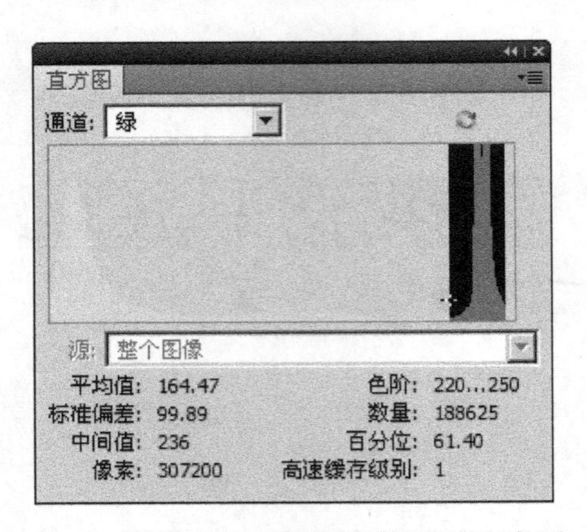

图 8.2 利用“直方图”对话框查看绿色通道中特定范围的颜色信息

直方图以 256 条垂直线表示图像的色调范围，这些线从左到右分别代表最暗到最亮的每个色调，其中，每条线的高度用于指示图像中该色调的像素数。

在进行图像调整时，可以先通过“直方图”对话框了解图像每个亮度色阶处像素的数量及各种像素在图像中的分布情况，据此识别图像的色调类型，并对图像的色调进行具体的调整。

除了按照默认选项查看整个图像的亮度外，我们可以通过“通道”下拉菜单选择某个通道，以查看单通道的图像直方图；还可以将光标置于直方图中某一点上，以查看图中特定色调信息；还可以在直方图中拖动鼠标，以突出显示该范围（在图 8.2 中查看的是绿色通道中色阶在 220～250 之间的颜色信息）。

教你一招

如果需要查看某部分图像的直方图数据，需要先选择该部分图像，在默认情况下，直方图将“整个图像”作为显示数据的“源”。

利用直方图可以清晰地查看图像的明暗分布状况，不同色调的图像，在其对应的直方图中像素分布也明显不同。

- 对于暗色调图像（如图 8.3 所示），直方图将显示过多像素集中在水平轴左侧的阴影处，且中间值较低（如图 8.4 所示），通常应适当调亮图像的暗部。

图 8.3 暗色调的图像素材

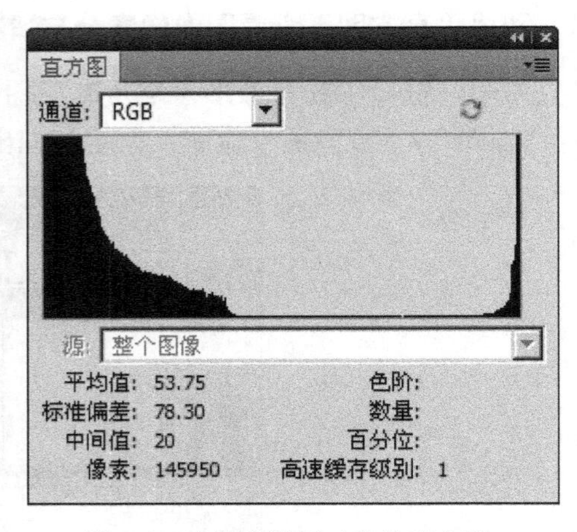

图 8.4 暗色调图相对应的直方图

- 对于亮色调图像（如图 8.5 所示），直方图将显示过多像素集中在水平轴右侧的高光处，且中间值较高（如图 8.6 所示），通常应适当调亮图像的暗部，同时调暗亮部。

图 8.5　亮色调的图像素材

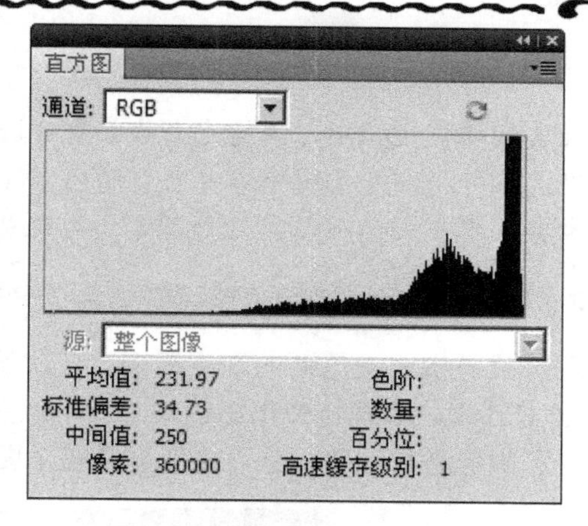

图 8.6　亮色调图相对应的直方图

➢ 对于色调均匀且连续的图像（如图 8.7 所示），直方图将显示像素均匀分布在水平轴中央的中间调处，且中间值适中（如图 8.8 所示），此类图像通常不需要进行调整。

图 8.7　均匀色调的图像素材

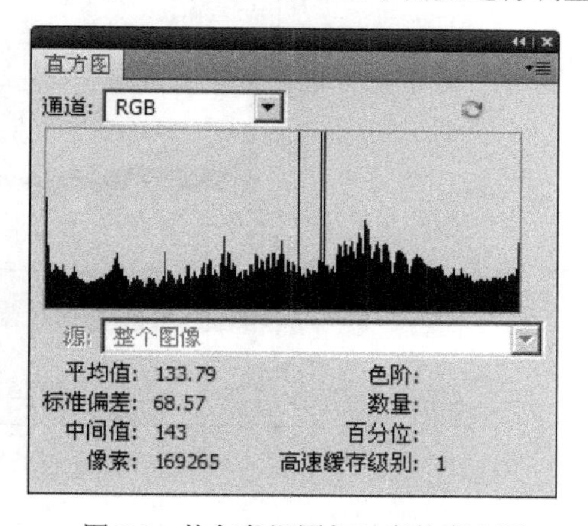

图 8.8　均匀色调图相对应的直方图

➢ 对于色调不连续的图像（如图 8.9 所示），直方图将显示像素分布出现断点（如图 8.10 所示），这表明图像发生了丢失细节现象。

图 8.9　色调不连续的图像素材

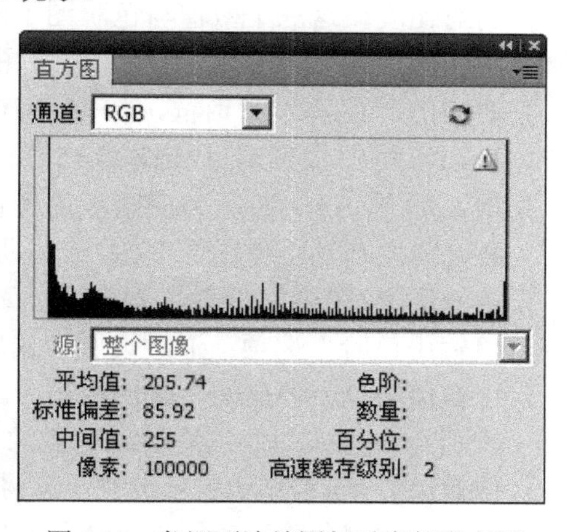

图 8.10　色调不连续图相对应的直方图

教你一招

在实际操作过程中，不能完全依靠直方图的方法对图像的色调进行分析和调整，应视具体情况具体分析，有些图像本身表现的内容（如雪地、夜景等）虽然导致直方图显示的像素大量聚集在水平轴的一侧，但并不需要对这些图像的色调进行调整。

2．利用“色阶”命令调整图像的色调分布

色阶就是指图像色调的强度级别，依次选择“图像”/“调整”/“色阶”命令，或按下快捷键 Ctrl+L，系统将弹出如图 8.11 所示的“色阶”对话框，利用该对话框可以对图像中的高光和阴影进行调整，从而重新调整整个图像的色调分布。

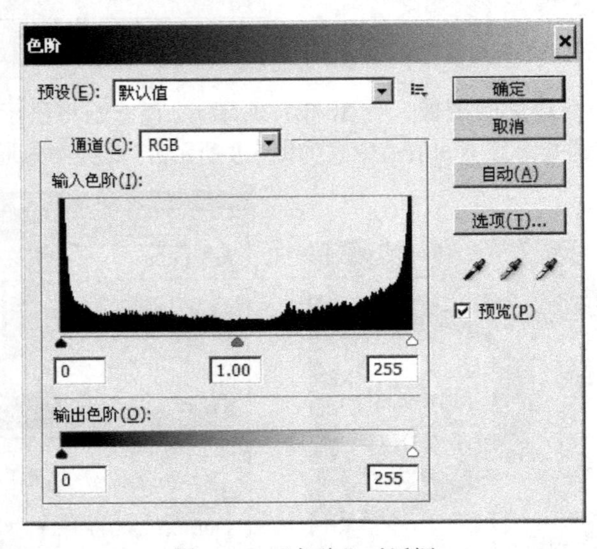

图 8.11　“色阶”对话框

- “通道”列表：用于选择和设置准备要调整的通道，其中“RGB”选项用于对图像的全部色调进行调整。
- “输入色阶”选项：通过设置该选项中的暗调值、中间值和高光值，可以增加图像的对比度，这三个数值与色阶图下面的三个滑块一一对应。向左拖动白色滑块，可将图像加亮（如图 8.12 所示为原图像素材，如图 8.13 所示为向左拖动白色滑块时对应的“色阶”对话框，如图 8.14 所示为加亮后的图像效果）；向右拖动黑色滑块，可将图像变暗（如图 8.15 所示为向右拖动黑色滑块时对应的“色阶”对话框，如图 8.16 所示为变暗后的图像效果）；拖动灰色滑块，可使图像像素重新分布，向左拖动可使图像变亮，向右拖动可使图像变暗（如图 8.17 所示为向左拖动灰色滑块时对应的“色阶”对话框，如图 8.18 所示为拖动灰色滑块后的图像效果）。
- “输出色阶”选项：通过设置该选项中的两个数值，可以减少图像的对比度，这两个数值与色带下的两个滑块相对应。向左拖动白色滑块，可将图像变暗（如图 8.19 所示为向左拖动白色滑块时对应的“色阶”对话框，如图 8.20 所示为变暗后的图像效果）；向右拖动黑色滑块，可将图像变亮（如图 8.21 所示为向右拖动黑色滑块时对应的“色阶”对话框，如图 8.22 所示为变亮后的图像效果）。

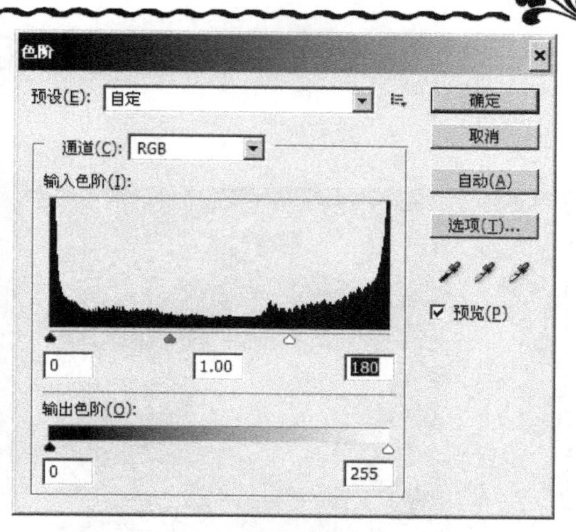

图 8.12　原图像素材

图 8.13　向左拖动白色滑块时对应的“色阶”对话框

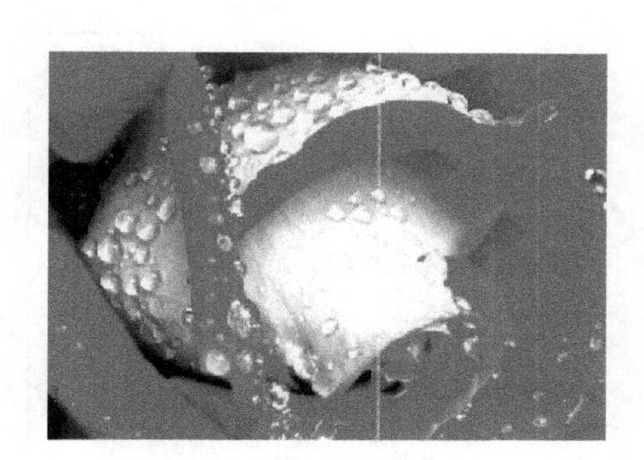

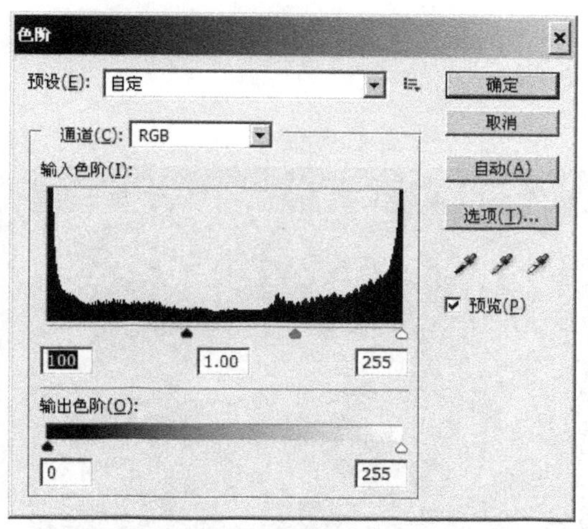

图 8.14　加亮后的图像效果

图 8.15　向右拖动黑色滑块时对应的“色阶”对话框

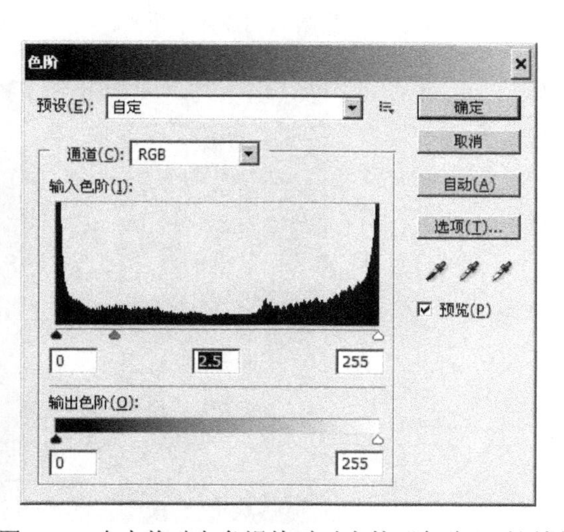

图 8.16　变暗后的图像效果

图 8.17　向左拖动灰色滑块时对应的“色阶”对话框

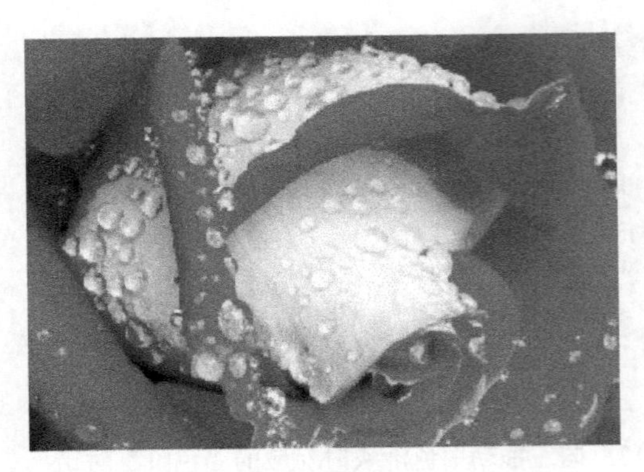

图 8.18　拖动灰色滑块后的图像效果

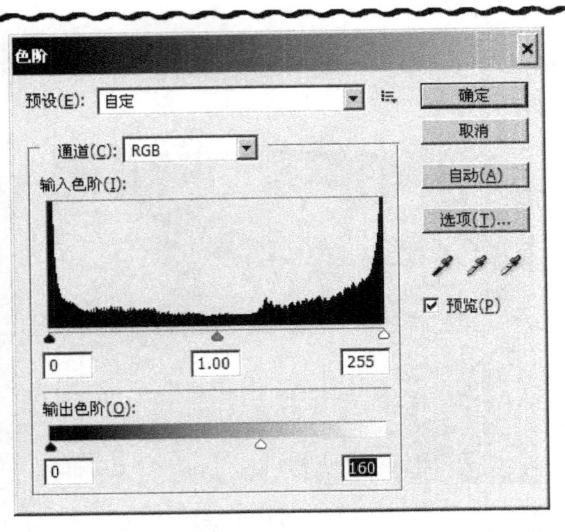

图 8.19　向左拖动白色滑块时对应的“色阶”对话框

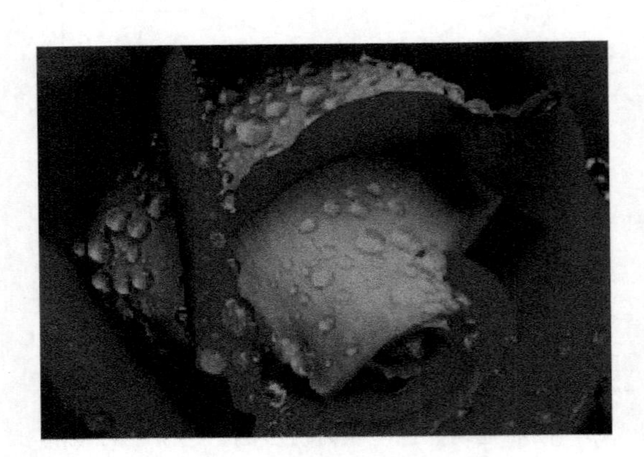

图 8.20　变暗后的图像效果

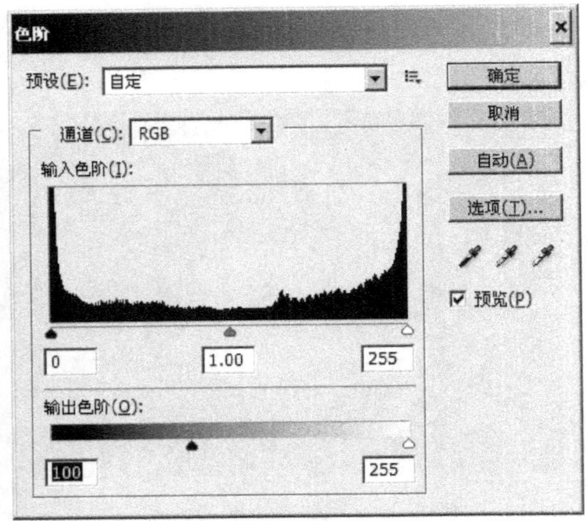

图 8.21　向右拖动黑色滑块时对应的“色阶”对话框

图 8.22　变亮后的图像效果

- “自动”按钮：可通过 Photoshop 自动对图像的对比度及明暗度进行调节，相当于依次选择“图像”/“自动色调”命令。
- 黑色滴管：可通过在图像中单击，并将单击位置定义为图像中最暗的区域，从而调节图像的像素分布，通常用于使图像变暗些（如图 8.23 所示为使用黑色滴管工具在图像中单击的位置，如图 8.24 所示为使用黑色滴管工具单击图像后图像整体变暗的效果，如图 8.25 所示为变暗后所对应的“色阶”对话框）。

图 8.23　使用黑色滴管工具在图像中单击的位置

图 8.24　使用黑色滴管工具单击图像后图像整体变暗的效果

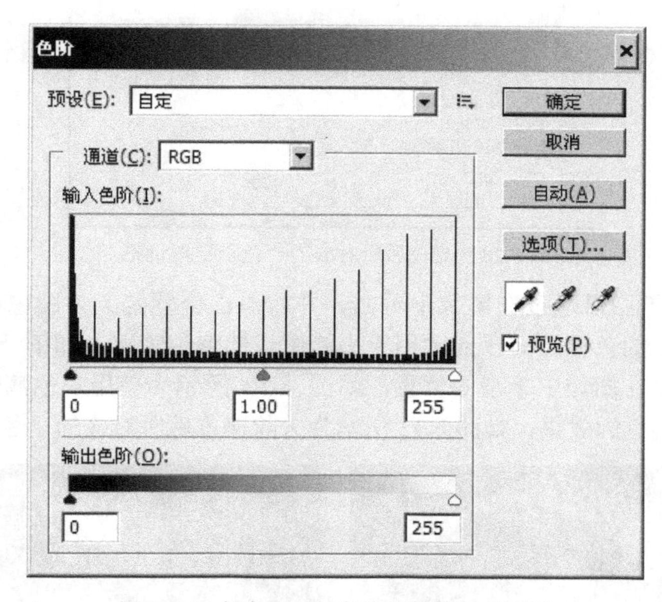

图 8.25　变暗后所对应的“色阶”对话框

- 白色滴管：可通过在图像中单击，并将单击位置定义为图像中最亮的区域，从而调节图像的像素分布，通常用于使图像变亮些（如图 8.26 所示为使用白色滴管工具在图像中单击的位置，如图 8.27 所示为使用白色滴管工具单击图像后图像整体变亮的效果，如图 8.28 所示为变亮后所对应的“色阶”对话框）。

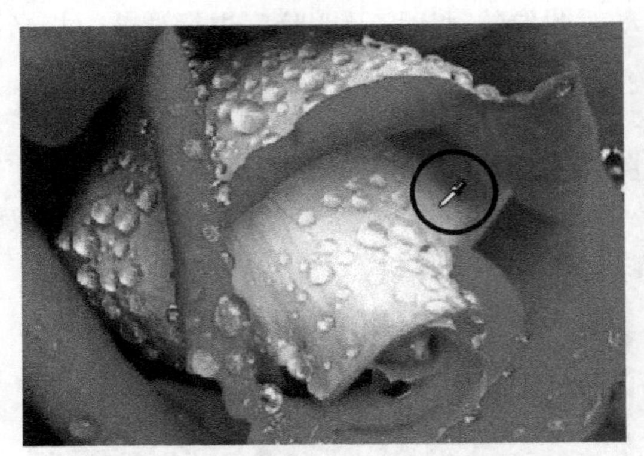

图 8.26　使用白色滴管工具在图像中单击的位置

图 8.27　使用白色滴管工具单击图像后图像整体变亮的效果

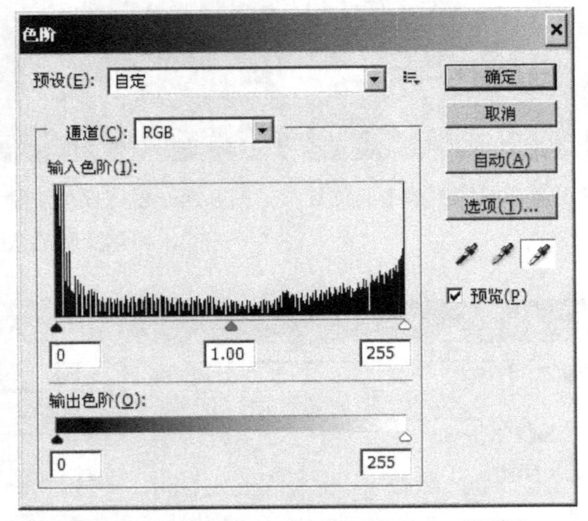

图 8.28　变亮后所对应的“色阶”对话框

➢ 灰色滴管：可通过在图像中单击，并将单击位置定义为图像中偏色的区域，从而调节图像的色调分布，通常用于去除图像的偏色情况（如图 8.29 所示为使用灰色滴管工具在图像中单击的位置，如图 8.30 所示为使用灰色滴管工具单击图像后去除图像偏色的效果，如图 8.31 所示为去除偏色后所对应的“色阶”对话框）。

图 8.29　使用灰色滴管工具在图像中单击的位置

图 8.30　使用灰色滴管工具单击图像后去除图像偏色的效果

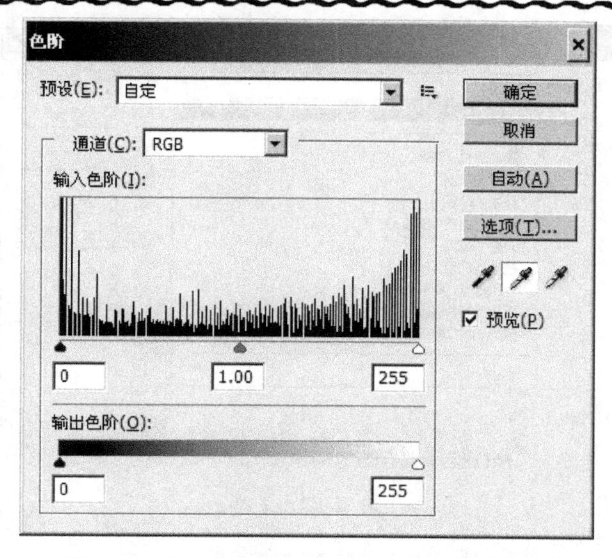

图 8.31　去除偏色后所对应的“色阶”对话框

3．使用“曲线”命令调整图像的色调

与“色阶”命令的功能类似，利用“曲线”命令也可以调整图像的色调和明暗度，但利用“曲线”命令可以调节 0～255 范围内的任意点的高光值、中间值和暗调值，以精确地调整图像的色调与明暗。

依次选择“图像”/“调整”/“曲线”命令，系统将弹出如图 8.32 所示的“曲线”对话框，曲线的横轴表示调整前像素的色值（即输入色阶），曲线的纵轴表示调整后像素的色值（即输出色阶）。

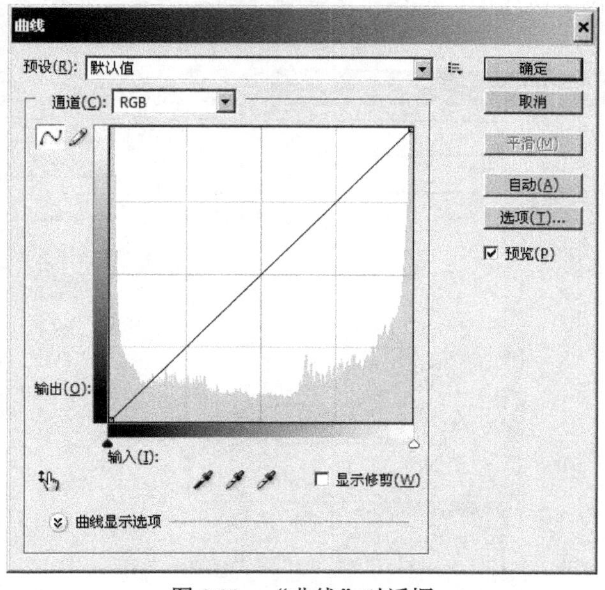

图 8.32　“曲线”对话框

- “预设”选项：用于选择 Photoshop 自带的曲线调整方案，我们可以根据需要直接选择相应的选项，如图 8.33 所示。

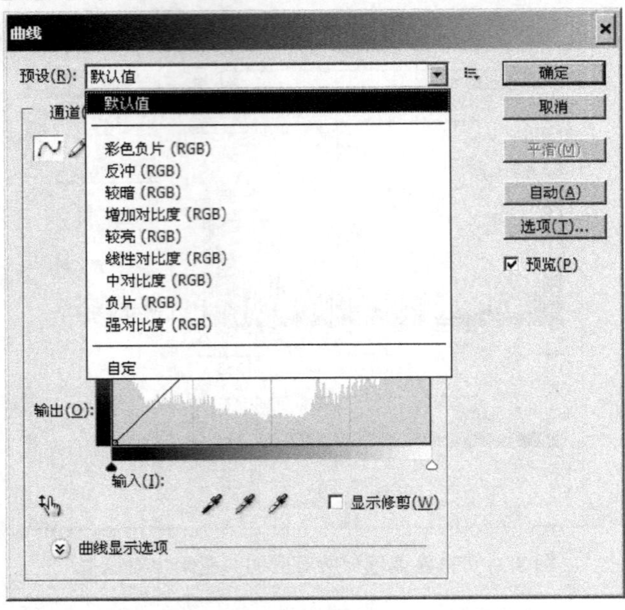

图 8.33 “曲线”对话框的“预设”选项

➢ 编辑点以修改曲线按钮：单击选中此按钮，我们可以通过在曲线上添加、移动和删除控制点的方式调整曲线的形状，从而调整图像的色调分布。

教你一招

调整曲线线形之前，在曲线上相应的位置单击鼠标左键，即可在曲线中添加控制点（如图 8.34 所示，最多可添加 14 个控制点），控制点将曲线分成多段，以便分别对各段进行调整。用鼠标将控制点拖离曲线图，或选中需要删除的控制点，并按下 Delete 键，即可将该控制点删除。

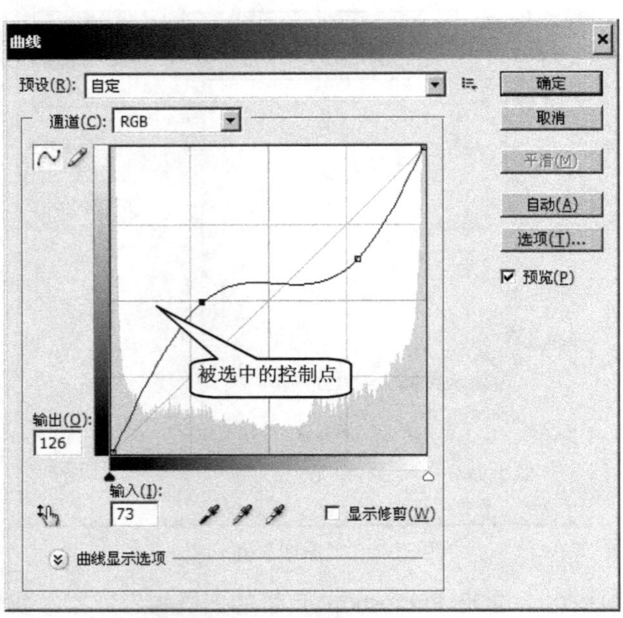

图 8.34 “曲线”上的节点

➢ 通过绘制来修改曲线按钮：单击选中此按钮，我们可以利用铅笔工具绘制曲线，然后通过平滑曲线对图像色调进行调整。
➢ 拖动调整工具按钮：单击选中此按钮，我们可以通过在图像上拖动的方式快速调整图像的色彩及其亮度。

4．调整图像的亮度和对比度

依次选择“图像”/“调整”/“亮度/对比度”命令，系统将弹出如图 8.35 所示的“亮度/对比度”对话框，用于快速而直观地调整对色调调整精度要求不是很高的图像。

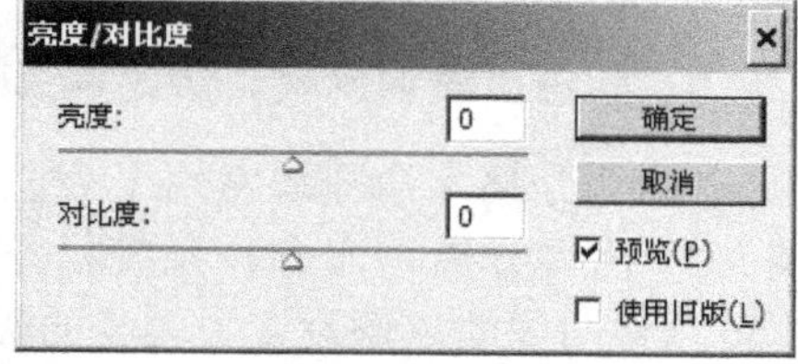

图 8.35　“亮度/对比度”对话框

➢ “亮度”选项：用于调整图像的亮度。当数值为正时，图像的亮度将增加；反之，亮度将降低。
➢ “对比度”选项：用于调整图像的对比度。当数值为正时，图像的对比度将增加；反之，对比度将降低。
➢ “使用旧版”选项：选择此选项，可以使用 CS3 版本的“亮度/对比度”命令对图像进行调整，此时，在调整图像亮度及对比度的同时，将对图像的色彩进行大幅调整（如图 8.36 所示为原图像素材，如图 8.37 所示为处理后的效果）；在默认情况下，将使用新版本的功能进行调整，此时，将仅对图像的亮度进行调整，而色彩的对比度将保持不变，效果如图 8.38 所示。

图 8.36　原图像素材

图 8.37　选中“使用旧版”选项处理后的效果

图 8.38　未选中“使用旧版”选项处理后的效果

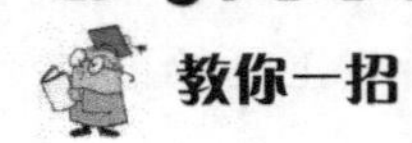

教你一招

依次选择“图像”/“自动对比度”命令，Photoshop 将不打开对话框，而是直接自动对图像的对比度进行调整。

5. 利用“色调分离”命令调整图像色调

“色调分离”命令通常用于为色调乏味的图像创建特殊效果。依次选择“图像”/“调整”/“色调分离”命令，系统将弹出如图 8.39 所示的“色调分离”对话框。利用该对话框可以将图像的色调设置为较少的级数，从而使图像的色调产生分离的效果（如图 8.40 所示为原图像素材，如图 8.41 所示为将“色阶”选项设置为 2 并进行色调分离后的图像效果）。

图 8.39 “色调分离”对话框

图 8.40 原图像素材

图 8.41 将“色阶”选项设置为 2 并进行色调分离后的图像效果

6. 利用“色调均化”命令调整图像色调

“色调均化”命令通常用于对色调分布不均匀的图像的像素按亮度进行重新分布，使其更均匀地分布在整个图像上。依次选择“图像”/“调整”/“色调均化”命令，即可对图像进行色调调整。在利用该命令对图像进行色调调整时，Photoshop 将首先查找图像中最亮及最暗处像素的色值，然后将最暗的像素重新映射为黑色，同时将最亮的像素重新映射为白色。在此基础上，Photoshop 对整幅图像进行色调均化，即重新分布处于最亮和最暗的色值之间的像素（如图 8.42 所示为原图像素材，如图 8.43 所示为进行色调均化后的图像效果）。

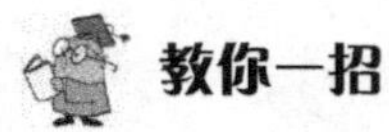

教你一招

如果在执行“色调均化”命令前图像中存在一个选区，则依次选择“图像”/“调整”/“色调均化”命令，系统将弹出如图 8.44 所示的“色调均化”对话框。选择“仅色调均化所选区域”选项，将仅均匀分布所选区域的像素；选择“基于所选区域色调均化整个图像”选项，将基于选区中的像素均匀分布整个图像的所有像素。

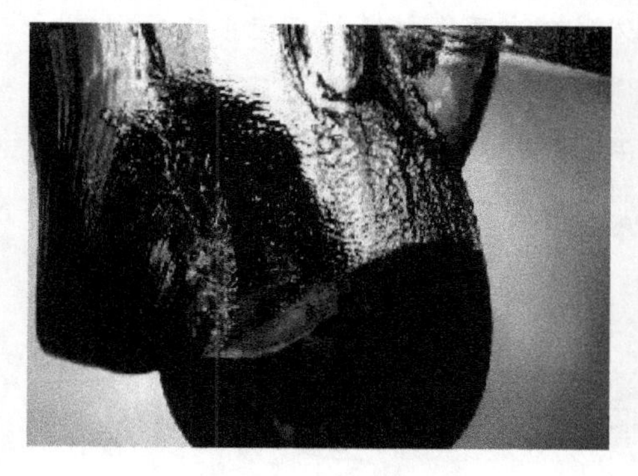

图 8.42　原图像素材

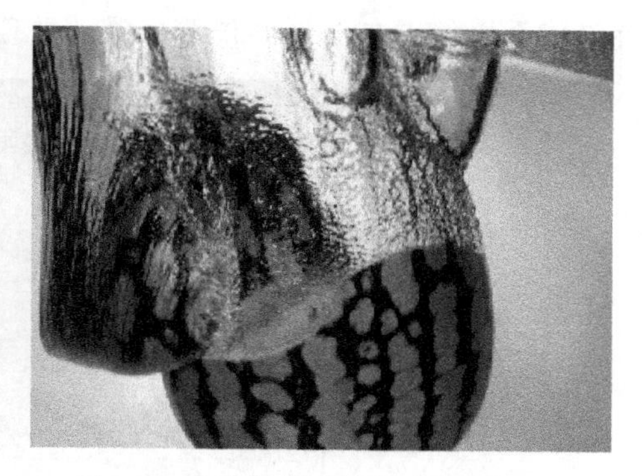

图 8.43　进行色调均化后的图像效果

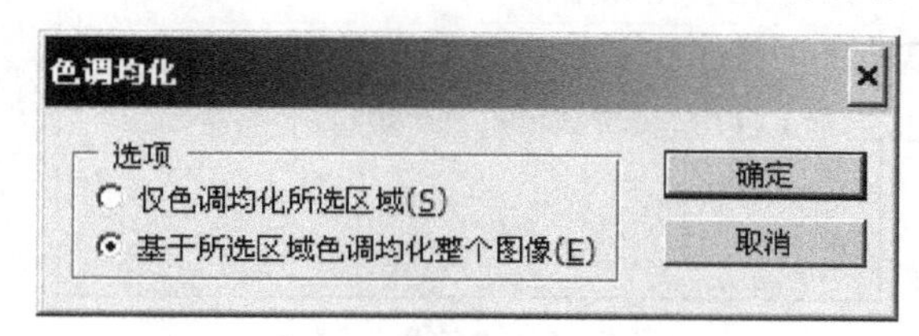

图 8.44　“色调均化”对话框

8.1.2　查看和调整图像的色彩

Photoshop CS4 中提供了多种调整图像色彩的命令，而在调整图像色彩之前，往往需要通过“信息”调板来查看图像的颜色信息。我们将讲解“信息”调板中最常用的“色彩平衡”命令和“色相/饱和度”命令。

1. 利用“信息”调板查看图像的颜色信息

依次选择“窗口”/“信息”命令，系统将弹出如图 8.45 所示的“信息”调板。在该调板中，默认地以图像本身的颜色模式和 CMYK 模式显示颜色参数。如果鼠标指针位置处的像素的颜色为 CMYK 模式中所没有的颜色，则该颜色被称为溢色，与溢色最接近的 CMYK 颜色参数将被显示在“信息”调板中，且在每个参数后显示一个用于表示溢色的感叹号。根据当前所使用的工具或正在进行的操作，“信息”调板中还将显示一些与鼠标指针位置、长度或角度有关的信息。

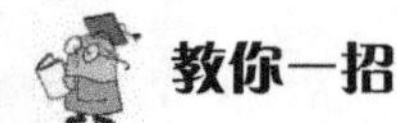

教你一招

利用工具箱中的“颜色取样器工具”可以设置取样点，用于固定地查看某个或某些特定位置的颜色信息。选择工具箱中的“颜色取样器工具”，并在选项栏中的“取样大小”列表框中选择取样区域的大小，然后在图像中单击鼠标即可设置颜色取样器。

Photoshop 中最多允许同时设置四个颜色取样器，在图像窗口中分别用 1、2、3和 4标记，在“信息”调板中对应地用“#1”、“#2”、“#3”和“#4”来区分各个颜色取样器。将鼠标指针移动到图像中现有的颜色取样器标记处，当鼠标指针变成形状时，拖动鼠标即可将颜色取样器移动到新的位置。如果在拖动鼠标的同时按住 Shift 键，则可以在打开“色彩调整”对话框的情况下随机地调整图像窗口中的颜色取样器的位置。如果将颜色取样器标记拖至图像窗口以外的任意位置，则可以删除该颜色取样器标记。

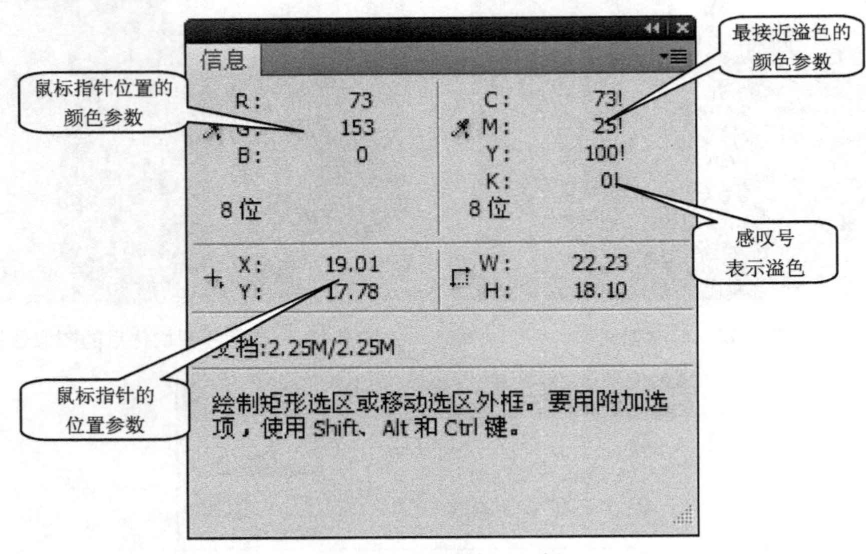

图 8.45 “信息”调板

2. 调整图像的色彩平衡

通过 Photoshop 中的“色彩平衡”命令可以粗略地调整图像的色彩均衡度，通过调整图像中各种色彩比例来调整图像的色彩。依次选择“图像”/“调整”/“色彩平衡”命令，系统将弹出如图 8.46 所示的“色彩平衡”对话框。

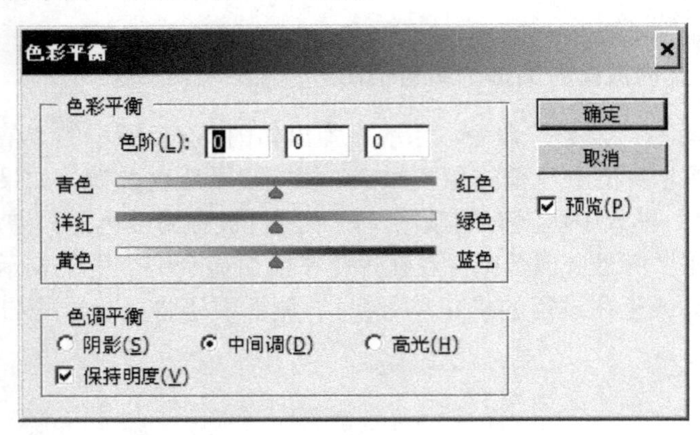

图 8.46 “色彩平衡”对话框

- “色彩平衡”选项组：RGB 模型与 CMYK 模型中的色彩部分被结合成三组，可以直接输入数值，也可以通过三个滑块来调整图像颜色的平衡。
- “色调平衡”选项组：用于选择需要重点调整的色调范围。其中“保持明度”复选框用于保证 RGB 模式的图像的亮度值保持不变。

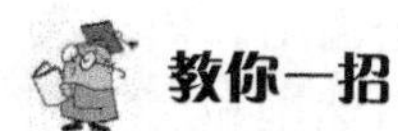

教你一招

在调整图像的颜色时一般需要先分清要调整的颜色，然后再通过“色彩平衡”对话框对其色彩进行调整。

3．调整图像的“色相/饱和度”

图像的色相实际上控制的是图像的颜色，如红、黄、蓝、绿等，饱和度实际上控制的是图像颜色的单一程度，颜色越纯，其饱和度越大。依次选择“图像”/“调整”/“色相/饱和度”命令，系统将弹出如图 8.47 所示的“色相/饱和度”对话框。

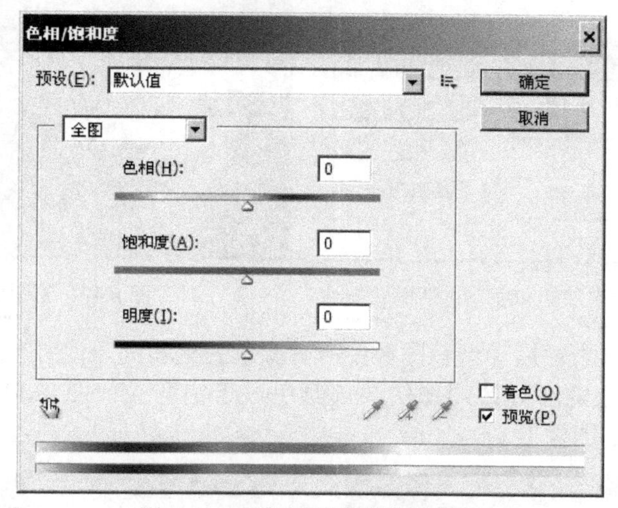

图 8.47　“色相/饱和度”对话框

- “预设”列表框：用于选择系统预设的色彩调节方案。
- 编辑列表框：用于选择需要调整的颜色范围，如果选择“全图”选项，可以同时调整图像中的所有颜色。
- “色相”、“饱和度”和“明度”选项：分别用于调整图像的色相、饱和度和明度，用鼠标拖动滑块，或在相应的数值框中输入数值，可以调整图像的色相、饱和度或明度。
- 吸管工具按钮组：用于在图像中选取需要编辑的颜色。当在编辑列表框中选择“单色”选项时，单击按钮可以编辑所调整的颜色的范围，单击或按钮可以增加或减少所调整的颜色的范围。
- “着色”选项：用于在不改变每个像素亮度值的前提下，为灰度图像上色或创作单色调效果。

教你一招

在使用吸管工具时，按住 Shift 键可以加大范围，按住 Alt 键可以减小范围。

4．利用“自然饱和度”命令调整图像色彩

“自然饱和度”命令是 Photoshop CS4 版本新增的命令，使用此命令可以只调整与已饱

和的颜色相比那些不饱和的颜色的饱和度，这就保证了图像颜色的饱和度不会溢出。依次选择“图像”/“调整”/“自然饱和度”命令，系统将弹出如图 8.48 所示的“自然饱和度”对话框。

➢ “自然饱和度”选项：用于调整与已饱和的颜色相比那些不饱和的颜色的饱和度，以获得更加柔和自然的图像饱和度效果（如图 8.49 所示为原图像素材，如图 8.50 所示为调整“自然饱和度”选项后的图像效果）。

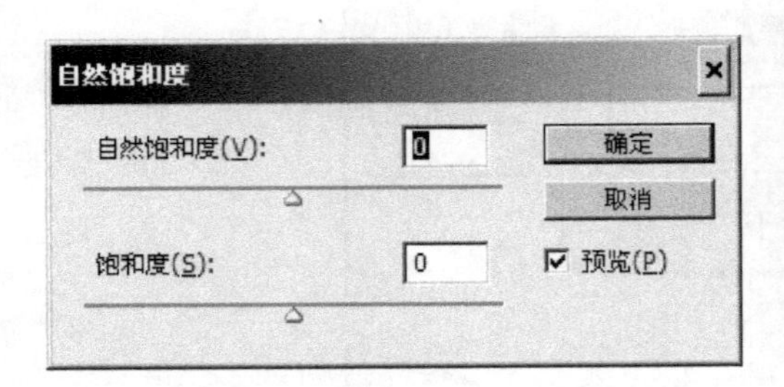

图 8.48　“自然饱和度”对话框

图 8.49　原图像素材

➢ “饱和度”选项：用于调整图像中所有颜色的饱和度，使所有颜色获得均等的饱和度调整，这很容易导致图像的局部颜色过于饱和（如图 8.51 所示为调整“饱和度”选项后的图像效果）。

图 8.50　调整“自然饱和度”选项后的图像效果

图 8.51　调整“饱和度”选项后的图像效果

5．利用“黑白”命令调整图像色彩

“黑白”命令可以将图像处理成灰度或单一色彩的图像效果。依次选择“图像”/“调整”/“黑白”命令，系统将弹出如图 8.52 所示的“黑白”对话框。

➢ “预设”列表框：用于通过 Photoshop 自带的图像处理方式将图像调整为不同程度的灰度效果（如图 8.53 所示为原图像素材，如图 8.54 所示为选择“最白”选项后的图像效果）。

➢ 颜色设置选项：在对话框的中部，共有 6 组滑块和色条，分别用于对原图像中对应的色彩进行灰度处理。

➢ “色调”、“色相”和“饱和度”选项：选中“色调”选项后，其后面的色块和下面的“色相”、“饱和度”选项将被激活，通过调整这三个选项，即可轻松地调整出一种被叠加到图像上的颜色（如图 8.55 所示为选中“色调”选项后的图像效果）。

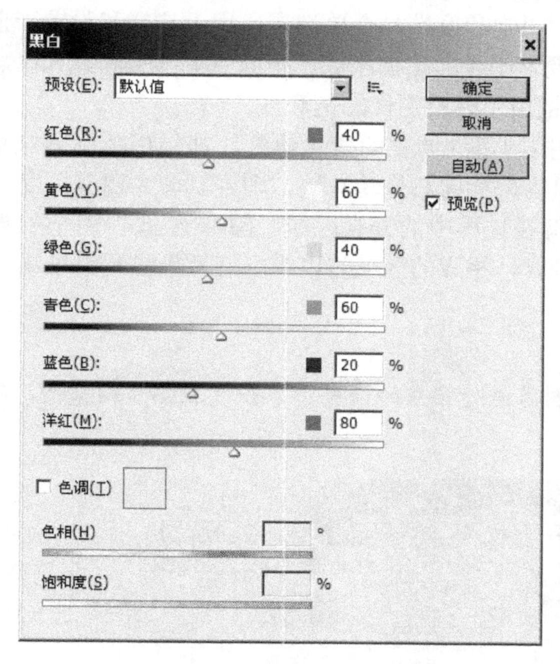

图 8.52　“黑白”对话框

图 8.53　原图像素材

图 8.54　选择“最白”选项后的图像效果

图 8.55　选中“色调”选项后的图像效果

8.1.3　使用“变化”命令对图像进行综合调整

利用“变化”命令可以对图像的色彩、亮度、对比度和饱和度进行综合调整。常用于调节色调平均且对精确度要求不高的图像。依次选择“图像”/“调整”/“变化”命令，系统将弹出如图 8.56 所示的“变化”对话框。

- “原稿”和“当前挑选”缩览图：分别用于显示原图和调整后的图像的实际效果。
- 调整色相缩览图：位于对话框下部的 10 个缩览图，分别用于对图像进行相应的调整。
- “阴影”、“中间色调”、“高光”和“饱和度”4 个单选框：用于选择和设置当前的调整范围。其中前 3 个分别用于调整图像的暗调区域、中间色调区域和高光区域的色彩平衡和色调。“饱和度”单选框用于调整图像的饱和度。
- “精细/粗糙”滑块：用于调整和控制每次调整的变化幅度，如果用鼠标向左拖动滑块，则可以减小调整幅度；如果用鼠标向右拖动滑块，则可以增大调整幅度。
- “显示修剪”复选框：用于标记调整过程中的失真区域。除非选择“中间色调”，当调整效果超过最大的颜色饱和度时，相应的区域将以霓虹灯效果显示出来。

教你一招

直接用鼠标单击某个缩览图，可以对图像进行相应的调整。单击“原稿”缩览图，可以将图像恢复到调整前的效果。

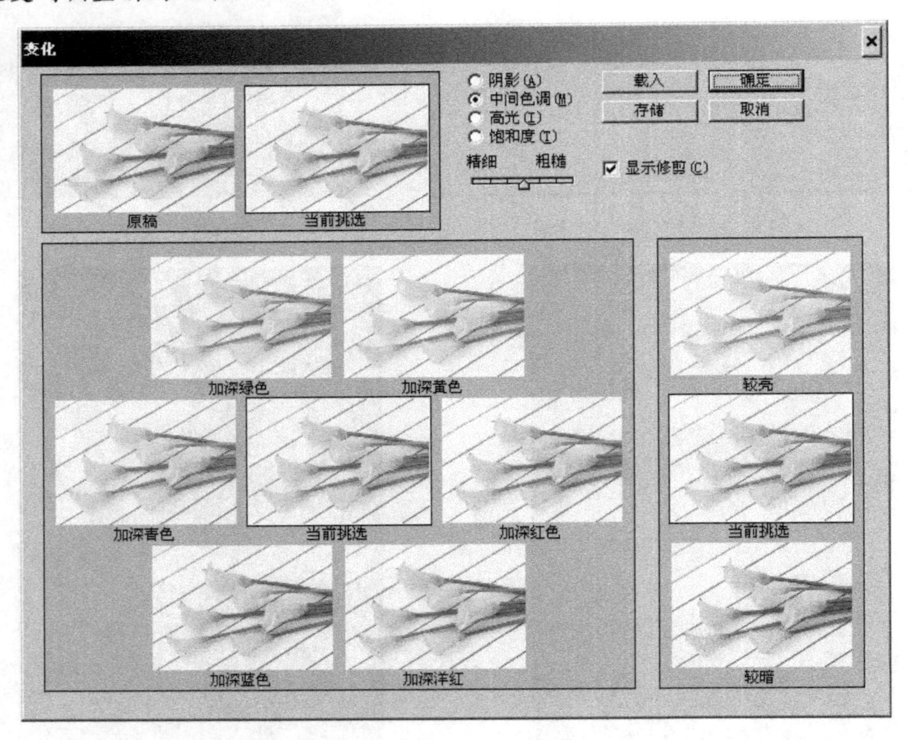

图 8.56 “变化”对话框

8.1.4 使用“通道混合器”调整图像色彩

通道混合器主要是通过对当前颜色通道的颜色进行混合来修改某一颜色通道的颜色，通常用于创建高品质的灰度、棕褐色调或其他色彩的图像。在“通道”调板中选中复合通道后，依次选择“图像”/“调整”/“通道混合器”命令，系统将弹出如图 8.57 所示的“通道混合器”对话框。

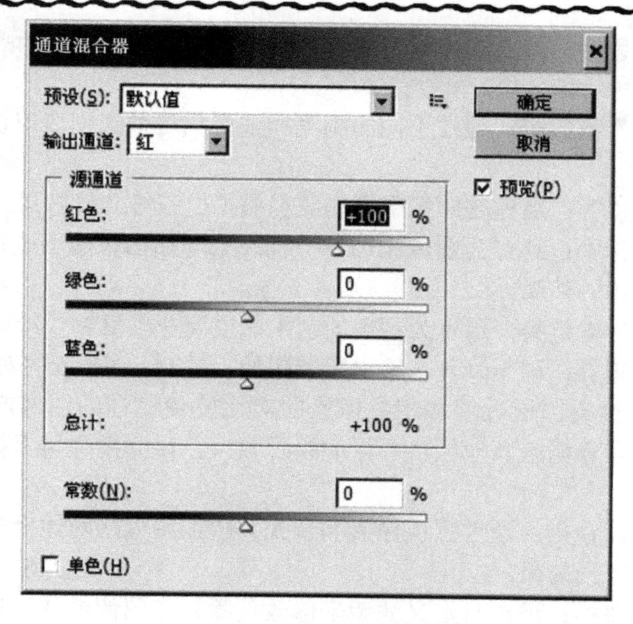

图 8.57　“通道混合器”对话框

- “输出通道”列表框：用于选择需要在其中混入现有各原色通道内容的通道。图像模式不同则该列表框的选项也将有所不同。
- “源通道”选项组：用于设置各原色通道在指定的输出通道中所占的百分比，直接输入数值或用鼠标拖动各原色通道对应的滑块，均可调整其比例。
- “常数”选项：用于调整输出通道的亮度。该选项用于为选定通道添加具有各种不透明度的黑色或白色通道，其中负值表示黑色通道，正值表示白色通道。
- “单色”复选框：用于将当前设置的数值应用于每个输出通道，从而创建灰度的图像效果。

8.1.5　常用滤镜效果介绍

Photoshop CS4 中包含了很多种功能强大的内置滤镜，用于创建各种专业的图像效果。滤镜的用法非常简单，只需选择“滤镜”菜单中的各个命令，即可启动相应的滤镜功能。此外，任何已被安装的第三方滤镜也可像内置滤镜一样被应用到图像中。

“滤镜库”集成了 Photoshop 中大部分的滤镜，并加入了“滤镜层”的功能，这使得允许重复或重叠对同一图像应用多种滤镜，从而使滤镜的应用更加多样，效果更加复杂。同时，我们还可以在“图层”调板中调整滤镜效果图层的顺序、隐藏或显示滤镜效果、删除滤镜图层等。

- “像素化”滤镜类：通过将图像中相近颜色值的像素结块成单元格来建立清晰的选区。
- “扭曲”滤镜类：通过对图像进行各种几何扭曲来模拟波纹、玻璃或其他变形效果。
- “杂色”滤镜类：通常用于向图像中添加或从图像中移去杂色。
- “模糊”滤镜类：通过降低图像中相邻像素间的对比度，来产生一种柔化和模糊的图像效果。

- “渲染”滤镜类：用于在图像中创建三维形状、云彩图案、折射图案和模拟光线反射效果等各种特殊效果。
- “画笔描边”滤镜类：通过不同的画笔和油墨描边效果创造出绘画式效果或精美的艺术效果。
- “素描”滤镜类：通过在图像中添加纹理模拟出三维立体效果。
- “纹理”滤镜类：通过为图像添加各种纹理来增加图像的深度感、材质感，或改变图像组织结构的外观。
- “艺术效果”滤镜类：用于为精美的艺术品或商业项目制作绘画效果或特殊效果。
- “视频”滤镜类：用于输入、输出视频图像，是 Photoshop 的对外接口程序。
- “锐化”滤镜类：通过增加相邻像素的对比度使模糊的图像产生聚焦和清晰的图像，以模拟印象派或其他风格画派的绘画效果，该滤镜类与“模糊”滤镜类的作用恰恰相反。
- “风格化”滤镜类：通过置换像素和查找并增加图像的对比度来创建印象派或其他风格画派的绘画效果。
- “其他”滤镜类：通过自定义滤镜来修改蒙版、在图像内移位选区，以及进行快速的色彩调整等。
- “Digimarc”滤镜类：与其他类别的滤镜不同，它是在图像中嵌入人眼不可识别的用于存储版权信息的数字水印，或者从图像中读出已嵌入的版权信息。
- “消失点”滤镜：用于在保持图像透视角度不变的前提下，对图像进行复制、修复及变化等操作。
- “液化”滤镜：可以使图像产生旋转、推移、扩展、收缩、反射等各种变形效果。
- “照片滤镜”命令：可以模拟传统光学滤镜特效，用于调整图像的色调，使其具有暖色调或冷色调。依次选择“图像”/“调整”/“照片滤镜”命令，系统将弹出“照片滤镜”对话框，通过该对话框中相应选项的设置，可以完成对图像的修饰和调整。

通过这些滤镜可以非常方便地创建出各种专业的图像效果，在实际应用中，可以使用某一种或几种滤镜对图像进行修饰，从而得到各种特殊效果。

8.1.6 智能滤镜

Photoshop CS4 以前的版本如果要对智能对象图层中的图形应用滤镜，首先必须将智能对象图层栅格化，然后才能应用滤镜；当需要对智能对象中的内容进行修改时，则需要重新应用滤镜，使得操作复杂化。Photoshop CS4 版本新增的智能滤镜功能有效地解决上述问题，同时还可以对所应用的滤镜进行反复修改。

1. 添加智能滤镜

可以通过执行如下操作为智能对象图层添加智能滤镜：

（1）在“图层”调板中单击选中需要应用智能滤镜的智能对象图层（如图 8.58 所示为原图像素材，如图 8.59 所示为与之对应的“图层”调板）。

（2）在“滤镜”菜单中选择需要应用的滤镜命令，打开相应的对话框，并设置滤镜参数。

（3）单击“确定”按钮，关闭对话框，即可将相应的滤镜效果应用于选中的智能对象图层，同时生成一个对应的智能滤镜图层，该图层中包括一个智能蒙版以及智能滤镜列表，其中智能蒙版主要用于隐藏或显示智能滤镜对图像的处理效果，而智能滤镜列表则显示了当前智能滤镜图层中应用的滤镜名称（如图 8.60 所示为应用“纹理化”滤镜后的图像效果，如图 8.61 所示为与之对应的“图层”调板）。

（4）如果要继续添加多个智能滤镜，可以重复步骤（2）～（3）的操作，直至得到满意的效果。

图 8.58　原图像素材

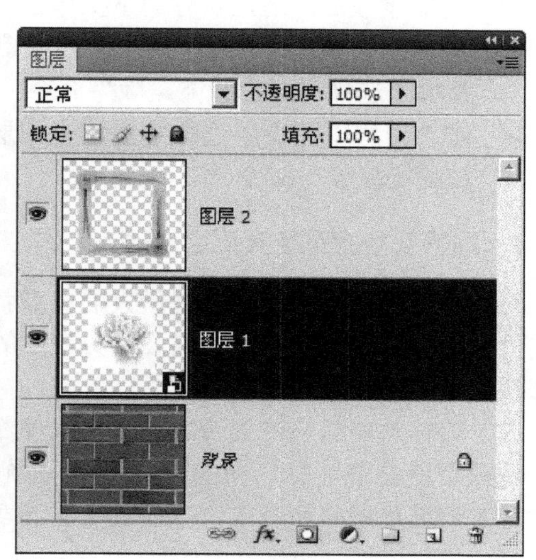

图 8.59　与原图像对应的“图层”调板

图 8.60　应用“纹理化”滤镜后的图像效果

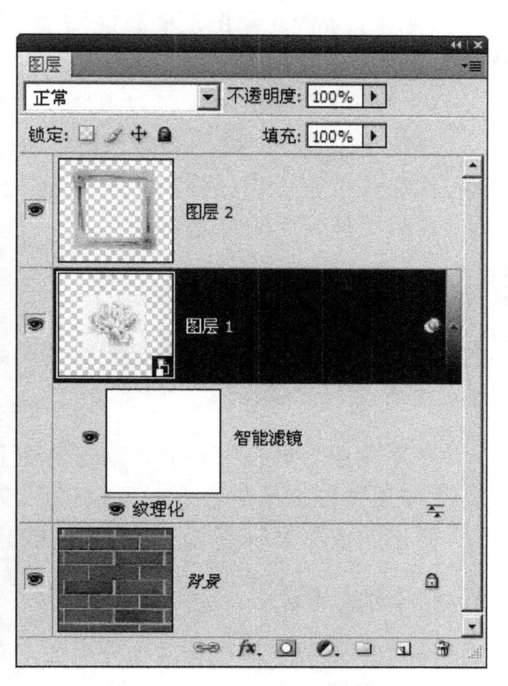

图 8.61　与应用“纹理化”滤镜后图像对应的“图层”调板

2．删除和添加智能蒙版

通过执行如下操作之一可以删除智能蒙版：

- 直接在“图层”调板的蒙版缩览图“智能滤镜”的名称上单击鼠标右键，然后在弹出的快捷菜单中选择“删除智能蒙版”命令；
- 在“图层”调板中选择智能滤镜图层，然后依次选择“图层”/“智能滤镜”/“删除滤镜蒙版”命令。

删除智能蒙版后，通过执行如下操作之一可以重新添加智能蒙版：

- 直接在“图层”调板中的“智能滤镜”4 个字上单击鼠标右键，然后在弹出的快捷菜单中选择“添加智能蒙版”命令；
- 在“图层”调板中选择智能滤镜图层，然后依次选择“图层”/“智能滤镜”/“添加滤镜蒙版”命令。

3．编辑智能滤镜及其混合选项

与普通滤镜相比，智能滤镜最大的优点就是可以对所应用的滤镜参数进行反复编辑。只要在“图层”调板中直接双击需要修改参数的滤镜名称，即可打开滤镜对话框，对其参数进行修改。

通过编辑智能滤镜的混合选项，可以使滤镜所产生的效果与原图像充分混合。双击“图层”调板智能滤镜名称后面的图标，系统将弹出相应的对话框，通过该对话框，我们可以对其参数进行调整和修改，以得到更加满意的效果。

4．停用和启用智能滤镜

由于应用于智能对象图层的智能滤镜可以有多个，因此与之对应的停用/启用智能滤镜的操作也分为如下两种情况：

- 在“图层”调板中智能对象图层右侧的图标上单击鼠标右键，然后在弹出的快捷菜单中选择“停用智能滤镜”命令，可以停用应用于该图层的所有智能滤镜；再次在该位置单击鼠标右键，并在弹出的快捷菜单中选择“启用智能滤镜”，可以重新启用被停用的智能滤镜。

教你一招

直接单击“图层”调板中智能蒙版前面的图标，可以快速显示或隐藏应用于该智能对象图层的全部智能滤镜。

- 在“图层”调板中智能滤镜的名称上单击鼠标右键，然后在弹出的快捷菜单中选择“停用智能滤镜”命令，可以停用该智能滤镜；再次在该位置单击鼠标右键，并在弹出的快捷菜单中选择“启用智能滤镜”，可以重新启用被停用的智能滤镜。

5．删除智能滤镜

删除智能滤镜的操作也相应地分为如下两种情况：

- 在“图层”调板中“智能滤镜”4 个字上（即智能蒙版后的名称）单击鼠标右键，然后在弹出的快捷菜单中选择“清除智能滤镜”命令，或直接选择“图层”/“智能滤镜”/“清除智能滤镜”命令，可以清除应用于该图层的所有智能滤镜；

➢ 在“图层”调板中智能滤镜名称上单击鼠标右键，然后在弹出的快捷菜单中选择“删除智能滤镜”命令，或直接将其拖至调板底部的“删除图层”按钮上，可以删除该智能滤镜。

8.2　为图像着色——图像的色调、色彩与效果调整的综合应用

动手做

利用调整图像的色调、色彩和效果的系列命令为如图 8.63 所示的图片着色，得到如图 8.62 所示的效果。

图 8.62　“彩色辣椒”效果图

指路牌

查阅知识卡片，对案例进行讨论和分析，得出如下解题思路：

（1）利用“磁性套索工具”、“新建调整图层”命令和“色阶”命令将一个“橙色”辣椒调整为“红色”辣椒。

（2）利用“磁性套索工具”、“新建调整图层”命令和“曲线”命令将另一个“橙色”辣椒调整为“黄色”辣椒。

（3）利用“磁性套索工具”、“新建调整图层”命令和“色彩平衡”命令将第三个“橙色”辣椒调整为“红色”辣椒。

（4）利用“磁性套索工具”、“新建调整图层”命令和“通道混合器”命令将第四个“橙色”辣椒调整为“绿色”辣椒。

（5）利用“磁性套索工具”、“新建调整图层”命令和“通道混合器”命令将第五个“橙色”辣椒调整为“绿色”辣椒。

（6）利用智能对象、“高斯模糊”滤镜和“光照效果”滤镜对图像效果进行修饰。

跟我做

根据以上分析，制作“彩色辣椒”图片的具体操作如下：

（1）打开“单色辣椒.jpg”原图文件。

① 启动 Photoshop CS4 中文版。

② 按下快捷键 Ctrl+O，打开素材中的 RGB 格式的图像文件“单色辣椒.jpg”，如图 8.63 所示。

（2）利用“磁性套索工具”、“新建调整图层”命令和“色阶”命令将一个“橙色”辣椒调整为“红色”辣椒。

① 单击工具箱中的“磁性套索工具”，并在图像窗口中拖动鼠标建立如图 8.64 所示的选区。

图 8.63 打开的“单色辣椒.jpg”图像文件

图 8.64 选中一个辣椒

② 依次选择“图层”/“新建调整图层”/“色阶”命令，系统将弹出“新建图层”对话框，其参数设置如图 8.65 所示，单击“确定”按钮，即可在“图层”调板中创建一个调整图层，如图 8.66 所示。

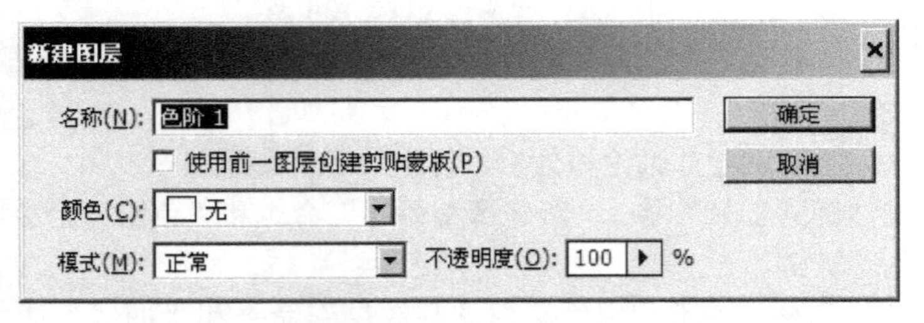

图 8.65 “新建图层”对话框及其参数设置

③ 在系统弹出的显示有“色阶”对话框相关选项的“调整”调板中设置其参数（如图 8.67 所示），即可将选中的“橙色”辣椒调整为“红色”辣椒，得到如图 8.68 所示的效果图。

（3）利用“磁性套索工具”、“新建调整图层”命令和“曲线”命令将另一个“橙色”辣椒调整为“黄色”辣椒。

① 在“图层”调板中单击选中“背景”图层。

② 单击工具箱中的“磁性套索工具”，并在图像窗口中拖动鼠标建立如图 8.69 所示的选区。

③ 依次选择“图层”/“新建调整图层”/“曲线”命令，系统将弹出“新建图层”对话框，单击“确定”按钮，即可在“图层”调板中创建一个调整图层，如图 8.70 所示。

图 8.66　在“图层”调板中创建的调整图层

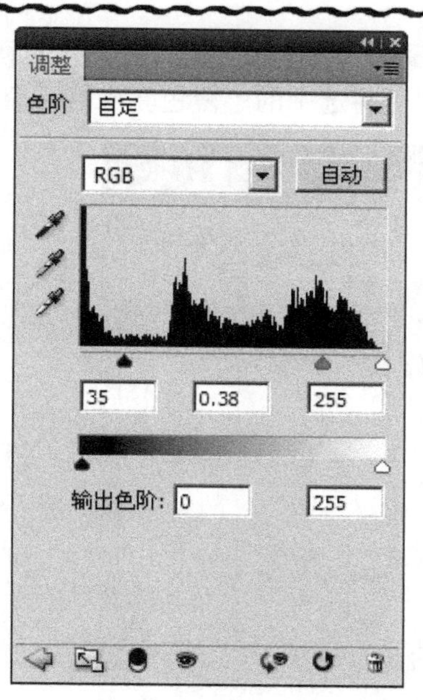

图 8.67　显示有“色阶”对话框相关选项的“调整”调板

图 8.68　通过“色阶”命令调整后的效果图

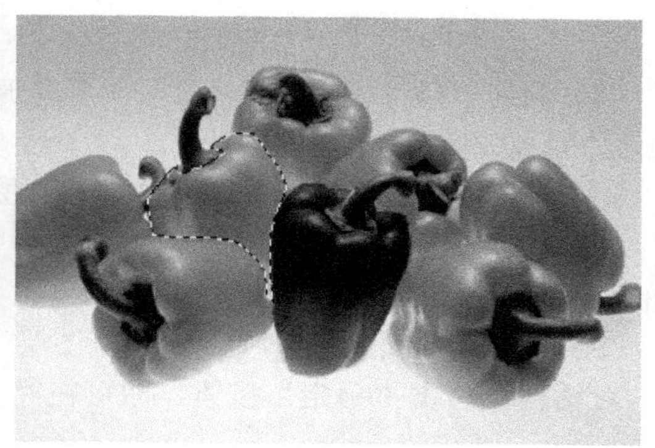

图 8.69　选中的另一个辣椒

图 8.70　在“图层”调板中创建的调整图层

④ 在系统弹出的显示有“曲线”对话框相关选项的“调整”调板中设置其参数（如图 8.71 所示），即可将选中的“橙色”辣椒调整为“黄色”辣椒，得到如图 8.72 所示的效果图。

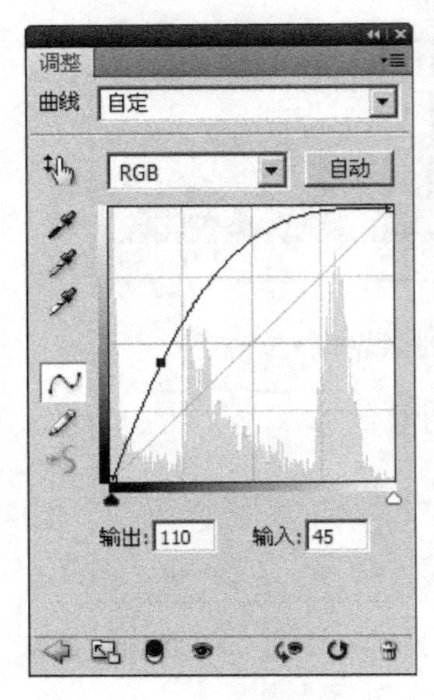

图 8.71 显示有“曲线”对话框相关选项的“调整”调板

图 8.72 通过“曲线”命令调整后的效果图

（4）利用“磁性套索工具”、“新建调整图层”命令和“色彩平衡”命令将第三个“橙色”辣椒调整为“红色”辣椒。

① 在“图层”调板中单击选中“背景”图层。

② 单击工具箱中的“磁性套索工具”，并在图像窗口中拖动鼠标建立如图 8.73 所示的选区。

③ 依次选择“图层”/“新建调整图层”/“色彩平衡”命令，系统将弹出“新建图层”对话框，单击“确定”按钮，即可在“图层”调板中创建一个调整图层，如图 8.74 所示。

图 8.73 选中的第三个辣椒

图 8.74 在“图层”调板中创建的调整图层

④ 在系统弹出的显示有“色彩平衡”对话框相关选项的“调整”调板中设置其参数（如图 8.75 和图 8.76 所示），即可将选中的“橙色”辣椒调整为“红色”辣椒，得到如图 8.77 所示的效果图。

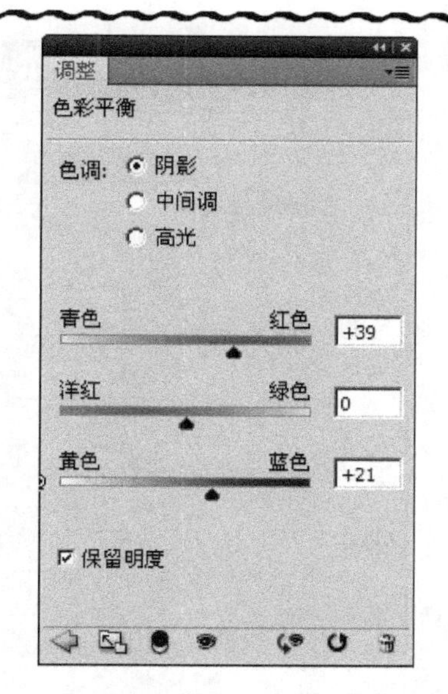

图 8.75　显示有“色彩平衡”对话框相关选项的“调整”调板一

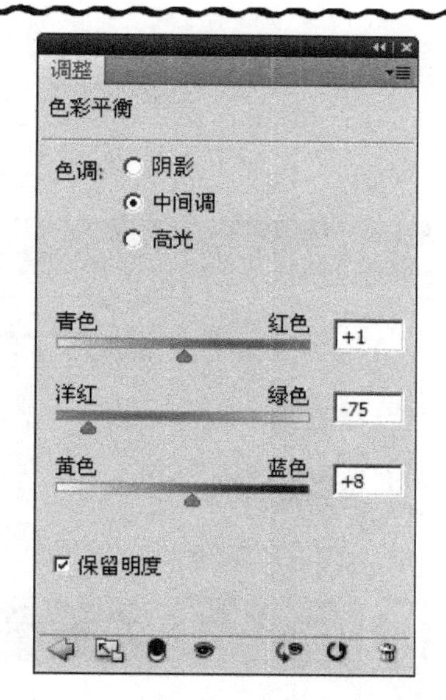

图 8.76　显示有“色彩平衡”对话框相关选项的“调整”调板二

（5）利用“磁性套索工具”、“新建调整图层”命令和“通道混合器”命令将第四个“橙色”辣椒调整为“绿色”辣椒。

① 在“图层”调板中单击选中“背景”图层。

② 单击工具箱中的“磁性套索工具”，并在图像窗口中拖动鼠标建立如图 8.78 所示的选区。

图 8.77　通过“色彩平衡”命令调整后的效果图

图 8.78　选中的第四个辣椒

③ 依次选择“图层”/“新建调整图层”/“通道混合器”命令，系统将弹出“新建图层”对话框，单击“确定”按钮，即可在“图层”调板中创建一个调整图层，如图 8.79 所示。

④ 在系统弹出的显示有“通道混合器”对话框相关选项的“调整”调板中设置其参数（如图 8.80 所示），即可将选中的“橙色”辣椒调整为“绿色”辣椒，得到如图 8.81 所示的效果图。

图 8.79 在“图层”调板中创建的调整图层

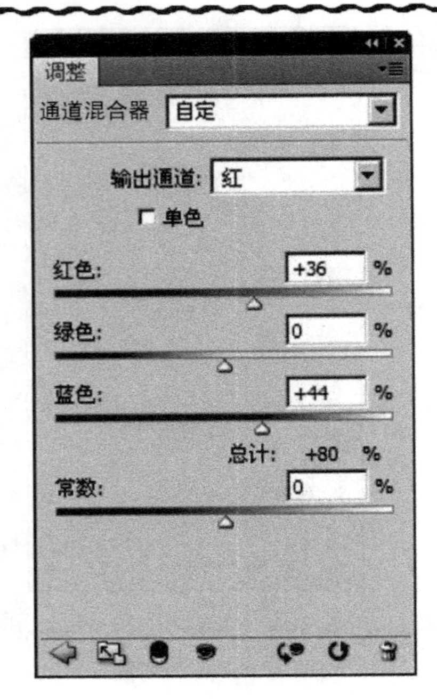

图 8.80 显示有“通道混合器”对话框相关选项的“调整”调板一

（6）利用“磁性套索工具”、“新建调整图层”命令和“通道混合器”命令将第五个“橙色”辣椒调整为“绿色”辣椒。

① 在“图层”调板中单击选中“背景”图层。

② 单击工具箱中的“磁性套索工具”，并在图像窗口中拖动鼠标建立如图 8.82 所示的选区。

图 8.81 通过“通道混合器”命令调整后的效果图

图 8.82 选中的第五个辣椒

③ 依次选择“图层”/“新建调整图层”/“通道混合器”命令，系统将弹出“新建图层”对话框，单击“确定”按钮，即可在“图层”调板中创建一个调整图层，如图 8.83 所示。

④ 在系统弹出的显示有“通道混合器”对话框相关选项的“调整”调板中设置其参数（如图 8.84 所示），即可将选中的“橙色”辣椒调整为“绿色”辣椒，得到如图 8.85 所示的效果图。

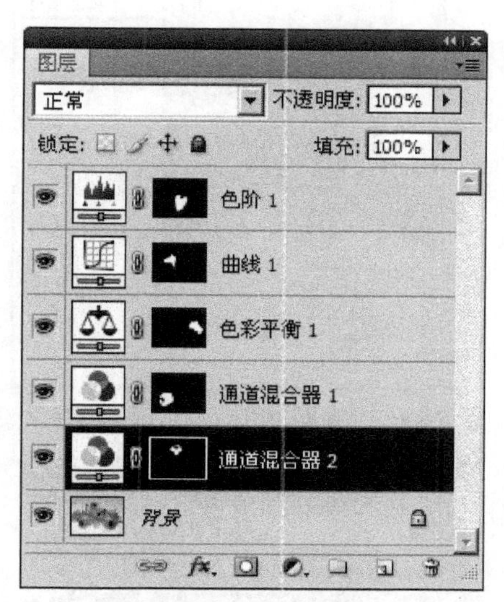

图 8.83　在“图层”调板中创建的调整图层

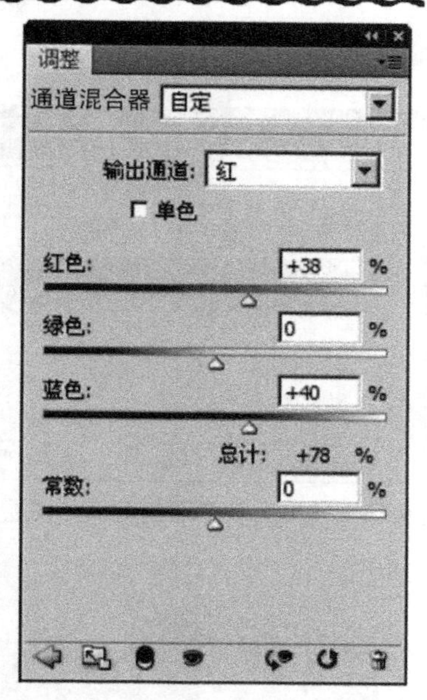

图 8.84　显示有“通道混合器”对话框相关选项的“调整”调板二

图 8.85　通过“通道混合器”命令调整后的效果图

教你一招

在上述操作中，我们每进行一步操作之前，都采取新建调整图层的做法，这就使得我们可以根据需要，随时通过“调整”调板对其参数进行调整和修改，以得到满意的效果。

（7）利用“智能对象”命令、“高斯模糊”和“光照效果”滤镜对图像效果进行修饰。

① 依次选择“图层”/“拼合图层”命令，将所有图层合并为一个“背景”图层。

② 依次选择“图层”/“智能对象”/“转换为智能对象”命令，将“背景”图层转换为智能图层“图层 0”，如图 8.86 所示。

③ 依次选择“滤镜”/“模糊”/“高斯模糊”命令，系统将弹出“高斯模糊”对话框，其参数设置如图 8.87 所示，单击“确定”按钮，即可对图片进行模糊修饰，得到如图 8.88 所示的效果图。同时，“图层”调板中也将自动生成一个智能滤镜图层，如图 8.89 所示，通过该图层，我们可以根据需要对滤镜参数进行反复调整。

图 8.86　转换为智能图层后的“图层”调板

图 8.87　“高斯模糊”对话框及其参数设置

图 8.88　通过“高斯模糊”滤镜修饰后的效果图

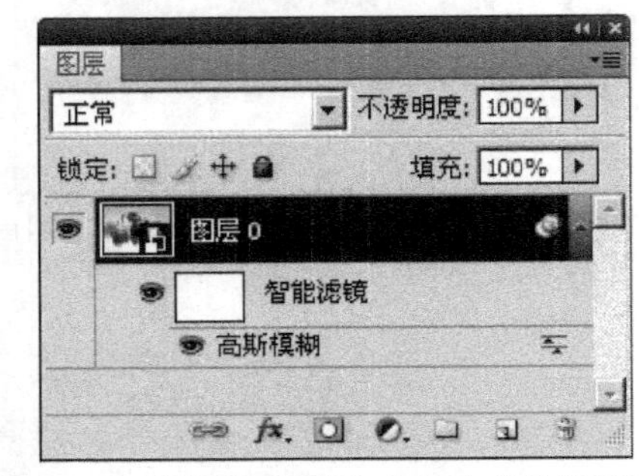

图 8.89　“图层”调板中自动生成的智能滤镜图层

④ 依次选择“滤镜”/“模糊”/“光照效果”命令，系统将弹出“光照效果”对话框，其参数设置如图 8.90 所示，单击“确定”按钮，即可调整图片的光照效果，得到如图 8.91 所示的效果图。同时，“图层”调板中也将自动添加一个智能滤镜，如图 8.92 所示。

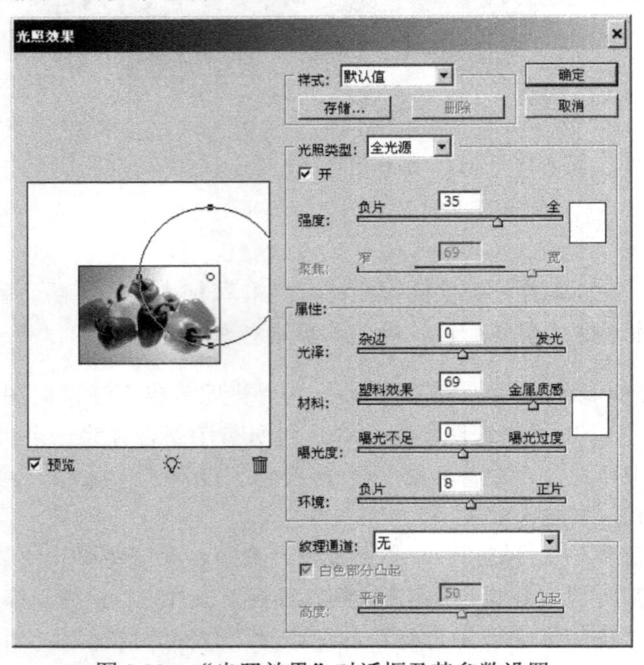

图 8.90　“光照效果”对话框及其参数设置

图 8.91　通过“光照效果”滤镜修饰后的效果图

图 8.92　“图层”调板中自动添加的智能滤镜

（8）后期处理及文件保存。

回头看

本案例通过对“单色辣椒”图片进行着色的系列操作，综合运用了“图像”/“调整”命令中的用于图像色彩、色调调整的一系列命令和“智能对象”、智能滤镜图层、“高斯模糊”、“光照效果”滤镜等。这其中关键之处在于，根据实际需要选择适当的命令并正确设置对话框中的各参数，以得到预期的效果。

参考本案例中讲述的相关操作，可以完成为黑白照片、图像着色，以及改变图像颜色等操作。

本章小结

本章主要介绍了各种常用的调整图像色调、色彩，滤镜效果，智能滤镜等命令的功能、基本用法和使用技巧。在实际操作过程中，这些命令往往需要互相配合使用，才能得到预期的效果。另外，在实际工作中也可能会应用到其他更多的命令，遇到的情况也会更加复杂，这就需要在实际创作过程中细心体会其中的奥秘。

习题 8

1. 总结各种调整图像色调、色彩和滤镜等命令的功能。
2. 总结利用各种调整图像色调、色彩和滤镜命令综合调整图像效果的基本用法和技巧。
3. 上机完成本章提供的各个案例的制作，并在此基础上完成对下列案例的制作。

综合利用各种调整图像色调、色彩，智能滤镜图层，滤镜等命令将如图 8.93 所示的“红色玫瑰”图像调整为如图 8.94 所示的“多彩玫瑰”效果（图片在素材中提供）。

图 8.93　“红色玫瑰”效果图

图 8.94　“多彩玫瑰”效果图

【学习目标】

1. 了解动作调板的功能、动作的应用、调整和编辑操作，以及自动化常用功能。

2. 掌握动作调板的使用方法和动作的应用、调整、编辑等操作的方法和技巧，以及自动化常用命令的用法。

9.1 知识卡片

动作和自动化功能是 Photoshop 智能化及提高工作效率的具体体现，其特点就是能够根据我们的需要快速完成多个操作步骤、命令或功能的处理。

9.1.1 “动作”调板

简单讲，动作就是一系列有序的操作集合，我们可以将一系列动作录制下来，并将其保存成一个动作，供我们在以后的操作中通过播放此动作，达到重复执行这一系列操作的目的。所有关于动作的操作，基本上都集中在“动作”调板上，依次选择“窗口”/“调板”命令，即可弹出如图 9.1 所示的“动作”调板。

1. “动作”调板中的选项及按钮

（1）调板标签

Photoshop 中提供了许多控制调板，在使用其他调板时，单击“动作”调板左上角的调板标签，可以显示“动作”调板的当前设置状态，而且可以根据需要，对调板进行任意组合。

（2）调板菜单按钮

单击位于“动作”调板右上角的调板菜单按钮，系统将弹出“动作”调板菜单，如图 9.2 所示，通过该菜单可以完成动作和组的新建、复制、删除、播放等操作。

（3）组

组是一个包含多个相似功能的动作集合，也可以理解成包括多个动作的文件夹。利用组可以方便地对动作进行管理。

（4）“创建新动作”按钮

单击位于调板底部的“创建新动作”按钮，系统将弹出如图 9.3 所示的“新建动作”对话框，利用该对话框可以创建一个新动作。

图 9.1　“动作”调板

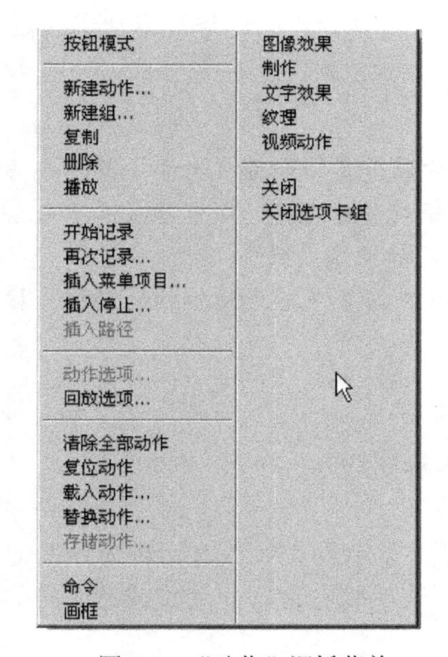

图 9.2　“动作”调板菜单

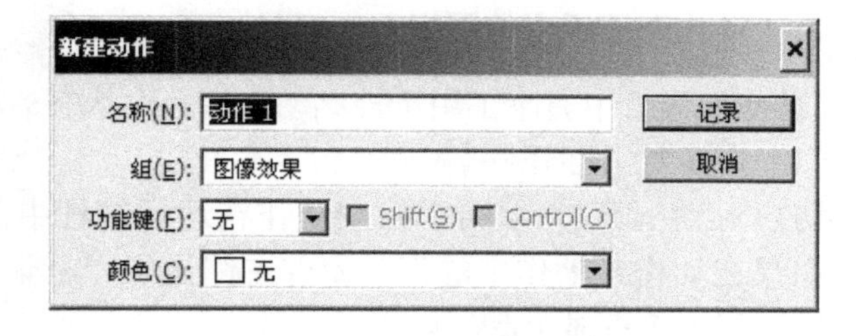

图 9.3　“新建动作”对话框

- “名称”文本框：用于输入动作的名称。
- “组”列表框：用于选择此动作所属的组。
- “功能键”列表框：用于选择播放此动作时的快捷键。
- “记录”按钮：单击此按钮，Photoshop 将开始录制后面所做的操作，此时“动作”调板底部的“开始记录”按钮将被激活，变成红色显示。

（5）“创建新组”按钮

单击位于调板底部的“创建新组”按钮，系统将弹出如图 9.4 所示的“新建组”对话框。在该对话框中的“名称”文本框中输入组的名称，然后单击“确定”按钮，即可创建一个新的动作组。

（6）“开始记录”按钮

单击位于调板底部的“开始记录”按钮，可以开始录制动作。

（7）“停止播放/记录”按钮

单击位于调板底部的“停止播放/记录”按钮，可以停止播放或录制动作。

（8）“播放选定的动作”按钮

单击位于调板底部的“播放选定的动作”按钮，可以开始播放当前选择的动作。

（9）“删除”按钮

单击位于调板底部的“删除”按钮，系统将弹出如图 9.5 所示的操作提示对话框，单击“确定”按钮，即可删除当前选择的动作。

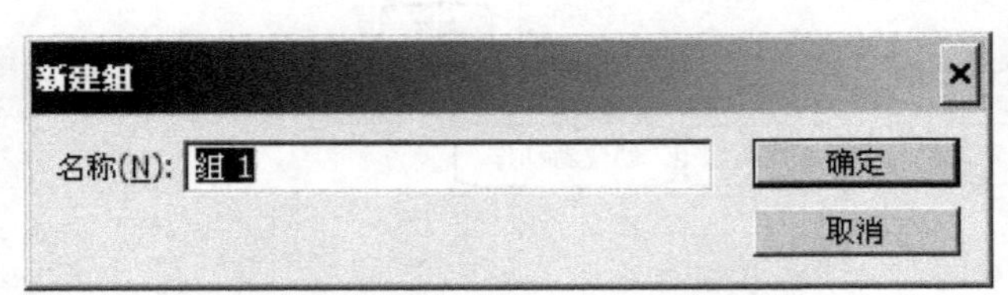

图 9.4　“新建组”对话框

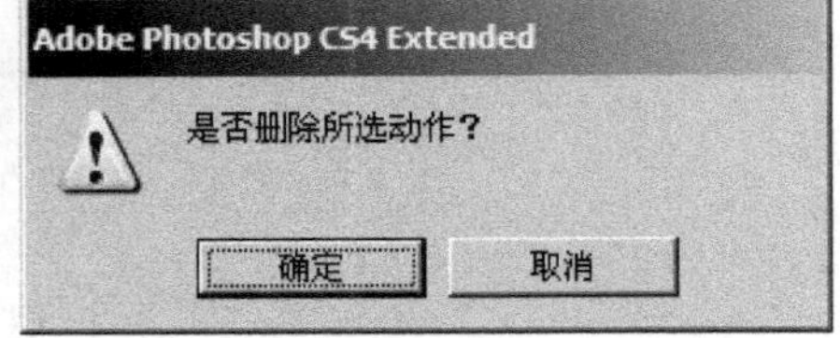

图 9.5　操作提示对话框

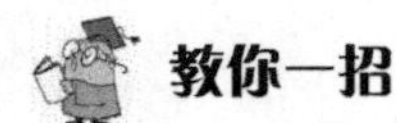

教你一招

如果要重新排列命令的顺序，只要在“动作”调板中将选定命令拖曳至同一动作或另一动作中的新位置，当突出显示行出现在需要的位置时，释放鼠标左键，即可完成选定命令的位置调整。动作顺序的改变意味着执行动作后将得到不同的图像效果。

在“动作”调板中选择动作时，按住 Ctrl 键，可以选择多个不连续排列的动作，按住 Shift 键可以选择多个连续排列的动作。

2．“动作”调板中的图标

“动作”调板中显示了用于控制动作和命令状态的各种图标。

（1）切换对话框开/关

切换对话框开/关用于控制动作在运行过程中是否显示具有参数对话框命令的对话框，如果在动作或动作中的某一命令左侧显示标记，表明将在运行此动作或命令时显示对话框，否则将不显示。

（2）切换项目开/关

切换项目开/关用于控制是否执行动作或动作中的命令，如果在动作或动作中的某一命令左侧显示标记，则正常执行该动作或命令，如果显示为，则不执行该动作或命令。

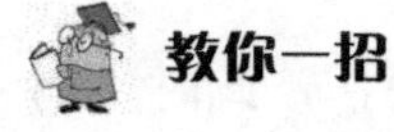

教你一招

单击切换对话框开/关位置或切换项目开/关位置，可以完成其开和关状态的转换。

9.1.2　动作的应用、调整和编辑

动作的应用、录制、调整和编辑可以通过“动作”调板中的相关按钮及开关来完成，也可以利用调板菜单中的相关命令来完成。

1. 应用预制动作

Photoshop CS4 中提供了丰富的预制动作，利用这些动作，我们可以分别对图像及文字进行处理，还可以生成图像的边缘和纹理。要调用这些动作，我们可以在“动作”调板菜单的最下面一栏中单击相应的动作组名称，即可将相应的动作组调入“动作”调板，然后我们就可以根据需要选择运行相应的动作或命令了（图 9.6 为原素材图像，图 9.7 为选择并执行预制的“画框”/“木质画框−50 像素”动作后得到的效果）。

图 9.6　原素材图像

图 9.7　选择并执行预制的“画框”/“木质画框−50 像素”动作的效果

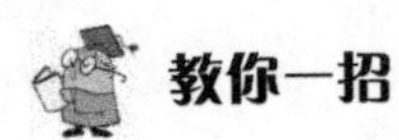

教你一招

初步了解“动作”调板中预设的动作效果，在需要时就可以自如地直接运行和应用有关动作了，这可以防止在实际操作过程中由于制作一些简单的小效果（预设动作中包括的）而浪费大量精力和时间。

2. 在动作中插入菜单命令

在“动作”调板中选择一个需要插入菜单命令的动作，然后在调板菜单中选择“插入菜单项目”命令，系统将弹出如图 9.8 所示的“插入菜单项目”对话框。此时在菜单中选择一个要插入的菜单命令，插入的菜单命令将被显示在对话框的“菜单项”处，如图 9.9 所示，单击“确定”按钮，即可将该菜单命令插入到当前动作中。

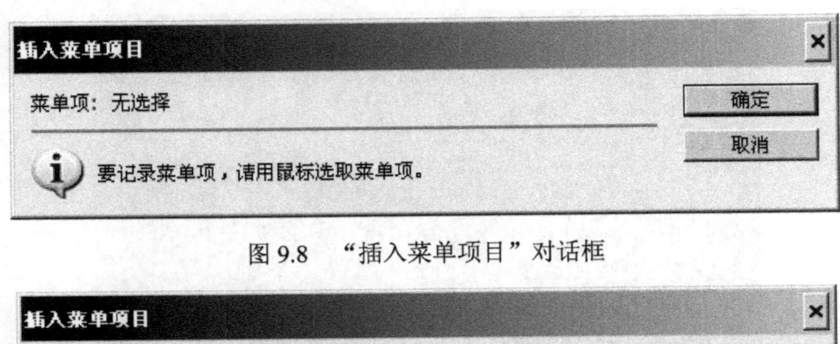

图 9.8 “插入菜单项目”对话框

图 9.9 显示菜单命令的“插入菜单项目”对话框

3. 在动作中录制提示信息

在动作中录制一段用于提示用户根据需要进行绘制操作的信息，可以有效弥补 Photoshop 中动作无法录制绘制操作的不足。在“动作”调板中选择一个需要插入提示信息的动作，然后在调板菜单中选择“插入停止”命令，系统将弹出 “记录停止”对话框，在“信息”文本框中输入提示信息（如图 9.10 所示），然后单击“确定”按钮，即可在该动作后面插入一个停止动作。

图 9.10 在“记录停止”对话框中输入提示信息

如果在“记录停止”对话框中选择了“允许继续”复选框，当播放动作遇到插入停止处时，将显示如图 9.11 所示的提示框，此时我们可以选择继续执行后面的动作，也可以选择停止；如果未选中“允许继续”复选框，则显示如图 9.12 所示的提示框，此时只能单击“停止”按钮，关闭提示框，同时终止后面动作的执行。

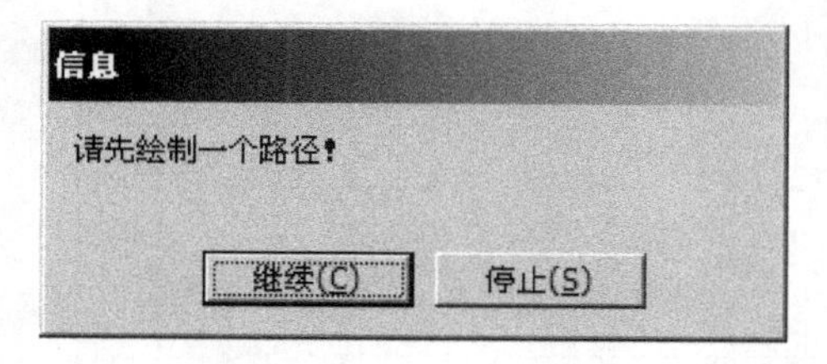

图 9.11　选中“允许继续”复选框的提示框

图 9.12　未选中“允许继续”复选框的提示框

4. 设置动作的回放选项

默认情况下，动作运行的速度非常快，我们根本无法看清楚动作运行的过程，一旦出现错误或问题，也无法判断问题究竟出现在哪一步。我们可以通过修改动作播放的速度来解决这一问题。

在“动作”调板菜单中选择“回放选项”，系统将弹出如图 9.13 所示的“回放选项”对话框。

图 9.13　“回放选项”对话框

- “加速”选项：将以默认的速度播放动作。
- “逐步”选项：在播放动作时，Photoshop 在完全显示每一操作步骤的结果后，才继续执行下一步操作。
- “暂停”选项：可以在播放动作时控制每个命令的暂停时间。

5. 改变动作中某命令的参数和选项

如果某命令在执行的时候显示对话框，我们可以在“动作”调板中该命令的名称处双击，系统将弹出对话框，这样我们就可以在对话框中修改和调整以前的参数了，以便使同一动作能够应用于各种不同情况。

9.1.3　自动化任务

自动化任务是 Photoshop 用于快速完成任务和大幅度提升工作效率的最典型的功能。Photoshop CS4 提供了多个自动化命令，我们这里仅介绍常用的“批处理”命令和用于制作全景照片的“Photomerge”命令。

1. “批处理”命令

“批处理”命令是“自动化”命令中较常用的命令之一，利用该命令可以将某一指定动作应用于某一文件夹中的所有图像，从而大大节省操作时间，提高工作效率。依次选择“文件”/“自动”/“批处理”命令，系统将弹出如图 9.14 所示的“批处理”对话框。

- “组”下拉列表框：用于选择和设置要执行的动作所在的组。
- “动作”下拉列表框：用于选择和设置要执行的动作的名称。

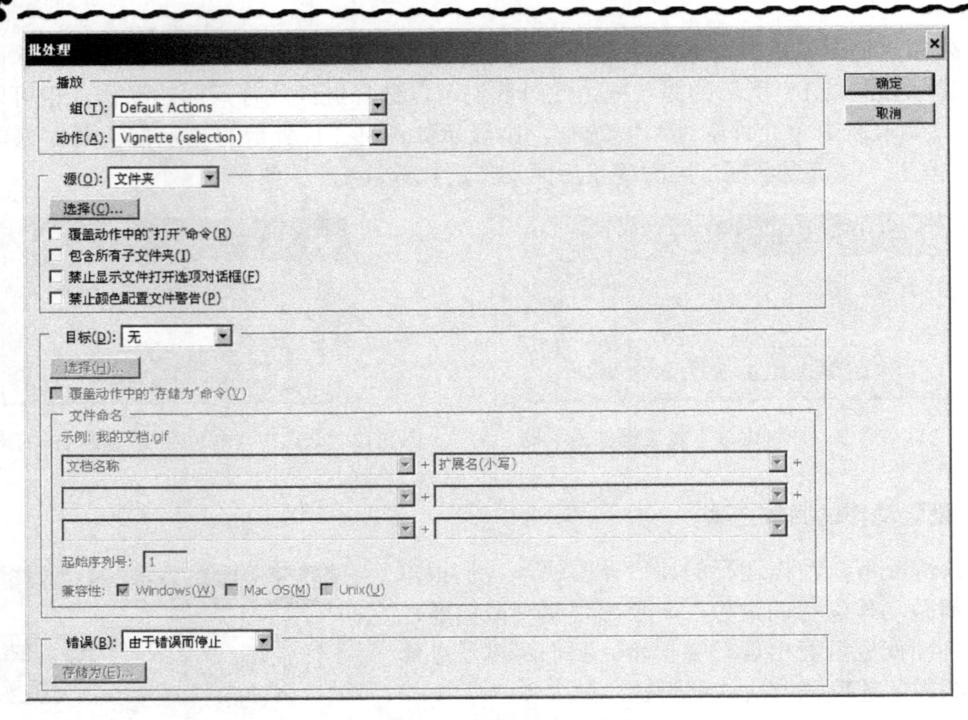

图 9.14　“批处理”对话框

- “源”下拉列表框：用于选择和设置要进行批处理的对象的类型，默认选项是“文件夹”。
- “选择”按钮：用于选择要进行批处理的文件夹名称。
- “覆盖动作中‘打开’命令”复选框：用于设置是否忽略动作中录制的“打开”命令。如果选中该选项，则忽略“打开”命令。
- “包含所有子文件夹”复选框：用于设置是否将批处理中涉及的动作应用于指定文件夹的子文件夹中的图像文件。
- “目标”下拉列表框：用于选择和设置对经过批处理后的图像文件所做的操作。其中，“无”选项表示不对处理后的图像文件做任何操作；“存储并关闭”选项用于将经过批处理的文件存储后关闭，同时覆盖原来的文件；“文件夹”选项及“选择”按钮用于为经过批处理后的图像文件指定一个存储文件夹。
- “错误”下拉列表框：用于选择和设置当执行动作过程中发生错误时处理错误的方式。

2. “Photomerge”命令

“Photomerge”命令用于将具有重叠区域的连续拍摄的照片拼合成一个连续全景图像，以弥补由于没有带广角镜头的相机而无法将一些美丽的景色拍摄在同一张照片中的遗憾。其原理是通过自动搜寻不同图像中相近的像素，然后再将其对齐。依次选择“文件”/“自动”/“Photomerge”命令，系统将弹出如图 9.15 所示的“Photomerge”对话框。

- “版面”选项组：用于选择和设置照片拼接的方式。
- “使用”列表框：用于选择和设置合成图像的原素材图像文件。其中，如果选择“文件”选项可使用单个文件生成 Photomerge 合成图像；如果选择“文件夹”选项，该文件夹中的所有文件将出现在对话框中部的列表框中，并使用这些图像文件创建 Photomerge 合成图像。

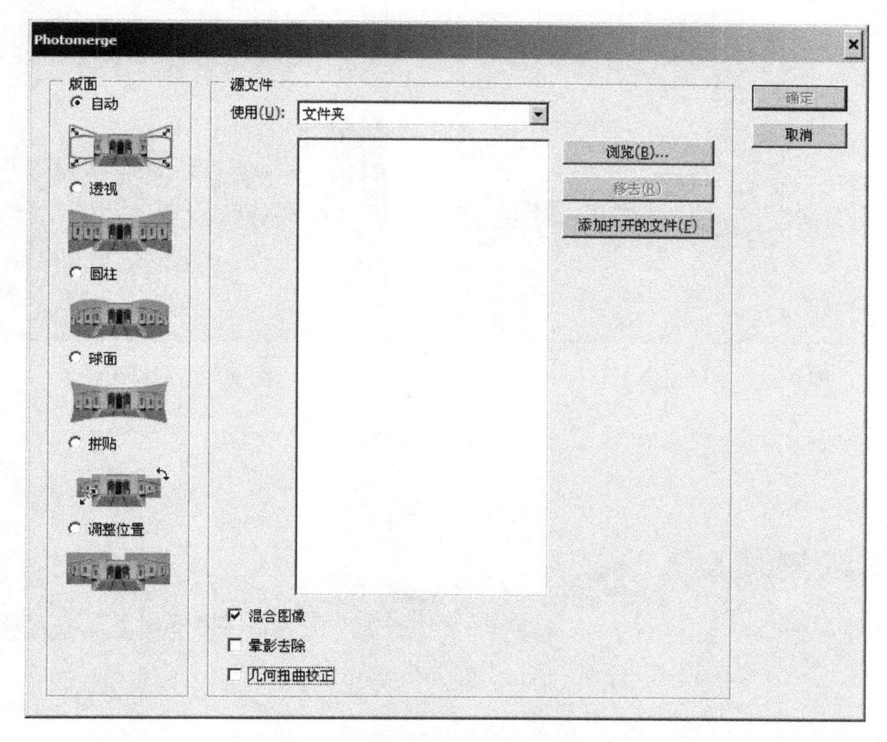

图 9.15　“Photomerge”对话框

➢ “混合图像”复选框：用于设置 Photoshop 在进行图像合成的过程中是否自动排列原素材图像。如果选中该选项，将自动排列。
➢ “晕影去除”复选框：用于设置在图像合成过程中是否自动去除图像的晕影。
➢ “几何扭曲校正”复选框：用于设置在图像合成过程中是否自动对扭曲现象进行校正。

图 9.16～图 9.19 为原素材图像，图 9.20 为利用 Photomerge 命令并选择默认方式合成后的图像效果，图 9.21 为经过裁剪后的图像效果。

图 9.16　素材图像 1

图 9.17　素材图像 2

图 9.18　素材图像 3

图 9.19　素材图像 4

图 9.20　利用 Photomerge 命令并选择默认方式合成后的图像效果

图 9.21　经过裁剪后的图像效果

9.2　创建 Web 图片展——动作及自动化功能应用

动手做

利用“动作”调板、“自动”系列命令和 Adobe Bridge 创建 Web 图片展，其效果如图 9.22 所示。

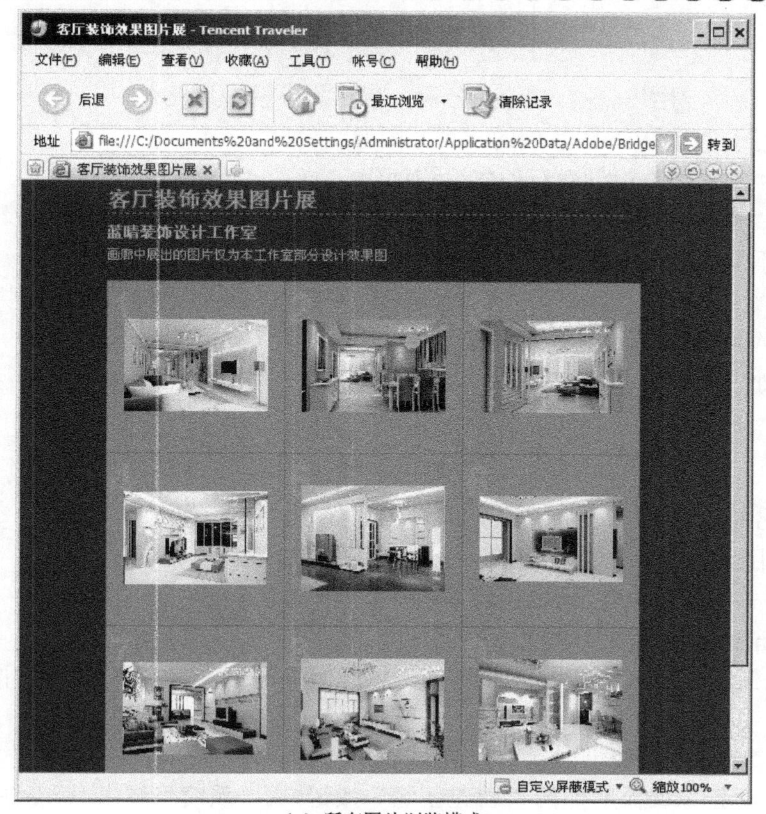

（a）所有图片浏览模式

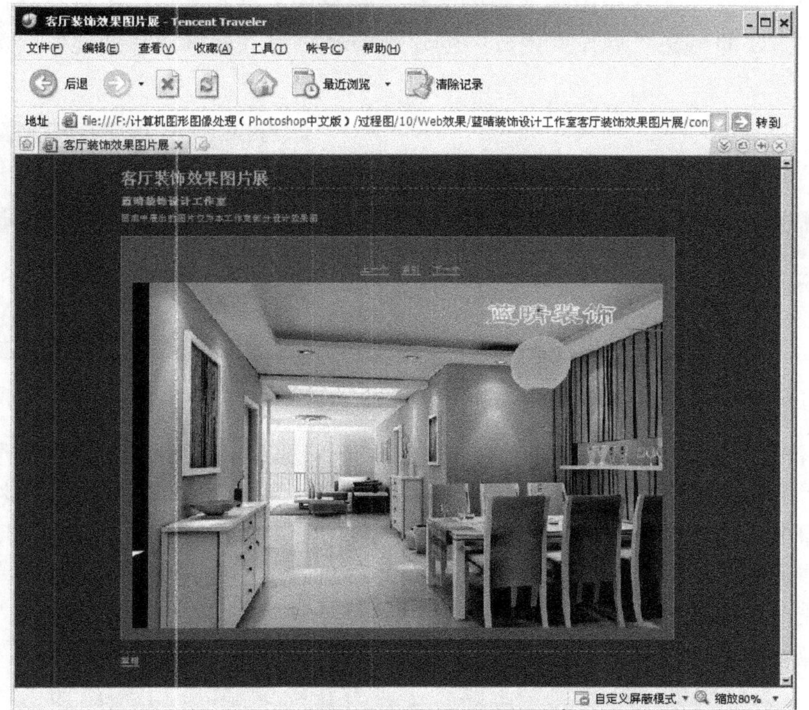

（b）单幅图片浏览模式

图 9.22　Web 图片展效果图

指路牌

查阅知识卡片，对案例进行讨论和分析，得出如下解题思路：

（1）打开用于创建 Web 图片展的一个原图像文件。

（2）利用“动作”调板创建新动作组和动作。

（3）利用“横排文字工具” T、“图层”/“栅格化”/“文字”命令以及“图层样式”对话框为图像添加防伪文字。

（4）利用“文件”/“自动”/“批处理”命令自动为所有素材图像添加防伪文字。

（5）利用 Adobe Bridge 创建 Web 画廊。

（6）后期处理。

跟我做

根据以上分析，创建 Web 图片展的具体操作如下：

（1）打开用于创建 Web 图片展的一个原图像文件。

① 准备好素材图像文件，并将其存储在一个指定文件夹中。

② 启动 Photoshop CS4 中文版。

③ 按下快捷键 Ctrl+O，打开素材中的“Web 图片展素材图像”文件夹中的任意一个图像文件。

（2）利用“动作”调板创建新动作组和动作。

① 单击“动作”调板底部的“创建新组”按钮，系统将弹出“新建组”对话框。在该对话框的“名称”文本框中输入组的名称“素材图片处理”（如图 9.23 所示），然后单击“确定”按钮，即可在“动作”调板中创建一个名称为“素材图片处理”的新动作组，如图 9.24 所示。

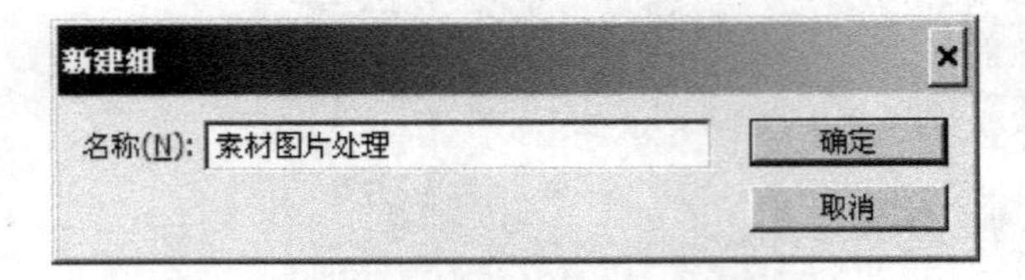

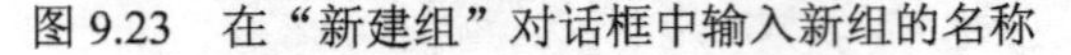

图 9.23 在“新建组”对话框中输入新组的名称

图 9.24 “动作”调板中的新动作组

② 单击位于调板底部的“创建新动作”按钮，系统将弹出“新建动作”对话框。在该对话框的“名称”文本框中输入组的名称“制作文字”（如图 9.25 所示），然后单击“记录”按钮，即可创建一个名称为“制作文字”的新动作，并自动开始录制后面所做的操作，此时“动作”调板底部的“开始记录”按钮将被激活，变成红色显示。

（3）利用“横排文字工具” T、“图层”/“栅格化”/“文字”命令以及“图层样式”对话框为图像添加防伪文字。

① 单击工具箱中的“横排文字工具” T，并在图像窗口右上角添加“字体”选项为“隶书”、“字号”为“60 点”的文字。

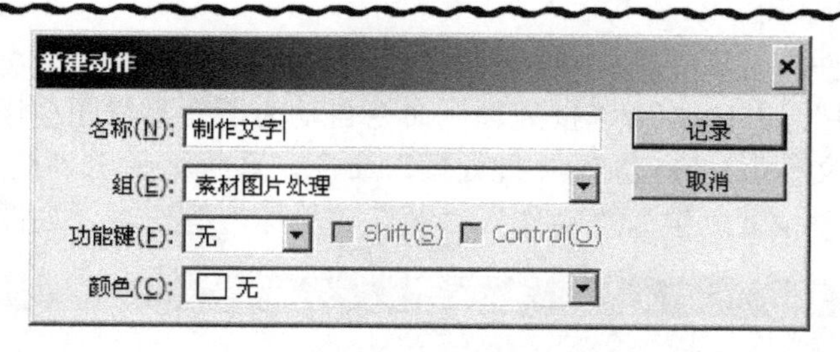

图 9.25　在“新建动作”对话框中输入新动作的名称

② 依次选择“图层”/“栅格化”/“文字”命令，将当前文字图层栅格化。

③ 在“图层”调板菜单中选择“混合选项”命令，系统将弹出“图层样式”/“混合选项”对话框，在该对话框右侧将“填充不透明度”选项设置为 0%，其他选项保持不变。

④ 在对话框左侧的“样式”栏中单击“描边”选项，然后在对话框右侧将“填充颜色”选项设置为白色，其他选项保持不变，最后单击“确定”按钮，完成文字效果设置（如图 9.26 所示），并关闭对话框。

图 9.26　添加防伪文字后的图像效果

⑤ 在“图层”调板菜单中选择“合并可见图层”选项，将文字图层与背景图层进行合并。

⑥ 单击“动作”调板底部的“停止播放/记录”按钮，停止动作的录制操作，此时的“动作”调板如图 9.27 所示。

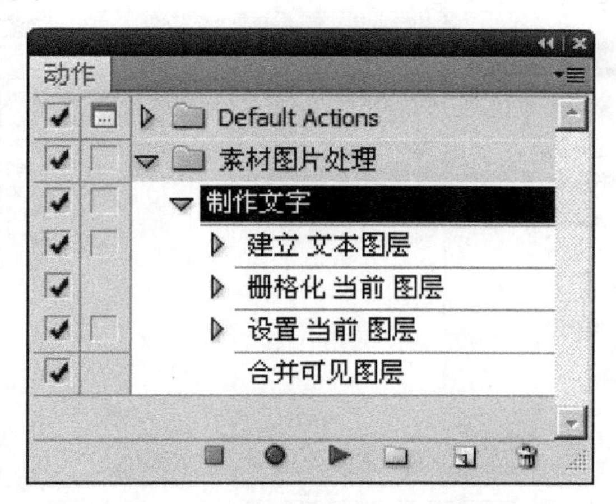

图 9.27　“动作”调板中录制完成的动作

⑦ 关闭图像文件，且不要保存对其所做的修改。

（4）利用“文件”/“自动”/“批处理”命令自动为所有素材图像添加防伪文字。

① 依次选择“文件”/“自动”/“批处理”命令，系统将弹出“批处理”对话框。

② 在该对话框中设置“组”、“动作”、“源”、“目标”等选项，如图 9.28 所示。

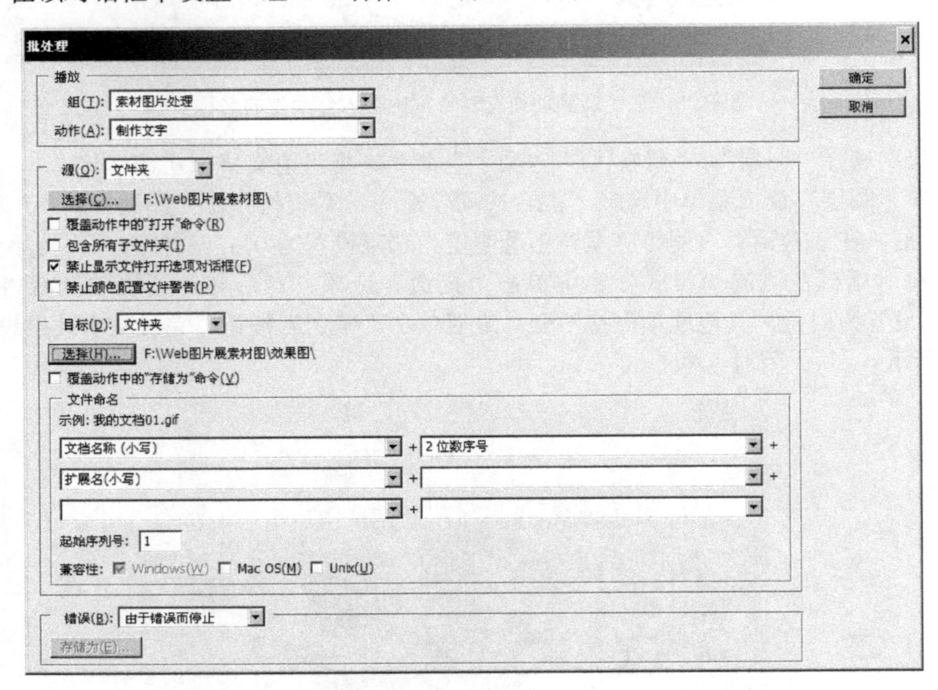

图 9.28 “批处理”对话框

③ 单击“确定”按钮，系统将自动按设置对源文件夹中所有图像执行指定动作，并按照设置好的文件命名规则，将处理后的图像文件存储到目标文件夹中，如图 9.29 所示。

图 9.29 存储在指定目标文件夹中的图像文件

（5）利用 Adobe Bridge 创建 Web 画廊。

① 依次选择“文件”/“在 Bridge 中浏览”命令，启动 Adobe Bridge。

② 在 Adobe Bridge 窗口中依次选择“窗口”/“文件夹面板”命令，打开“文件夹”管理面板。

③ 在“文件夹”管理面板中选择并打开步骤（4）中用于存储图像文件的目标文件夹，并选中该文件夹中的所有图像文件，如图 9.30 所示。

图 9.30　在“文件夹”管理面板中选中目标文件夹中的所有图像文件

④ 在 Adobe Bridge 窗口中依次选择“窗口”/“文件夹”/“输出”命令，打开“输出”设置面板。

⑤ 在“输出”设置面板中单击选择“Web 画廊”按钮，并选择设置“模板”选项为“HTML 画廊”、“样式”选项为“Lightroom”。

⑥ 设置“站点信息”中的“画廊标题”为“客厅装饰效果图片展”、“画廊题注”为“蓝晴装饰设计工作室”、“关于此画廊”为“画廊中展出的图片仅为本工作室部分设计效果图”、“您的姓名”为“毕蓝晴”、“电子邮件地址”为“bluesun@163.com”、“版权信息”为“蓝晴装饰设计室版权所有”。

⑦ 设置“颜色调板”中相关信息的颜色。

⑧ 设置“外观”中的相关选项。

⑨ 设置“创建画廊”中的“画廊名称”选项为“蓝晴装饰设计工作室客厅装饰效果图片展”，单击选中“存储到磁盘”单选框，并通过“浏览”按钮设置 Web 网站相关文件存储的文件夹。

⑩ 单击“在浏览器中预览”按钮，我们可以通过浏览器查看 Web 图片展的实际效果（如图 9.31 所示），如果有不满意之处，可以对有关设置选项进行调整和修改，直到满意为止。

图 9.31　Web 图片展预览效果

⑪ 单击“存储”按钮，系统将自动根据设置创建 Web 网页，并将网页相关文件存储到步骤⑨所指定的文件夹中，如图 9.32 所示。双击 Index.html 文件，即可打开浏览器浏览图片展。

（6）后期处理。

回头看

本案例通过创建 Web 图片展系列操作，综合应用了“动作”调板、“批处理”命令和 Adobe Bridge 等功能。这其中关键之处在于，利用“动作”调板创建和录制动作，利用“批处理”命令自动对大量图像文件进行处理，并通过 Adobe Bridge 生成 Web 图片展网站。

参考本案例中讲述的相关操作，可以完成对各种图片的自动化处理以及创建各类用于展示图片的 Web 网站的操作。

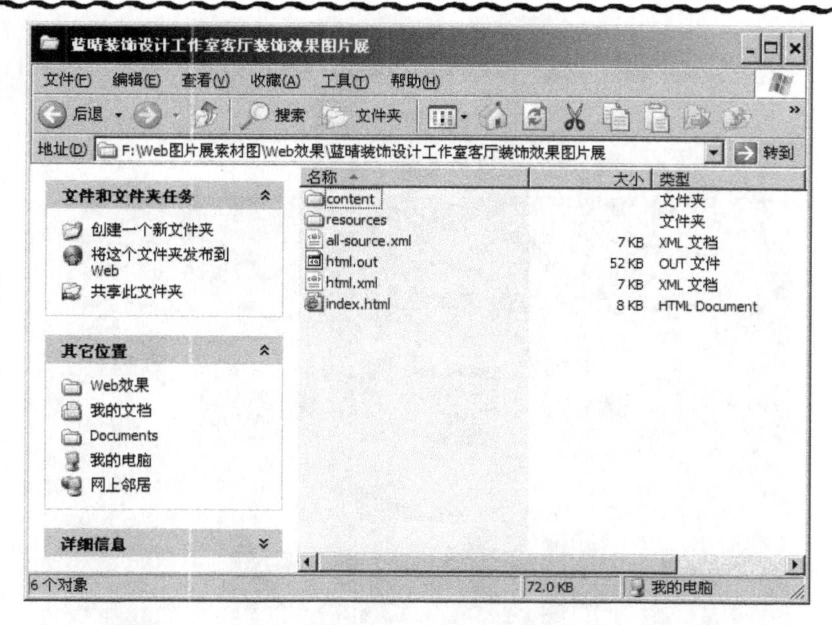

图 9.32　存储在目标文件夹中的 Web 图片展的相关文件

本章小结

本章主要介绍了动作调板的功能和用法，动作的应用、调整和编辑操作的方法和技巧，以及自动化常用命令的用法。在实际操作过程中，借助动作和自动化功能可以大大提高我们处理图像的工作效率。

习题 9

1. 总结动作调板的各种功能，动作的应用、调整和编辑操作，以及自动化常用命令的功能。

2. 总结动作调板的使用方法和动作的应用、调整、编辑等操作的方法和技巧，以及常用自动化命令的用法。

3. 上机完成本章提供的各个案例的制作，并在此基础上完成对下列案例的制作。

综合利用各种预设动作、自动命令及 Adobe Bridge 制作如图 9.33 所示的 Web 绘画展效果图（图片在素材中提供）。

提示：在本案例中，首先打开源文件夹中的任意一幅图片，并以“艺术效果”/“壁画”滤镜及“笔刷形画框”预设动作分别建立动作组；然后利用“文件”/“自动”/“批处理”命令先后对源文件夹中的所有图像文件应用这两个动作组；最后利用 Adobe Bridge 制作 Web 绘画展效果。

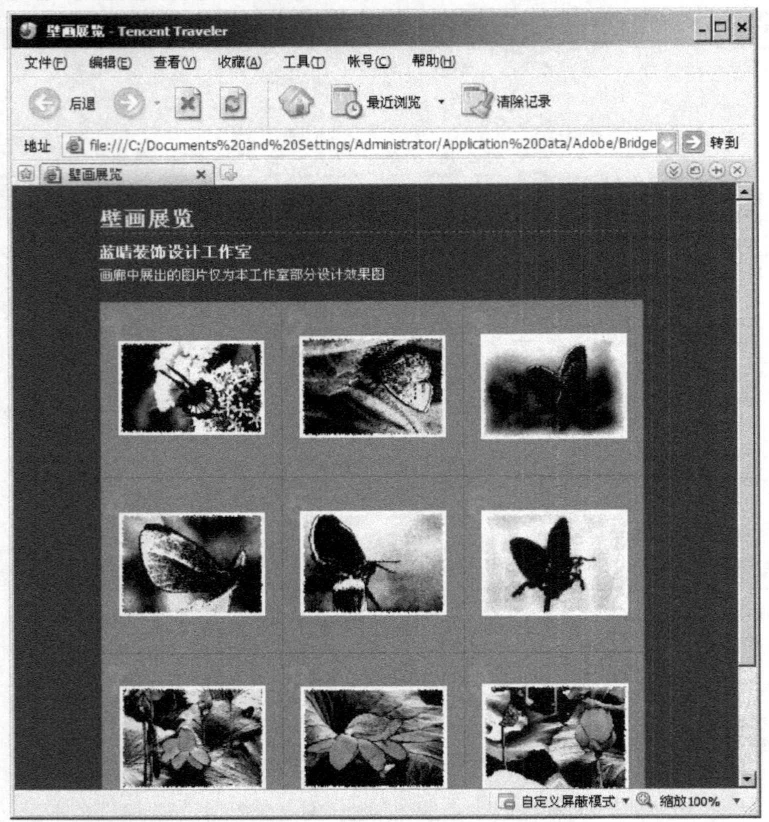

（a）所有图片浏览模式

（b）单幅图片浏览模式

图 9.33　Web 绘画展效果图

第 10 章 报纸广告与海报设计

【学习目标】

1. 了解报纸稿广告的基本元素、特点、版式安排和设计要求，以及海报的设计内容、设计准则、表现形式、构图、字体安排和规格。

2. 熟练掌握综合利用 Photoshop CS4 进行报纸广告和海报设计的思路、方法和技巧。

10.1 知识卡片

随着网络和信息时代的到来，人们接受信息的媒体方式也越来越丰富多样，但报纸作为人们所熟知的广告宣传媒体之一，其内容和题材之广泛遍及了社会和人们日常生活的每个角落。随着印刷技术和人们审美观的不断提高，为了提高报纸广告的效力，报纸广告在形式上发生了巨大的变革，彩色图片和各种文字效果以其强烈的视觉冲击力和说服力，被大量运用到报纸广告宣传中。

海报是一种被张贴在墙壁或其他地方的大幅面广告，又称为“招贴”，其幅面要比报纸广告大得多，因此，更能吸引远处观众的视线和注意力，在宣传媒介中占有很重要的地位。

利用 Photoshop CS4 我们可以设计出各种效果的报纸广告和海报。

10.1.1 报纸广告设计

1. 报纸稿广告的基本元素

广告作品一般需要将一定的设计元素进行组合和创作以得到预期的效果。报纸稿广告设计的基本元素主要包括标题、广告语、文案、随文、标志、图片等。

（1）标题

标题包括主标题和副标题，其中，副标题对主标题起辅助说明的作用，当然，在广告设计中也可以只用主标题，而不用副标题。

（2）广告语

广告语一般采用可以长期使用的企业形象宣传用语，它可以用于不同形式和内容的广告宣传中。

（3）文案

文案是指广告中对广告内容进行详细说明的文字部分，一般采用字体较小且形式比较规整的字体。

（4）随文

随文一般是指包括企业名称、地址、联系电话，以及未在文案中进行详细说明的一些附加内容。随文通常被置于广告版面的最后以及其他较次要的位置。

（5）标志

标志是指象征企业形象的图形符号，一般包括产品的商标、企业的标志等内容。

（6）图片

图片包括通过摄影、手绘、计算机制作得到的图片、卡通、漫画，以及特殊纹理等内容。

2. 报纸广告的特点

要想提高广告的效力，必须通过设计新颖的形式来吸引读者的注意力，报纸广告通常都具有以下几个特点。

（1）宣传的广泛性

一般娱乐性和消遣性报纸的发行面都比较广，其读者群涉及各个层次，日常大众消费类商品比较适合采用报纸广告的形式。

（2）反应的快速性

报纸的印刷和销售速度非常快，因此需要及时宣传的新产品采用报纸广告的形式进行宣传和推广会收到较好的效果。

（3）内容的连续性

天天发行的报纸具有极强的连续性，在报纸上反复刊登同一广告或相似的广告，可以加深大众的印象，有利于提高厂家和产品的知名度。

（4）价格的经济性

日常所见到的报纸一般都采用价格经济的黑白印刷，这样可以大大降低广告本身的制作成本和报纸的发行成本，也有利于扩大其宣传的广泛性。

3. 报纸稿广告设计的版式安排

报纸广告的版式安排分为整版形式、半版形式、通栏形式、半通栏形式等，且在报纸上的位置较为随意，通常在每版新闻的下边都安排有广告。

为了提高报纸的规范性和可读性，现在很多报纸都设计了广告专栏，并对广告进行分类刊登，因此，在设计报纸稿广告时除了考虑创意和内容外，还应充分考虑分类广告专栏的面积因素。

4. 报纸稿广告设计要求

随着人们生活水平的不断提高和产品竞争的日益加剧，为了在广大消费者中赢得一席之地，许多商家都竭尽全力为自己的商品做大量的广告宣传。要想让自己的广告在众多令人眼花缭乱的广告宣传中脱颖而出，就要求在设计广告之前必须充分了解商家的目的、商品的特性和背景等有关的材料，找准广告的切入点、发布媒介和发布时机。

在整版报纸中，广告要想让读者一下就注意到，并且能仔细阅读所刊登的广告内容是非常不容易的，这就要求在报纸稿广告的设计过程中一定要注意提高广告的视觉宣传效果，所以在设计广告时应注意以下几点：

- 要编排好轮廓、标题、插图、空白，以及文字之间的位置关系。
- 要做到版面简洁明了，使读者在瞬间的视觉接触下，就能够留下深刻而良好的印象。

- 要确保广告内容与形式的统一性和协调性。
- 通过广告的画面要表现出产品的重点及特点。

10.1.2 海报设计

1. 海报的设计内容

海报的题材几乎涉及社会生活中的各个领域和环节，其设计内容也非常广泛。

（1）社会公益海报

社会公益海报主要涉及政治、节日、环保、交通、劳动、社会公德等领域和环节。

（2）文化事业海报

文化事业海报主要涉及音乐、电影、戏剧、体育、美术、展览等领域的宣传。

（3）商业海报

商业海报主要用于各工商企业、团体的形象宣传或产品宣传等。

2. 海报的表现形式

海报根据其性质的不同主要有写实、抽象、装饰性和摄影 4 种不同的表现形式，但无论是以图案形式还是以摄影作品的形式来表达海报的内容，在设计时都一定要注意表现形式与所宣传的内容相匹配。

（1）写实手法

写实表现手法是指海报设计者通过不同的绘画材料和表现方法对事物进行细致真实的形象描写，给观众一种真实的、自然的感觉。

（2）抽象手法

抽象表现手法是指海报设计者将事物的形态用线条或几何图形进行一定形式的抽象变形，并利用多种颜料混合变化产生一种抽象派效果，这种手法以其丰富的想象力和创造力而被广泛应用于海报的设计中。

（3）装饰性表现手法

装饰性表现手法是指海报设计者或工艺美术师通过对事物的提炼、加工和改造，使之具有较强的装饰性，以给观众一种装饰艺术的美感。

（4）摄影表现手法

摄影表现手法是指通过生动的照片形象、迷人的画面效果牢牢地吸引住观众的视线和注意力，这种手法是一种形象最真实生动的表现手法。

3. 海报设计的准则

海报设计不管采取哪种表现形式，一般都应该遵循一定的原则。

（1）图案与内容的相配合

在设计海报时，一定要注意丰富多彩的图案或摄影作品应当与所宣传的内容相配合。

（2）色彩的应用要有利于主题的表现

通过色彩的应用可以进一步烘托效果和表现主题，同一主题、同样的素材会因为选择不同的色彩而产生不同的视觉效果和感受。

4. 海报的规格

海报最常见的规格是对开、四开和全开尺寸的铜版纸。对开尺寸较适合于在一般场合张贴，如果是在小的商店张贴的海报，可采用四开、长三开或长六开尺寸。纸张厚薄一般与面积的大小成正比，面积较大时应选用较厚的纸张，面积较小时应选用较薄的纸张。

5. 海报的构图

海报的构图是指通过对海报中图形、色彩和文字等素材进行适当的空间安排，使人产生一种舒适、愉快和清新的观感。海报的版式形状一般比较单一，主要是长方形或正方形，这就更加需要设计者通过对素材的精心安排，使海报画面中的图形和字体新颖、突出，并且又使二者结合紧密、相互协调，同时更要突出强调画面的主要部分。

在进行构图设计时，还要注意画面的空间处理，力争使元素密集的地方不会显得过于拥挤，稀疏的部分不会显得空乏，整个画面要给人一种密切结合、新鲜明快的观感。

6. 海报的字体安排

文字是海报的重要组成部分，海报上的文字一般分为标题大字和内文说明，各部分文字的字体选择和排列方式对整幅画面的视觉效果都有很大影响。

（1）文字字形的选择

除了图形之外，标题可以使观众了解所宣传的内容的核心部分，也是整个海报画面的视觉焦点，要注意颜色的醒目，以及与整体画面的协调。对于中文内容的海报，要注意标题是要横排还是竖排，一般横排的文字宜采用“平体”，竖排的文字则宜选择“长体”。同时为了调整文字的疏密和距离，还要注意字与字、行与行之间的间隔和空隙。

（2）文字的颜色选择

设计海报的文字时，首先要考虑所选用的字体是否容易与画面的底色相混淆，字体要做到清晰和易辨认。正文说明部分的字体一般比较小，不宜采用比较难读的红色和绿色，而标题大字选择红色和绿色往往效果比较好。一般情况下，白色的底色不宜与黄色或橙色的文字相配；而黑色或紫色的底色与黄色文字相配，则可以产生较好的对比效果。

（3）文字的编排形式

海报标题的字数应当简单明了，不要太多，最好不要超过 10 个字，且内文的小字说明要尽量少。要善于通过画面内容来表现除时间、地点和标志以外的内容。

设计画面时，可以把一行文字当做一条线，把一个大字当做一个面，把一个小字当做一个点来处理。文字的排列形式要灵活多样，比如将文字排成弧线或曲线时，可以使画面显得活泼有趣，给人留下较深的印象。

10.2 设计“音乐会海报”——Photoshop CS4 综合应用

动手做

完成“音乐会海报”的绘制工作，效果如图 10.1 所示。

图 10.1　“音乐会海报”效果图

指路牌

查阅知识卡片，对案例进行讨论和分析，得出如下解题思路：

（1）利用 Photoshop CS4 软件中提供的“矩形选框工具”、“油漆桶工具”、“高斯模糊”滤镜和“自由变换”命令制作有线形效果的底纹。

（2）利用“移动工具”和“套索工具”将“紫色彩光”图像移动复制到图像窗口中。

（3）利用“移动工具”和“魔棒工具”及“反向”将“钢琴”图像移动复制到图像窗口中。

（4）利用“自定形状工具”绘制多彩的音乐符和五角星。

（5）利用“横排文字工具”T和“椭圆选框工具”绘制“2009”数字。

（6）利用“横排文字工具”T在“2009”数字中添加“音乐会”文字。

（7）利用“磁性套索工具”和“移动工具”将“音乐厅”图像移动复制到图像窗口中，并利用“光照效果”滤镜对其进行修饰。

（8）利用“横排文字工具”T添加其他文字。

（9）利用“渐变工具”修饰背景线条图层。

跟我做

根据以上分析，完成“音乐会海报”设计的具体操作如下：

（1）新建一个空白文件。

① 启动 Photoshop CS4 中文版。

② 设置背景色为浅紫色（其 R，G，B 值分别为：230，160，250）。

③ 依次选择“文件”/“新建”命令，系统将弹出“新建”对话框，其参数设置如图 10.2 所示，然后单击“确定”按钮，即可新建一个底色为浅紫色的“音乐会海报.psd”空白图像文件。

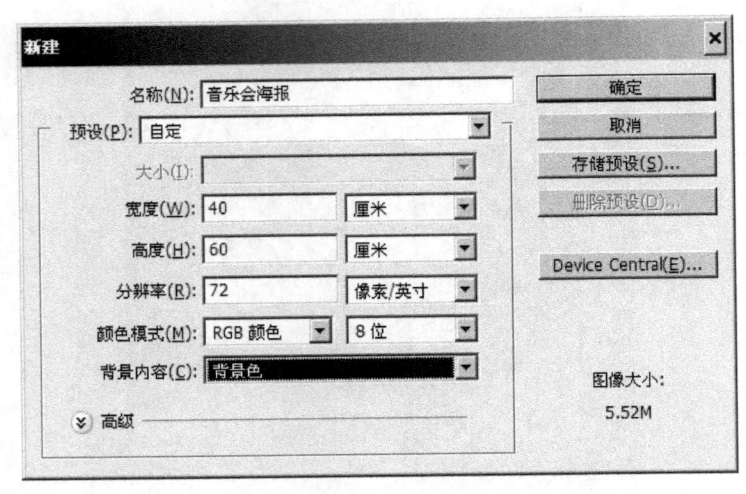

图 10.2 “新建”对话框及其参数设置

（2）利用“矩形选框工具”、“油漆桶工具”、“高斯模糊”滤镜和“自由变换”命令制作有线形效果的底纹。

① 选择“图层”调板菜单中的“新建图层”命令，创建新图层“图层 1”。

② 单击工具箱中的“矩形选框工具”，在图像窗口中绘制矩形选择区域，如图 10.3 所示。

③ 将前景色设置为白色。

④ 单击工具箱中的“油漆桶工具”，然后在选区中单击鼠标左键，即可得到如图 10.4 所示的白色线条。

⑤ 取消选区，然后依次选择“滤镜”/“模糊”/“高斯模糊”命令，系统将弹出“高斯模糊”对话框，其参数设置如图 10.5 所示，然后单击“确定”按钮，即可对白色线条进行模糊修饰。

⑥ 按下快捷键 Ctrl+Alt+T，所绘制的白色线条周围将出现一个自由变形框，释放快捷键，并连续 6 次按下键盘中的向下光标键，将白色线条进行移动复制，即可得到如图 10.6 所示的结果，按下 Enter 键，即可确定线形移动复制操作。

⑦ 按下组合键 Ctrl+Shift+Alt，并连续按下 T 键，可以将线条进行连续移动复制，得到如图 10.7 所示的效果。

⑧ 在“图层”调板中选中刚刚复制出的所有线条所在的图层，然后从调板菜单中选择“合并图层”命令，可以将复制的线条所在的图层合并为一个图层。

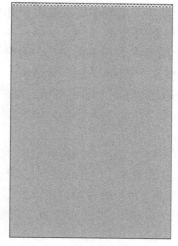

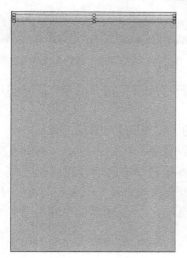

图 10.3　绘制的矩形选择区域

图 10.4　填充为白色的矩形选择区域

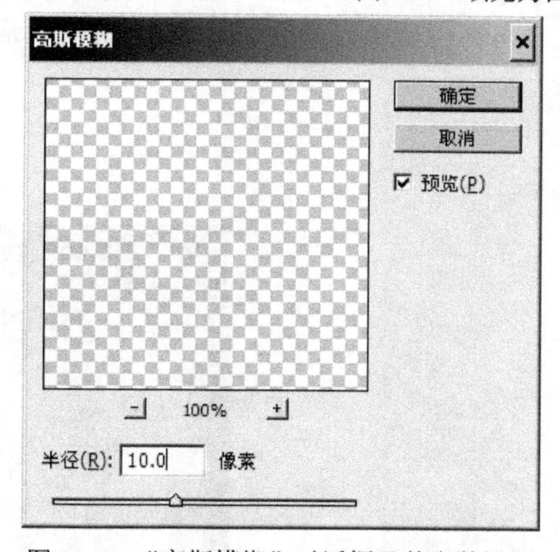

图 10.5　“高斯模糊”对话框及其参数设置

图 10.6　复制出的线条

图 10.7　连续移动复制出的线条

⑨ 在“图层”调板中单击选中合并后的图层，并调整“不透明度”选项为“60%”，得到如图 10.8 所示的效果。

⑩ 在“图层”调板中单击选中合并后的图层，然后在调板菜单中选择“图层属性”命令，系统将弹出“图层属性”对话框，在“名称”文本框中输入“条纹”，然后单击“确定”按钮，关闭对话框，即可将该图层的名称修改为“条纹”。

（3）利用“移动工具”和“套索工具”将“紫色彩光”图像移动复制到图像窗口中。

① 按下快捷键 Ctrl+O，打开如图 10.9 所示的“紫色彩光.jpg”图片。

② 单击工具箱中的“移动工具”，将“紫色彩光.jpg”图像窗口中的图像拖动复制到“音乐会海报.psd”图像窗口中，然后释放鼠标左键，如图 10.10 所示。

③ 利用“编辑”/“自由变换”命令调整其大小和位置，然后关闭“紫色彩光.jpg”图像窗口。

④ 单击工具箱中的“套索工具”，在图像窗口中绘制选区，然后按下 Delete 键，将选区内的“紫色彩光.jpg”部分图像删除，即可得到如图 10.11 所示的效果。

图 10.8　对复制出的线条降低不透明度后的效果图

图 10.9　打开的“紫色彩光.jpg”图片

（4）利用“移动工具”和“魔棒工具”及“反向”将“钢琴”图像移动复制到图像窗口中。

① 按下快捷键 Ctrl+O，打开如图 10.12 所示的“钢琴.jpg”图片。

② 单击工具箱中的“魔棒工具”，并单击图像窗口的空白区域，将其选中。

③ 依次选择“选择”/“方向”命令，即可为图像窗口中的钢琴建立选区。

④ 将选中的“钢琴”图像移动复制到“音乐会海报.psd”图像窗口中，并关闭“钢琴.jpg”图像窗口，然后利用“编辑”/“自由变换”命令调整其大小和位置，如图 10.13 所示。

图 10.10　将“紫色彩光”图像拖动复制到图像窗口中

图 10.11　删除选区中的图像后的效果图

图 10.12　打开的“钢琴.jpg”图片

⑤ 在“图层”调板中将“钢琴”图像所在图层的“不透明度”选项设置为“40%”，即可得到如图 10.14 所示的效果。

（5）利用“自定形状工具”绘制多彩的音乐符和五角星。

① 在“图层”调板中创建新图层“音乐符”。

② 单击工具箱中的“自定形状工具”，在选项栏中的“形状”调板中选择不同形状的音乐符和五角星符号，然后在画面中拖动鼠标绘制出如图 10.15 所示的多彩的音乐符和五角星图形。

③ 在“图层”调板中将多彩音乐符和五角星所在图层的“不透明度”选项设置为“50%”，即可得到如图 10.16 所示的效果。

图 10.13 将“钢琴”图片复制到图像窗口中

图 10.14 调整“钢琴”图片不透明度后的效果

图 10.15 绘制出的多彩的音乐符和五角星

图 10.16 调整图层不透明度后的效果

（6）利用“横排文字工具”T和“椭圆选框工具”◯绘制“2009”数字。

① 单击工具箱中的“横排文字工具”T，在选项栏中将“字体”选项设置为“华文彩云”，“字号”选项设置为“480 点”，“颜色”设置为“白色”，在图像窗口中输入“2009”数字。

② 利用“编辑”/“自由变换”命令对输入的文字进行斜切变换，效果如图 10.17 所示。

③ 依次选择“图层”/“栅格化”/“文字”命令，将生成的文字图层转换成普通图层。

④ 利用“椭圆选框工具”◯选中数字中的两个“0”，并将其删除，效果如图 10.18 所示。

⑤ 分别创建新图层“图层 3”和“图层 4”，并利用“椭圆选框工具”◯和“油漆桶工具”在数字的空缺位置分别绘制位于两个图层的白色圆形，得到如图 10.19 所示的效果。

⑥ 将制作出的数字分别填充为桃红色（其 R，G，B 值分别为 248，6，188）、天蓝色（其 R，G，B 值分别为 2，186，246）、绿色（其 R，G，B 值分别为 164，249，73）和橘黄色（其 R，G，B 值分别为 247，181，38），效果如图 10.20 所示。

图 10.17　输入文字并对其进行自由变换后的效果

图 10.18　删除数字 0 后的效果

图 10.19　绘制两个白色圆形后的效果

图 10.20　填充颜色后的数字效果

⑦ 在“图层”调板中单击选中“图层 3”。

⑧ 依次选择“编辑”/“描边”命令，系统将弹出“描边”对话框，其参数设置如图 10.21 所示，其中“颜色”选项被设置为“白色”，然后单击“确定”按钮，即可对“图

层3”中的蓝色圆形进行白色描边。

⑨ 在“图层”调板中单击选中“图层4”，然后重新执行步骤⑧的操作，即可对“图层4”中的绿色圆形进行白色描边，从而得到如图10.22所示的描边后的数字效果。

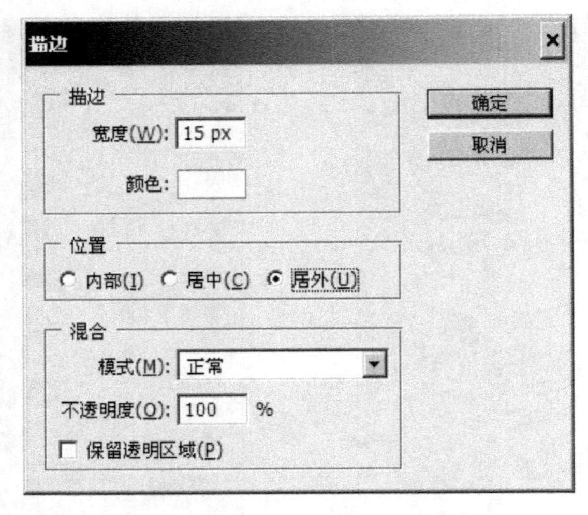

图10.21　“描边”对话框及其参数设置

（7）利用“横排文字工具”T在“2009”数字中添加“音乐会”文字。

① 单击工具箱中的“横排文字工具”T，在数字中分别添加橘黄色（其R，G，B值分别为247，181，38）的“音”字、桃红色（其R，G，B值分别为248，6，188）的“乐”字和天蓝色（其R，G，B值分别为2，186，246）的“会”字，并利用“自由变换”命令对其进行变换，效果如图10.23所示。

图10.22　描边后的数字效果

图10.23　被添加到数字中的文字

② 在“图层”调板中合并文字所在的所有图层。

③ 依次选择“图层”/“图层样式”/“投影”命令，系统将弹出“图层样式/投影”对

话框，其参数设置如图 10.24 所示，其中阴影颜色选项被设置为紫色（其 R，G，B 值分别为 200，100，255），然后单击“确定”按钮，即可为数字添加如图 10.25 所示的阴影效果。

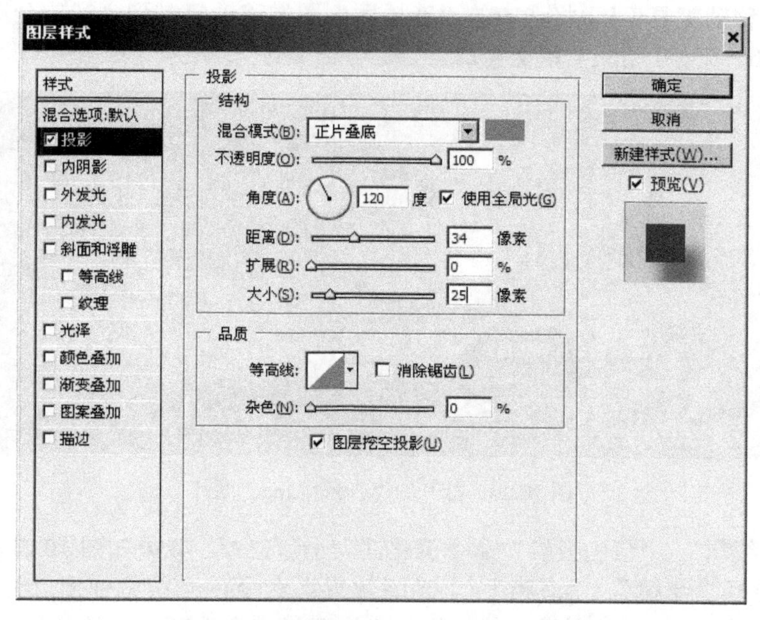

图 10.24　“图层样式/投影”对话框及其参数设置

图 10.25　添加阴影后的文字效果

（8）利用“磁性套索工具”和“移动工具”将“音乐厅”图像移动复制到图像窗口中，并利用“光照效果”滤镜对其进行修饰。

① 打开如图 10.26 所示的“音乐厅.jpg”图片。

② 单击工具箱中的“磁性套索工具”，为图像窗口中的音乐厅建立选区。

③ 利用“移动工具”将选中的“音乐厅”图像移动复制到“音乐会海报.psd”图像窗口中，并关闭“音乐厅.jpg”图像窗口。

图 10.26 打开的“音乐厅.jpg”图片

④ 利用“编辑”/“自由变换”命令调整其大小和位置，效果如图 10.27 所示。

⑤ 依次选择“滤镜”/“渲染”/“光照效果”命令，系统将弹出“光照效果”对话框，其参数设置如图 10.28 所示，其中位于“光照类型”选项框中的颜色块被设置为粉色（其 R，G，B 值分别为 255，140，240），位于“属性”选项框中的颜色块被设置为白色，然后单击“确定”按钮，即可为“音乐厅”图片添加如图 10.29 所示的光照效果。

图 10.27 复制到图像窗口中的“音乐厅”

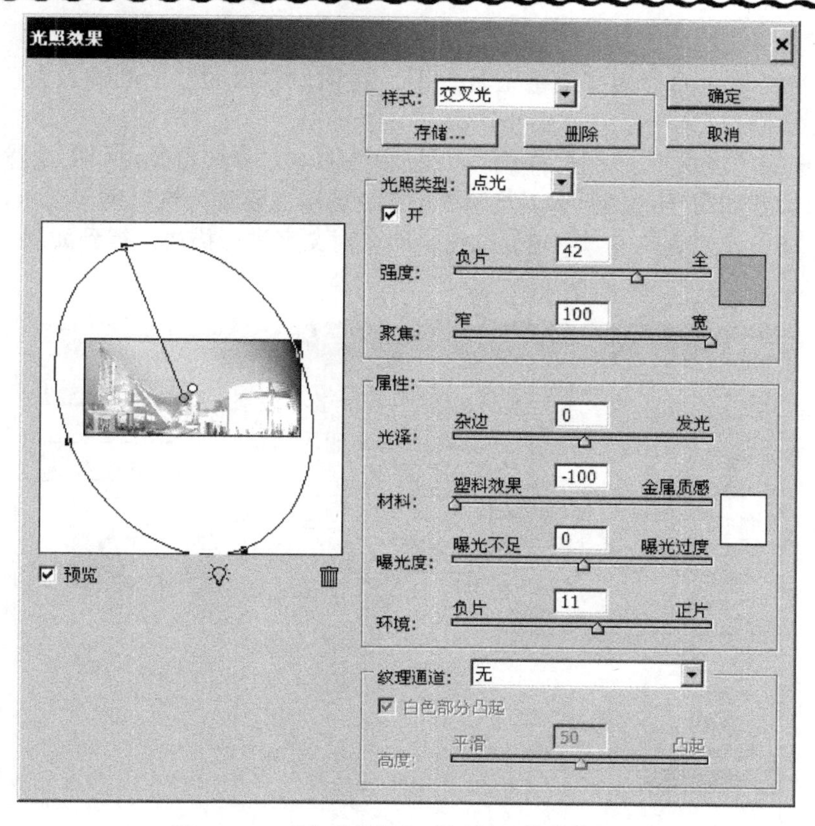

图 10.28 “光照效果”对话框及其参数设置

图 10.29 添加“光照效果”后的“音乐厅”

（9）利用“横排文字工具”T添加其他文字。

① 单击工具箱中的“横排文字工具”T，在图像窗口的左上部输入白色的“晨曦乐团”文字。

② 依次选择“图层”/“图层样式”/“描边”命令，系统将弹出“图层样式/描边”对话框，其参数设置如图 10.30 所示，其中描边颜色选项被设置为桃红色（其 R，G，B 值分别为 218，5，61），然后单击“确定”按钮，即可对文字进行描边，得到如图 10.31 所示的效果。

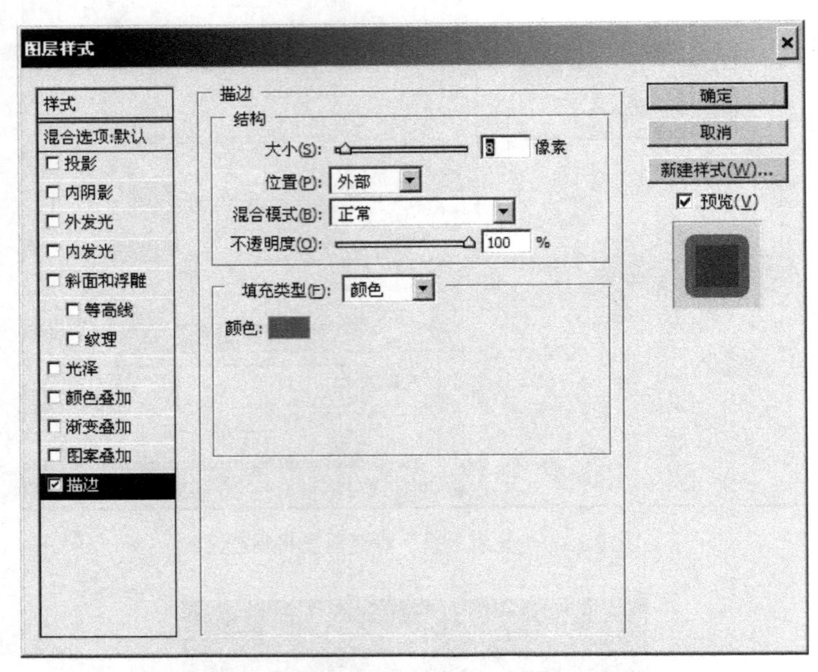

图 10.30 “图层样式/描边”对话框及其参数设置

③ 在图像窗口的右上部输入桃红色（其 R，G，B 值分别为 248，6，188）的“北京星辰”文字。

④ 依次选择“图层”/“图层样式”/“描边”命令，系统将弹出“图层样式/描边”对话框，设置“大小”参数为“4”，描边颜色选项设置为白色，然后单击“确定”按钮，即可对文字进行描边，得到如图 10.31 所示的效果。

⑤ 在图像窗口的右下部输入蓝色的（其 R，G，B 值分别为 0，0，180）时间和地点等文字。

⑥ 依次选择“图层”/“图层样式”/“描边”命令，系统将弹出“图层样式/描边”对话框，设置“大小”参数为“2”，描边颜色选项设置为白色，然后单击“确定”按钮，即可对文字进行描边，得到如图 10.31 所示的效果。

（10）利用“渐变工具”修饰背景线条图层。

① 在“图层”调板中单击选中背景图层。

② 单击工具箱中的“渐变工具”，并在选项栏中将渐变颜色方案设置为“紫色”，单击选择渐变方式为“线形渐变”，然后在图像窗口中从左到右拖动鼠标，添加紫色与红色相间的渐变色，效果如图 10.32 所示。

图 10.31　添加的文字效果

图 10.32　利用“渐变工具”修饰后的图像效果

（11）后期处理及保存文件。

① 合并所有图层。

② 依次选择“文件”/“保存”命令，保存图像文件。

③ 依次选择“文件”/“退出”命令（快捷键为 Ctrl+Q），关闭并退出 Photoshop CS4 软件。

回头看

本案例通过对“音乐会海报”的制作，综合运用了 Photoshop 软件中提供的“矩形选框工具”、“油漆桶工具”、“移动工具”、“磁性套索工具”、“横排文字工具”、“椭圆选框工具”、“渐变工具”、“高斯模糊”滤镜、“光照效果”滤镜、“自由变换”命令和“图层”调板的有关操作。这其中关键之处在于，背景线条的绘制和文字效果的制作，另外在对整个海报设计的制作过程中，应当注意体会海报的设计思路、制作方法和技巧。

本章小结

本章主要介绍了报纸稿广告的基本元素、特点、版式安排和设计要求，以及海报的设计内容、表现形式、设计准则、构图、字体安排和规格，以及综合利用 Photoshop CS4 软件对报纸广告和海报进行设计的思路、制作方法和技巧。在实际创作和设计过程中，应注意根据需要选择适当的图形图像处理工具，并在具体设计过程中仔细体会和把握报纸广告和海报设计的特点和方法。

习题 10

1. 简述报纸稿广告的基本元素、特点、版式安排和设计要求，以及海报的设计内容、表现形式、设计准则、构图、字体安排和规格。

2. 总结综合利用 Photoshop CS4 软件对报纸广告和海报进行设计的思路、制作方法和技巧。

3. 上机完成本章提供的各个案例的制作，并在此基础上完成对下面案例的制作。

综合运用 Photoshop CS4 软件提供的各种工具和命令绘制如图 10.33 所示的“演唱会海报”效果图。

图 10.33 “演唱会海报”效果图

读者意见反馈表

书名：计算机图形图像处理（Photoshop CS4 中文版） **主编：**张 震 **责任编辑：**徐云鹏

谢谢您关注本书！烦请填写该表。您的意见对我们出版优秀教材、服务教学，十分重要。如果您认为本书有助于您的教学工作，请您认真地填写表格并寄回。**我们将定期给您发送我社相关教材的出版资讯或目录，或者寄送相关样书。**

个人资料

姓名＿＿＿＿＿年龄＿＿＿联系电话＿＿＿＿＿＿＿（办）＿＿＿＿＿＿＿（宅）＿＿＿＿＿＿＿（手机）

学校＿＿＿＿＿＿＿＿＿＿＿＿＿＿＿＿＿专业＿＿＿＿＿＿职称/职务＿＿＿＿＿＿＿＿＿

通信地址＿＿＿＿＿＿＿＿＿＿＿＿＿＿＿邮编＿＿＿＿＿＿E-mail＿＿＿＿＿＿＿＿＿＿

您校开设课程的情况为：

本校是否开设相关专业的课程 □是，课程名称为＿＿＿＿＿＿＿＿＿＿＿＿＿＿＿ □否

您所讲授的课程是＿＿＿＿＿＿＿＿＿＿＿＿＿＿＿＿＿＿＿＿课时＿＿＿＿＿＿＿＿＿

所用教材＿＿＿＿＿＿＿＿＿＿＿＿＿＿＿＿出版单位＿＿＿＿＿＿＿＿＿＿印刷册数＿＿＿

本书可否作为您校的教材？

□是，会用于＿＿＿＿＿＿＿＿＿＿＿＿＿＿＿课程教学 □否

影响您选定教材的因素（可复选）：

□内容 □作者 □封面设计 □教材页码 □价格 □出版社

□是否获奖 □上级要求 □广告 □其他＿＿＿＿＿＿＿＿＿＿＿＿＿＿＿＿

您对本书质量满意的方面有（可复选）：

□内容 □封面设计 □价格 □版式设计 □其他＿＿＿＿＿＿＿＿＿＿

您希望本书在哪些方面加以改进？

□内容 □篇幅结构 □封面设计 □增加配套教材 □价格

可详细填写：＿＿＿＿＿＿＿＿＿＿＿＿＿＿＿＿＿＿＿＿＿＿＿＿＿＿＿＿＿＿＿＿＿

＿＿＿＿＿＿＿＿＿＿＿＿＿＿＿＿＿＿＿＿＿＿＿＿＿＿＿＿＿＿＿＿＿＿＿＿＿＿＿

您还希望得到哪些专业方向教材的出版信息？

＿＿＿＿＿＿＿＿＿＿＿＿＿＿＿＿＿＿＿＿＿＿＿＿＿＿＿＿＿＿＿＿＿＿＿＿＿＿＿

感谢您的配合，可将本表按以下方式反馈给我们：

【方式一】电子邮件：登录华信教育资源网（http://www.hxedu.com.cn/resource/OS/zixun/zz_reader.rar）下载本表格电子版，填写后发至 ve@phei.com.cn

【方式二】邮局邮寄：北京市万寿路 173 信箱华信大厦 1101 室 职业教育分社（邮编：100036）

如果您需要了解更详细的信息或有著作计划，请与我们联系。

电话：010-88254591